"十四五"职业教育国家规划教材

生物制药工程技术与设备

第二版

罗合春　主编
张　江　主审

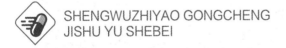

化学工业出版社
·北京·

内容简介

《生物制药工程技术与设备》是"十四五"职业教育国家规划教材，根据职业教育指导思想，从生物制药生产岗位选取教学内容，统筹兼顾基础知识和实践技能，按照生物制药工艺流程先后顺序组织教学内容，具有显著的工作过程系统化课程特色。

本教材重点介绍了流体测量、流体输送、空气净化、传热、物料预处理、生物反应、沉降与过滤、萃取、色谱分离、蒸发浓缩、干燥破碎与混合、空气净化、制水、无菌制剂、固体制剂等岗位群所需的基础知识、岗位设备、操作规程、职业素质等内容。通过对本教材规定教学内容的学习，使学生掌握基础知识和制药设备实践操作技能，培养学生现场分析问题和解决问题的能力，为进一步学习专业课程打下基础。教材中全面贯彻党的教育方针，落实立德树人根本任务，有机融入党的二十大精神；配套丰富的动画、微课等数字资源，可扫描二维码学习观看；电子课件和目标检测答案可从 www.cipedu.com.cn 下载使用。

本教材是药品生物技术专业的核心课程教材，可供高职高专药品生物技术、生物制药技术、药品生产技术、食品生物技术、化工生物技术等相关专业的师生使用。

图书在版编目（CIP）数据

生物制药工程技术与设备/罗合春主编．—2版．—北京：化学工业出版社，2023.7（2024.6重印）
"十四五"职业教育国家规划教材
ISBN 978-7-122-40692-7

Ⅰ.①生… Ⅱ.①罗… Ⅲ.①生物制品-工程技术-高等职业教育-教材②生物制品-化工设备-高等职业教育-教材 Ⅳ.①TQ464②TQ460.5

中国版本图书馆CIP数据核字（2022）第022885号

责任编辑：迟　蕾　李植峰　　　　　　装帧设计：王晓宇
责任校对：李雨晴

出版发行：化学工业出版社（北京市东城区青年湖南街13号　邮政编码100011）
印　　装：河北鑫兆源印刷有限公司
787mm×1092mm　1/16　印张16　字数396千字　2024年6月北京第2版第3次印刷

购书咨询：010-64518888　　　　　　　　售后服务：010-64518899
网　　址：http://www.cip.com.cn
凡购买本书，如有缺损质量问题，本社销售中心负责调换。

定　　价：49.80元　　　　　　　　　　　　　　　　版权所有　违者必究

《生物制药工程技术与设备》(第二版)

编审人员

主　　编　　罗合春
副 主 编　　张其昌　赵子刚
编写人员　　罗合春（重庆工贸职业技术学院）
　　　　　　张　锐（包头轻工职业技术学院）
　　　　　　刘诗音（长春医学高等专科学校）
　　　　　　朱　华（广东科贸职业学院）
　　　　　　王艳领（重庆工贸职业技术学院）
　　　　　　张其昌（华兰生物工程重庆有限公司）
　　　　　　赵子刚（北大医药重庆大新药业股份有限公司）
主　　审　　张　江（上海农林职业技术学院）

前言

为深入贯彻落实国务院《国家职业教育改革实施方案》有关要求，深化职业教育"三教"改革，本教材从生产岗位调研、教学内容选取、专兼职教师编写讲义、相关专业学生教学试用、企业专家审稿、教育专家审稿，被确定为重庆市示范性院校重点专业优质核心课程建设成果，具有工学特色突出、岗位针对性强等特点，是职业教育药品生物技术专业、生物制药技术等专业优质核心课程教材。

本教材以"课程与岗位融合、课堂与车间融合、学生与工艺员融合、就业与创业需求融合"为指导思想，以操控基础知识、辅助工程设备、生产线设备为学习领域，以生产流程为主线编排教学进程，按照生物制药生产岗位所需的基础知识、工艺操控原理、设备与操作维护等三大板块安排学习内容，以完成实际工作任务为实训课程，全面培养学生自学能力、专业工作能力和协作配合能力，力求实现技术技能型人才的培养目标，结合党的二十大精神中立德树人和创新创业教育的需要，贯彻"教师为主导、学生为主体、资源为支撑"的教学思想，将课程思政融入相应内容中，使之适应高职高专教育改革发展形势，满足生物制药行业对职工基础知识、专业技能和职业素质的需要。此外，联合生物制药企业共同开发了动画和视频等数字化教学资源，建立融媒体教材，充实了课堂教学内容，丰富了教学活动，强化了生产实践性，强调了实用性，有利于学生职业能力的培养，促进课堂学习积极性的提高，教材的职业特色更加明显。本书配有电子课件和目标检测答案，可从 www.cipedu.com.cn 下载使用。

由于生物药物制剂绝大多数为无菌制剂，因此"模块十五　固体制剂与设备"为选修内容，各院校可根据实际情况做适当调整。教材中所使用的各种计量单位均采用国际单位制。

本教材在编写过程中得到编者所在单位以及教育部全国生物技术职业教育教学指导委员会支持，在此表示诚挚的谢意！

因编者水平所限，不足和疏漏之处在所难免，敬请同行批评指正，以利再版时改正和提高。

罗合春

2021 年 9 月

目录

模块一　流体基本知识 —————————————— 001

单元一　流体静力学性质 　　　001
一、气体的压强　　　001
二、流体静压强　　　004
三、流体的黏度　　　005
单元二　流体的流动状态　　　006
一、流量和流速　　　006
二、定态流动　　　008
三、流体的流动类型　　　008
单元三　转子流量计　　　010
一、转子流量计的结构　　　010
二、转子流量计的工作原理　　　011
三、转子流量计的应用　　　011
单元四　流体能量及转换　　　012
一、伯努利方程式　　　012
二、管路中的直管阻力　　　013
三、伯努利方程在制药工程上的应用　　　014
【学习小结】　　　014
【目标检测】　　　014

模块二　流体输送与设备 —————————————— 016

单元一　管道、管件　　　016
一、GMP文件　　　016
二、管道制造材质　　　017
三、管道和管件　　　018
单元二　离心泵　　　020
一、离心泵的结构和工作原理　　　020
二、离心泵的性能参数和特性曲线　　　021
三、离心泵的安装高度　　　023
四、离心泵的类型和使用　　　023
单元三　容积泵　　　024
一、往复泵　　　024
二、柱塞式计量泵　　　026
三、旋转泵　　　027
四、蠕动泵　　　028
五、隔膜泵　　　028
单元四　气体输送设备　　　029
一、通风机　　　029
二、离心式鼓风机　　　030
三、离心式压缩机　　　031
四、真空泵　　　031
【学习小结】　　　033
【目标检测】　　　033

模块三　传热与换热器 —————————————— 035

单元一　传热　　　035
一、传热基本概念　　　035
二、换热方式　　　036
三、传热速率和热通量　　　036
四、热传导计算　　　037
五、对流传热计算　　　040
六、实际传热过程计算　　　041
单元二　常见换热器　　　044
一、管式换热器　　　044
二、板式换热器　　　046
三、换热器的维护　　　049
【学习小结】　　　049
【目标检测】　　　049

模块四　物料预处理与设备 —————————————— 051

单元一　物料粉碎及其设备　　　051
一、概述　　　051
二、物料粉碎设备　　　053
单元二　细胞破碎及其设备　　　055

一、高压均质机	056	单元四　混合及其设备	061
二、珠磨机	057	一、概述	061
单元三　筛分及其设备	058	二、混合设备	062
一、筛分基本知识	058	【学习小结】	064
二、筛分设备	059	【目标检测】	064

模块五　生物反应与设备 — 066

单元一　生物反应基本知识	066	三、自吸式发酵罐	079
一、生物反应过程	066	四、鼓泡塔式发酵罐	080
二、生物反应模式	069	单元四　发酵罐信号控制系统	080
单元二　培养基预处理设备	070	一、发酵罐的信号传递	080
一、淀粉糖化设备	070	二、发酵罐的检测仪器	082
二、培养基灭菌设备	073	单元五　动植物细胞培养设备	083
单元三　发酵罐	076	一、动物细胞培养设备	084
一、机械搅拌通风发酵罐	076	二、植物细胞培养设备	086
二、气升式发酵罐	078	【学习小结】	087
		【目标检测】	087

模块六　固液分离与设备 — 088

单元一　沉降设备	088	四、转鼓真空过滤机	097
一、重力沉降及其设备	088	单元三　膜分离设备	098
二、离心沉降及其设备	090	一、膜分离概述	098
单元二　过滤设备	093	二、膜的结构	100
一、基本知识	093	三、有机膜组件	103
二、板框压滤机	095	【学习小结】	105
三、三足离心过滤机	096	【目标检测】	106

模块七　萃取与设备 — 107

单元一　萃取基本知识	107	单元三　固液萃取及其设备	116
一、萃取过程	107	一、药用植物化学成分	116
二、萃取工艺	109	二、天然产物的萃取剂	117
单元二　萃取设备	112	三、天然产物萃取过程	118
一、混合设备	112	四、天然产物萃取设备	118
二、分离设备	113	【学习小结】	122
		【目标检测】	122

模块八　色谱分离与设备 — 124

单元一　色谱分离基本知识	124	三、色谱柱的结构	126
一、色谱分离法概述	124	单元二　吸附色谱	127
二、色谱分离法分类	125	一、吸附剂	127

二、吸附色谱柱 129
三、大孔树脂色谱柱 130
单元三 离子交换色谱 131
一、离子交换树脂概述 131
二、离子交换树脂柱 132
三、离子交换树脂柱的操作 133
【学习小结】 135
【目标检测】 135

模块九 蒸发浓缩与设备 — 137

单元一 循环型蒸发器 137
一、中央循环管式蒸发器 137
二、悬框式循环蒸发器 138
三、外加热式循环蒸发器 139
四、强制循环蒸发器 139
单元二 单程蒸发器 140
一、升膜式蒸发器 140
二、降膜式蒸发器 141
三、刮板式薄膜蒸发器 142
四、蒸发器辅助设备 142
单元三 蒸发工艺流程 143
一、单效蒸发工艺流程 143
二、多效蒸发工艺流程 143
【学习小结】 145
【目标检测】 146

模块十 蒸馏与设备 — 147

单元一 蒸馏 147
一、蒸馏基本知识 147
二、蒸馏操作方式 149
单元二 塔设备 151
一、板式塔 151
二、填料塔 153
三、酒精回收塔 155
【学习小结】 156
【目标检测】 156

模块十一 干燥与设备 — 158

单元一 固体物料干燥 158
一、物料中的水分 158
二、固体湿物料的干燥 159
单元二 干燥过程物料衡算 160
一、湿物料含水量表示法 161
二、干燥过程物料衡算 161
单元三 通用干燥设备 162
一、厢式干燥器 162
二、洞道式干燥器 165
三、流化床干燥器 166
四、喷雾干燥器 167
【学习小结】 169
【目标检测】 169

模块十二 空气净化与设备 — 171

单元一 车间空气卫生 171
一、空气的组成 171
二、空气的性质 172
三、制药车间空气卫生 173
单元二 空气净化设备 175
一、空气过滤 175
二、常用空气净化设备 175
三、空气调节设备 178
单元三 净化空调系统 180
一、空气净化工艺 180
二、典型净化流程 181
三、空气净化设计 181
【学习小结】 184
【目标检测】 184

模块十三　制水与设备　　185

单元一　饮用水生产设备　185
一、絮凝沉降法　185
二、机械过滤器　186
单元二　纯化水生产设备　187
一、电渗析仪　187
二、二级反渗透制水设备　188
三、离子交换制水设备　190
单元三　蒸馏水器　190
一、单级塔式蒸馏水器　190
二、多效蒸馏水器　191
三、气压式蒸馏水器　194
【学习小结】　195
【目标检测】　195

模块十四　无菌灌装与设备　　197

单元一　水针剂生产技术与设备　197
一、水针剂生产工艺及车间布置　197
二、水针剂生产设备　199
单元二　输液剂灌装设备　206
一、大输液生产工艺及车间布置　206
二、大输液生产设备　207
单元三　冷冻干燥设备　211
一、冻干机的结构　211
二、冷冻干燥的原理及其影响因素　214
单元四　冻干工艺与设备　215
一、冻干粉生产工艺及车间布置　215
二、西林瓶冻干工艺及设备　216
三、浅盘冻干工艺及设备　219
单元五　粉针剂灌装与设备　219
一、螺杆式分装机　220
二、粉针气流分装机　220
三、粉针轧盖设备　220
【学习小结】　221
【目标检测】　221

模块十五　固体制剂与设备　　223

单元一　片剂生产与设备　223
一、片剂生产工艺及车间布置　223
二、制粒机和压片机　225
三、包衣机　228
单元二　胶囊剂生产与设备　229
一、硬胶囊工艺及车间布置　230
二、全自动硬胶囊充填机　230
三、软胶囊生产与设备　232
单元三　包装机械　233
一、铝塑泡罩包装机　233
二、制袋包装机　234
【学习小结】　235
【目标检测】　235

附　录　　236

一、常用物理量的SI单位和量纲　236
二、干空气的物理性质（p=101.33kPa）　236
三、水的物理性质　237
四、水蒸气的物理性质　240
五、部分液体的物理性质　243
六、部分气体的物理性质　244
七、常用固体材料的物理性质　245
八、IS型单级单吸离心泵性能表（摘录）　246
九、4-72-11型离心通风机规格（摘录）　247

参考文献　　248

模块一
流体基本知识

【知识目标】

掌握流体静压强、密度、流量、流速、黏度、层流、湍流、层流底层等基本概念;熟悉流体静力学基本方程式、流量方程式;了解伯努利方程式、范宁公式的意义。

【能力目标】

熟练应用U形管压差计、孔板流量计、转子流量计测量流体有关参数;能够用流体静力学基本方程式、流量方程式进行简单计算。

【素质目标】

通过科学知识学习,培养科学思维。一切要按照客观世界的本来面目揭示客观规律,用科学的思想观察问题,用科学的方法处理问题,用科学的知识解决问题。

在生物制药生产过程中,经常使用到液体和气体,在科学上称之为流体。流体是大量分子的聚集体,因而和其他物体一样具有特定的物理性质。当盛装流体的容器改变形状时流体将产生形变,流体形变的过程即为流体流动。学习流体流动基本知识,拓展眼界,联系到祖国大江南北河道治理工程,从工程角度认识和把握流体流动科学规律,培养理论与实践相结合的学习方法。

单元一　流体静力学性质

生物制药常见流体有空气、水蒸气、二氧化碳、氮气、水、发酵液、水溶液、有机溶剂和有机溶液等,分为气体和液体。压强、密度、黏度是流体的主要静力学性质。

扫一扫

流体基本知识

一、气体的压强

1. 压强

单位面积上所受的垂直作用力称为压强,其单位是N/m^2。

$$p = \frac{F}{S} \tag{1-1}$$

式中,p表示流体的静压强,N/m^2;S表示流体受力面积,m^2;F表示作用在面积S上的压力,N。在国际单位中将N/m^2称为Pa。

2. 标准大气压

空气对地壳表面压强的大小与大气层厚度、温度和湿度等因素有关。不同厚度大气层产生的压强不同，为了比较大气压的大小，1954年第十届国际计量大会规定了"标准大气压"：在纬度45°的海平面上，当温度为0℃时，760mm高水银柱产生的压强叫作标准大气压，用atm表示。其他压强单位与标准大气压的换算关系是：

1atm = 1.033kgf/cm^2 =10.33mH_2O =1.0133bar =1.0133×10^{5}Pa

1atm = 760mmHg = 1.0133×10^{5}N/m^2 =1.0133×10^{5}Pa

1at=1kgf/cm^2 =735.6mmHg = 10mH_2O = 0.9807×10^{5}Pa

3. 气体压强表示法

容器中气体产生的压强可用绝对压强、表压强、真空度来表示。

（1）绝对压强 容器中气体对器壁产生的压强，用$p_{绝}$表示。

（2）表压强 压力表显示的压强，用$p_{表}$表示。表压强是容器内绝对压强扣除当地大气压强值后的读数。

用p_0表示当地大气压强，与绝对压强关系式为：

$$p_{绝}=p_0+p_{表} \tag{1-2}$$

（3）真空度 当容器内绝对压强低于当地大气压强时，两压强差称为容器内的真空度，用$p_{真}$表示：

$$p_{真}=p_0-p_{绝} \tag{1-3}$$

测定真空度的压力表称为真空计。

表压、绝压、大气压、真空度相互之间的关系如图1-1所示。

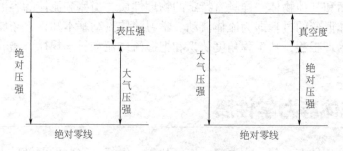

图1-1 表压、绝压、真空度

【例1-1】 用蒸发器蒸发中药提取液，规定末效的绝对压强为0.15×10^{5}Pa，在上海地区和太原地区操作时，真空表上的读数各为多少（上海地区大气压强为1.0133×10^{5}Pa，太原地区大气压强为0.95859×10^{5}Pa）？

解：在上海地区操作时，真空表上的读数即真空度为：

∵ $p_{真}=p_0-p_{绝}$

∴ $p_{真}$ = 1.0133×10^5 − 0.15×10^5 = 0.8633×10^{5}Pa

在太原地区操作时，真空表上的读数即真空度为：

$p_{真}$ = 0.95859×10^5 − 0.15×10^5 = 0.80859×10^{5}Pa

4. 气体的密度

单位体积内流体的质量称为流体的密度，即：

$$\rho = \frac{m}{V} \tag{1-4}$$

式中，ρ 表示流体的密度，kg/m^3；m 表示单位流体的质量，kg；V 表示单位流体的体积，m^3。

气体的体积和密度随压力改变而发生显著改变，称之为可压缩性流体。对于温度不太低、压力不太大的气体可视为理想气体，利用理想气体状态方程可以求出特定压力和温度条件下的气体密度。

标准状态下：$p_0V_0 = mRT_0$

非标准状态下：$pV = mRT$

实际气体密度计算公式为：

$$\frac{p_0}{\rho_0 T_0} = \frac{p}{\rho T} \tag{1-5}$$

式中，p_0、V_0、ρ_0 为标准状态下气体的压力、体积、密度；p、V、ρ 为特定条件下气体的压力、体积、密度；m 为物质的量，mol；T_0 为标准状态下的开氏温度，K；T 为非标准状态下的开氏温度，K。

设 M_m 为混合气体物质的量平均值，M_i 为某一组分的物质的量，则混合气体的平均密度为：

$$M_m = M_1 Y_1 + M_1 Y_2 + \cdots + M_N Y_n \tag{1-6}$$

式中，Y 为组分体积百分数。

利用式（1-5）和式（1-6）可计算出混合气体的密度。

【例1-2】 已知空气中 O_2 为21%、N_2 为79%（均为体积分数），试求在150kPa时空气的密度。

解：已知 $M_1 = 32$，$Y_1 = 0.21$，$M_2 = 28$，$Y_2 = 0.79$

所以 $M_m = 0.21 \times 32 + 0.79 \times 28 = 28.84 kg/kmol$

由气体密度 $\rho = \frac{pM}{RT}$

得 $\rho = \frac{150 \times 28.84}{8.314 \times 320} = 1.626 kg/m^3$

答：空气在150kPa时密度为 $1.626 kg/m^3$。

5. 相对密度

某物质的密度和参比物质密度的比值称为相对密度，符号为 d，无量纲量。计算气体相对密度时，作为参比密度的是标准状态下干燥空气的密度，其数值为 $1.2930 kg/m^3$。对于液体和固体，大部分情况下，参比密度是4℃时水的密度，其数值为 $1000 kg/m^3$。液体和固体相对密度表达式为：

$$d_4^{20} = \frac{\rho}{\rho_{水}} \tag{1-7}$$

式中，符号 d_4^{20} 中数字4表示水的温度为4℃，数字20表示样本物质的温度是20℃。气体压强与密度的定义同样适用于其他流体。

二、流体静压强

1. 流体静力学方程式

静止流体质点在作无规则的运动，质点撞击器壁即形成压力，这种压力称为流体的静压强，流体在各方向上的静压强大小相等。

当流体质点对器壁产生压力时，自身受到各种作用力，如重力、浮力等，当所受作用力合力为零时即达到力学平衡，处于相对静止状态。

如图1-2所示，设容器中有一单位底面积的正方形液柱，A 为上下两底面，p_0 是大气压力，p_1 是上底面承受的液体柱压力；p 为液柱底面受到的向上压力，p_2 为浮力，W 为液柱底面承受的液柱重力。

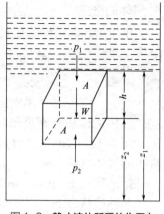

图1-2 静止流体所受的作用力

根据牛顿运动定律，当流体处于静止状态时，液柱底面合力为零。由此可推导出液柱底面所承受的静压强，即：$p - p_0 - p_1 - \rho(z_1 - z_2)g = 0$

$$h = z_1 - z_2$$

则
$$p = p_0 + p_1 + \rho g h \qquad (1\text{-}8)$$

当考察的上底面就是与大气接触的液面时，$p_1 = 0$，则

$$p = p_0 + \rho g h \qquad (1\text{-}9)$$

式（1-8）、式（1-9）称为流体静力学基本方程式。

流体静力学基本方程式说明了静止流体液下压强只与深度有关，液下越深压强越大，并且同一水平面各点压强相等，可以利用液柱高度进行计算。

【例1-3】 求相当于绝对压强 2.4×10^5 Pa 的水柱、汞柱的高度。设给定条件下水的密度为 1000kg/m^3，汞的密度为 13600kg/m^3。

解：据题意，待考察液柱上底面应无压力负荷，即 $p_0 = 0$，$p_1 = 0$。

$$p = p_0 + \rho g h$$

$$h = \frac{p}{\rho g}$$

故水柱高度为：

$$h = \frac{2.4 \times 10^5}{1000 \times 9.81} = 24.46 \text{mmH}_2\text{O}$$

汞柱高度为：

$$h = \frac{2.4 \times 10^5}{13600 \times 9.81} = 1.799 \text{mmHg}$$

2. 压差计与液位计

根据流体静力学原理，可以制成U形管压差计和玻璃管液位计，用来测量两截面间的压强差和液面位置等。

（1）U形管压差计　U形管压差计是一根U形玻璃管，如图1-3所示。U形管内装高密度指示液A，它与被测流体B不能互溶，其密度大于被测流体密度。将U形管两端开口与管道上待测 1-1′ 与 2-2′ 两截面的测压口用软管相连后，指示液在 U 形管两侧高度差的读数为 R，R 值反映了 1-1′ 与 2-2′ 两截面压强差的大小。根据流体静力学基本方程式可得：

$$\Delta p = p_1 - p_2 = (\rho_A - \rho_B) R g \qquad (1\text{-}10)$$

对于气体：
$$\Delta p = \rho_A R g \qquad (1\text{-}11)$$

式中，ρ_A 为指示液密度；ρ_B 为被测液密度，单位均为 kg/m³。式（1-11）是计算压强差和液位高度的公式。

（2）液位计　容器内液面位置的高低可以用液位计和液柱压差计测定，如图 1-4 所示。

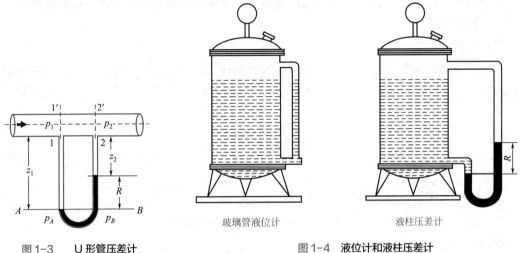

图 1-3　U 形管压差计　　　　图 1-4　液位计和液柱压差计

在容器上下两接口之间连接带刻度的玻璃管即构成液位计，玻璃管中液面位置就是容器内液位高度。

液柱压差计兼具 U 形管压差计和玻璃管液位计结构特点，由玻璃弯管和玻璃直管构成，弯管盛装密度大的指示液，一般采用水银作指示液。由流体静力学基本方程式可知，容器底部承受的压强与容器中所装液体的高度成正比，因此，根据连通玻璃管中的读数 R 便可推算出容器内的液面高度。

【例 1-4】　如图 1-4 所示的容器中装有密度为 860kg/m³ 的油，U 形管压差计中的指示液水银的读数为 270mm，求容器内油面高度。

解：设容器上方气体压强为 p_0，油面高度为 h，根据流体静力学基本方程式得：

$$p_0 + \rho_{\text{油}} g h = p_0 + \rho_{\text{指}} g R$$

所以
$$h = \frac{\rho_{\text{指}}}{\rho_{\text{油}}} R$$

故
$$h = \frac{13600}{860} \times 0.27 = 4.27 \text{m}$$

答：容器内油面高度为 4.27m。

三、流体的黏度

1. 流体的内摩擦力

经研究发现，流体在管道内流动时，离管道中心轴线不同距离的空间点，其附近流体的

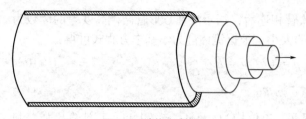

图1-5 流体流动模型

流速不相同。实际上，流体在管中是分割成无数极薄的"流筒"流动，各层流动速度不同，中间层大、边缘层小。流体流动模型如图1-5所示。

流体之所以分层流动是流体内部存在内摩擦力所致。流体分子在作不规则运动，高速分子进入低速流层，低速分子可进入高速流层，其结果是速度快的带动速度慢的，速度慢的拖拽速度快的，于是流层之间产生了流动阻力，这种作用力称为流体的内摩擦力。流体内摩擦力的外在表现就是流体具有黏滞力，又称为流体淀粉黏性。

2. 流体的黏度

不同性质的流体都具有内摩擦力，因而流体都具有黏性，衡量流体黏性大小的物理量叫流体的黏度，用 μ 表示。流体的黏度就是促使流体流动产生单位速度梯度的剪应力，其定义式如下：

$$\tau = \frac{F}{S} = \mu \frac{\Delta u}{\Delta y} \tag{1-12}$$

式中，$\Delta u / \Delta y$ 为速度梯度；τ 是单位面积上流体的剪应力。

在SI制中，黏度的单位是 $N \cdot s/m^2$，又称为 $Pa \cdot s$，它与物理单位制的换算关系是：

$$1Pa \cdot s = 10P = 1000cP = 1000mPa \cdot s$$

P即泊，cP即厘泊。

流体的黏度可通过实验或有关手册查得。

因黏度与流体分子运动有关，因而气体的黏度随温度升高而升高，液体的黏度随温度升高而降低。

3. 非牛顿型流体

凡是服从牛顿黏性定律的流体都称为牛顿型流体，如常用的水针注射剂、口服液等；凡是不服从牛顿黏性定律的流体都称为非牛顿型流体，如发酵液、细胞培养液等，非牛顿型流体质点在加压下容易变形，因而属于可压缩流体。正确认识非牛顿型流体质点的可压缩性有助于生物药液的过滤操作。

单元二 流体的流动状态

流体由大量不规则运动的分子组成，各分子之间以及分子内部的原子之间存在一定的空隙，因而由分子聚集而成的流体具有不连续性。当把若干流体分子看作质点，则流体就可以看成是由质点组成的连续性介质，由此得出的结论可以应用于实际流体的研究。

一、流量和流速

1. 流量

单位时间内流体流过某横截面的总量称为流量。以体积计量的称为体积流量，用 V_S 表示，单位是 m^3/s；以质量计量的则称为质量流量，用 W_S 表示，其单位是 kg/s。体积流量与质量流量之间的关系为：

$$W_S = V_S \rho \tag{1-13}$$

2. 流速

单位时间单位面积流过流体的量称为流速，由于流体柱的横截面积是单位面积，因而也可以认为单位时间流体流过的距离称为流速，以 u 表示，单位是 m/s。经大量研究知道，流体在管道中流动时各空间点的流速是随机可变的，位于管道中心处流速最大，管壁附近的流速最小。通常把 u 看成平均流速。流速与流量的关系为：

$$u = \frac{V_S}{A} = \frac{W_S}{\rho A} \tag{1-14}$$

式中，A 为管道横截面积，m^2；u 为流体平均速度，m/s。

如果管道为圆管，设 A 为其横截面积，$A = \frac{1}{4}\pi d^2$，则：

$$u = \frac{4V_S}{\pi d^2} \tag{1-15}$$

上式常用于管道选型计算。

【例1-5】 某厂需要架设一条输送自来水的管道，输水量为42500kg/h，试设计所需的管道直径。

解：用式（1-15）计算所需管道直径，即：

$$d = \sqrt{\frac{4V_S}{\pi u}}$$

水的密度为1000kg/m³，其体积流量是：

$$V_S = \frac{42500}{3600 \times 1000} = 0.01181 \text{m}^3/\text{s}$$

设定自来水的流速 $u = 1.5$m/s，则

$$d = \sqrt{\frac{4 \times 0.01181}{\pi \times 1.5}} = 0.1001 \text{m}$$

求出的管径往往与厂家生产的管径不吻合，可在有关手册中选用直径相接近的标准管子。本题选用 ϕ108mm×4mm 热轧无缝钢管合适。ϕ108mm×4mm 表示管子外径是108mm，管壁厚是4mm。管径确定后，应根据式（1-15）重新核定流速。

$$u = \frac{0.01181 \times 4}{\pi (0.108 - 0.004 \times 2)^2} = 1.504 \text{m/s}$$

符合自来水实际流速范围，选择的管子型号正确。常见流体在管道中的流速范围见表1-1。

表1-1 常见流体在管道中的流速范围

流体的类别	使用条件	流速范围/（m/s）
自来水	管路 3×10⁵Pa 左右	1～1.5
工业供水	管路 8×10⁵Pa 以下	1.5～3.0
锅炉供水	管路 8×10⁵Pa 以下	>3.0

续表

流体的类别	使用条件	流速范围/（m/s）
饱和蒸汽	管路	20～40
一般气体	管路（常压）	10～20
高压空气	风机出口、管路	15～25
水及低黏度液体	泵进口 $1\times10^5 \sim 1\times10^6$Pa	0.5～1.0
高黏度液体	泵进口	0.5～1.0
液体自流速度	（冷凝水等）	0.5

二、定态流动

1. 定态流动和非定态流动

如果流体在管路中任何空间位置的流速、流量、压强等参数都不随时间改变而变化，这种流动称为定态流动；如果流体在各空间位置流动的参数随时间改变而改变，则称为非定态流动。在实际制药生产中，因采用了机械输送设备，因而管道内流体的流动是定态流动。

2. 定态流动的连续性方程

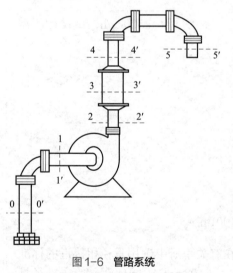

图1-6 管路系统

图1-6为常见的管路系统。假设流体在这个系统中作定态流动。首先在本系统中选取1-1′截面和2-2′截面之间区域作物料衡算范围。因流体为连续性介质，故充满了管道和设备的所有空间，并且流体源源不断地从1-1′流向2-2′面。

为便于计算，设定整个输送系统没有其他物料的增加和物料的损失，始终保持稳定的流动，即每处的流量是恒定的。因此，单位时间内进入1-1′截面的流体质量必等于由2-2′截面输出的质量。则有：

$$W_1 = W_2$$

因

$$W_S = u\rho A$$

所以

$$u_1\rho_1 A_1 = u_2\rho_2 A_2$$

如果考察 n 个截面，也具有同样的结论，即：

$$u_1\rho_1 A_1 = u_2\rho_2 A_2 = \cdots = u_n\rho_n A_n \quad (1\text{-}16)$$

式（1-16）称为流体连续性方程，此式说明在等径管路中输送不可压缩性流体时，流体的流速为常数。

若输送的是不可压缩性流体，密度 ρ 为常数，则：

$$u_1 A_1 = u_2 A_2 = \cdots = u_n A_n \quad (1\text{-}17)$$

此式是流体流动连续性方程式的特殊表达式。

三、流体的流动类型

1. 雷诺实验

1884年英国科学家雷诺作了一个著名的实验，即雷诺实验，其实验装置如图1-7所示。

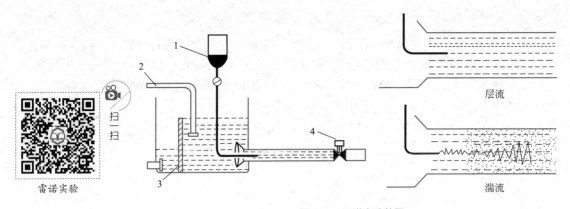

图1-7 雷诺实验装置

1—红墨水;2—清水进口;3—溢流堰;4—放液管阀门

在装有溢流堰的水箱中安装一长颈分液漏斗,分液漏斗中盛有红墨水,长颈部分伸入水箱底部放液管中心,放液管尾端设置有阀门,调节放液管阀门开度可使清水按照规定的流量稳定流动,此时开启分液漏斗活塞可将红墨水沿放液管中轴线注入。根据放液管中流量大小可发现红墨水的三种流动状态,即

（1）**直线流动** 当放液管内流速小时,红墨水沿管子中轴线呈直线流动,与水不相混合。这种现象表明,玻璃管内水的质点彼此作平行于管中心线的直线运动,这种流动称为层流。

（2）**脉冲式流动** 若逐渐提高放液管中水的流速,红墨水由直线流动逐渐变成波浪形流动。这种现象说明水的质点彼此之间不再成平行的直线运动,而是向前流动的同时,以中轴线为中心作往返式的径向运动。这种流动称为过渡流动。

（3）**杂乱流动** 继续提高放液管中清水的流速,红墨水进入放液管后作短暂的脉冲式流动后即均匀地混合,红墨水的细线完全消失,与水混为一体。这种流动的特点是质点流速大小与方向随时发生变化,质点之间相互碰撞互相混合。把流体的这种流动称为湍流。

实际流体流动状态有三种。在管道壁附近的流体流动速度极为缓慢甚至为零,这层流体称为层流内层;从管壁到中轴线径直方向,流体的速度由小增大到最大速度,流体由层流层通过一个过渡层,最后转化为湍流层。过渡层的流动状态称为过渡状态。

流体在管中流动速度分布不均匀,如图1-8所示。经研究发现,层流状态时流体平均速度u与管中心最大速度u_{max}之比值为0.5,湍流状态时流体平均速度与管中心最大速度u_{max}之比值可用经验公式来求算,一般视为0.82左右。

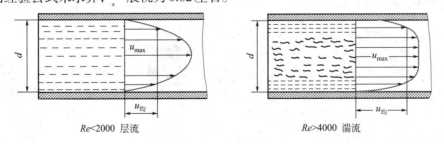

图1-8 流体流动速度分布

2. 雷诺准数

流体流动状态受多方面因素的影响,管子直径、流体密度、黏度、速度、温度、压强、摩擦力等影响显著,它们的影响可表示为函数关系:

$$流动状态 = f(d, \rho, u, \mu, \lambda, p, t, \cdots) \tag{1-18}$$

目前还没有建立相关的数学模型，在现实中常采用无因次数进行计算。无因次数是指若干个有内在联系的物理量按无因次组合起来形成的无单位的数，又称为准数或无因次数群。如雷诺准数 Re 就是由直径、流体密度、黏度、速度四种物理量组合起来的无因次数群。

$$Re = \frac{du\rho}{\mu} \tag{1-19}$$

研究证明，流体流动状态可用雷诺准数 Re 来判断，方法如下：

层流　　　　　$Re \leqslant 2000$
过渡流　　　　$2000 \leqslant Re \leqslant 4000$
湍流　　　　　$4000 \leqslant Re$

判断流体的流动类型很重要，因为在药品生产过程中，往往需要流体是湍流流型，这样才有利于传热和传质。

【例1-6】　密度为820kg/m³、黏度为 5.3×10^{-3}Pa·s 的液体，以12m³/h流量通过内径为50mm的圆管。试判断管中流体的流动类型。

解：已知 $V_S = \dfrac{12}{3600} = 0.0033$ m³/s

$$u = \frac{4 \times 0.0033}{\pi \times 0.05^2} = 1.682 \text{m/s}$$

$$Re = \frac{0.05 \times 1.682 \times 820}{5.3 \times 10^{-3}} = 130117 > 4000$$

故该流体为湍流。

单元三　转子流量计

在培养基配制、生物反应通入氧气、药物提取精制、水针剂和大输液的配制，以及气相色谱分析等生物制药生产中，常常采用转子流量计测量流体流量，以精确控制配入的总量。

一、转子流量计的结构

转子流量计由锥形玻璃管、转子和法兰组成。锥形玻璃管是一根上大下小带有刻度的玻璃管道，转子是用不锈钢、铝、青铜等金属材料加工成类似于陀螺的锥体或圆球形，它可以沿锥形管中心线上下自由移动，转子流量计垂直安装在管路中，流体从下底进入上底流出，转子起着截留的作用。当转子在流体中平衡时，与转子水平面齐平的玻璃管读数就表明了流体的流量。转子流量计还可以用金属管制作，采用指针显示流量，还可通过与可编程控制器 PLC 链接，形成自动控制流量系统，如图1-9所示。

玻璃转子流量计

金属转子流量计

图1-9　转子流量计

为了使转子在锥形管中上下移动时不碰到管壁，常在转子中心装一根导向芯棒，以保持转子在锥形管的中心线上作上下运动，另一种办法是在转子圆盘边缘开斜槽，当流体自下而上流过转子时，一面绕过转子，同时又穿过斜槽产生一反推力，使转子绕中心线不停地旋转，就可保持转子在工作时不致碰到管壁。

二、转子流量计的工作原理

被测流体从下端流入锥形管时被转子截流，流体的上冲力和浮力托起转子上升，流量越大上冲力越大，当流体流速变大或变小时，转子将作向上或向下的移动，流体通过的环截面积也随之变化，当上冲力与浮力之和等于转子自身的重力时，转子处于受力平衡状态，平稳地停留在锥形管的某一高度（图1-10）。研究发现，对于一台给定的转子流量计，转子在锥管中的位置与流体流经锥管的流量大小成一一对应函数关系。因此，读取转子在锥形管中的位置高度，就可以求得相应的流量数值。

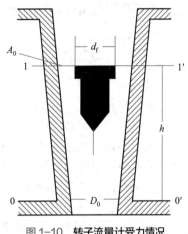

图1-10 　转子流量计受力情况

如图1-10所示，设转子所受上冲力F产生的压强差为Δp，锥形管与转子间环形截面为A_0，转子停留高度为h，转子平面处最大截面积为A，转子体积为V，转子密度为ρ_t，转子长度为L，流体介质的密度为ρ_f，流体的流速为u。

根据冲量定理$FL=\frac{1}{2}mu^2$可推出：

$$F = mu^2/2L = \rho_f A u^2/2 \qquad (1\text{-}20)$$

对于确定的转子，$m=\rho_t V$

转子稳定时上冲力、浮力、重力合力计算式为：

$$V(\rho_t-\rho_f)g = \Delta p A \qquad (1\text{-}21)$$

实际流体流动状态带来的影响用流量系数α矫正，结合计算转子体积误差矫正系数ε，根据式（1-17）得转子流量计流量公式为：

$$q_v = \alpha \varepsilon A_0 \sqrt{\frac{2V(\rho_t-\rho_f)g}{\rho_f A}} \qquad (1\text{-}22)$$

令$A_0=ch$，其中c是转子和锥管的几何形状及尺寸矫正系数。

则

$$q_v = \alpha \varepsilon c h \sqrt{\frac{2V(\rho_t-\rho_f)g}{\rho_f A}} = \phi h \sqrt{\frac{2V(\rho_t-\rho_f)g}{\rho_f A}} \qquad (1\text{-}23)$$

行业上常将$\phi=\alpha\varepsilon c$称为仪表常数。

由式（1-23）可知，转子的停留高度h与流量q_v成对应关系。

三、转子流量计的应用

转子流量计是工业上和实验室最常用的一种流量计。它具有结构简单、直观、压力损失小、维修方便等特点。转子流量计适用于测量小流量，也可以测量腐蚀性流体介质的流量。

使用时流量计必须安装在垂直走向的管段上,流体介质自下而上地通过转子流量计,并且在实际测量之前,转子流量计的转子位置与流量的关系需要进行矫正。

单元四 流体能量及转换

流体不仅具有静态物理性质,还具有动态能量交换特征。流体既可以从环境中吸收能量,又可以释放消耗自身能量。流体在不同状态下各种能量的转换遵守能量守恒定律。

一、伯努利方程式

1. 流体具有的能量形式

流体是由微小实物粒子聚集而成,因而流体同固体物质一样具有各种机械能量,如内能、位能、动能、静压能等。

(1) **内能** 内能是组成流体的原子和分子因运动以及彼此相互作用而产生的能量总和。通常采用流体温度的高低表示其内能大小,用 U 表示,单位是 J/kg。

(2) **位能** 在重力场中流体受到万有引力的作用,因离地心距离的不同而具有不同的能量,这部分能量称为位能,用 $E_{位}$ 表示,其计算式为 $E_{位}=mgh$,单位是 J/kg。

(3) **动能** 流体流动发生了位移,在位移过程中所显示的能量叫动能,用 $E_{动}$ 表示,$E_{动}=\frac{1}{2}mu^2$,单位是 J/kg。

(4) **静压能** 流体因具有静压强而产生的能量,称为静压能,用 E_p 表示,其计算式为 $E_p=m\frac{p}{\rho}$,单位是 J/kg。

(5) **与外界交换的能量** 流体在管路系统中流动时,往往与各种输送机械、加热设备、冷却设备、空气、大地等外部环境进行能量的交换,既有给流体提供能量的情况,也有移走流体能量的情况,这就是流体与外界能量的交换。

2. 流体流动能量守恒

如图1-11所示的是流体由下往上流动。选取0-0′为零位能基准面,在管道上任取两个截面1-1′和2-2′作为考察面。不考虑摩擦阻力和外加能量的影响。

在1-1′面流体的机械能总和是:

$$E_1 = U_1 + gz_1 + \frac{p_1}{\rho} + \frac{1}{2}u_1^2$$

在2-2′面流体的机械能总和是:

$$E_2 = U_2 + gz_2 + \frac{p_2}{\rho} + \frac{1}{2}u_2^2$$

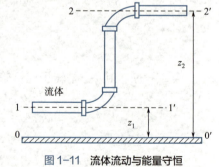

图1-11 流体流动与能量守恒

根据能量守恒定律,$E_1 = E_2$,得

$$U_1 + gz_1 + \frac{p_1}{\rho} + \frac{1}{2}u_1^2 = U_2 + gz_2 + \frac{p_2}{\rho} + \frac{1}{2}u_2^2$$

流体在管道中流动时内能变化量小,可以近似地认为 $U_1 = U_2$,则:

$$gz_1 + \frac{p_1}{\rho_1} + \frac{1}{2}u_1^2 = gz_2 + \frac{p_2}{\rho_2} + \frac{1}{2}u_2^2 \qquad (1\text{-}24)$$

式（1-24）称为理想流体的伯努利方程，它是进行有关流体流动计算的基本方程。

如果管路中安装了做功的设备如离心泵等，管路系统有阻力存在能量损失，则理想流体柏努利方程就成为实际流体的能量守恒计算公式：

$$gz_1 + \frac{p_1}{\rho_1} + \frac{1}{2}u_1^2 + W_e = gz_2 + \frac{p_2}{\rho_2} + \frac{1}{2}u_2^2 + H_f \qquad (1\text{-}25)$$

式中，W_e 为有效功；H_f 为损耗的能量。

式（1-25）称为实际流体的伯努利方程，是制药车间进行管道布置设计时重要的计算公式。

二、管路中的直管阻力

1. 直管阻力

实际流体伯努利方程中的阻力是管路系统的总阻力，管路系统中的阻力有直管阻力和局部阻力两种。所谓直管阻力就是流体在直管中流动时的内摩擦力 h_f，其方向与流动方向相反，大小用范宁公式计算：

$$h_f = \lambda \frac{l}{d} \times \frac{1}{2}u^2 \qquad (1\text{-}26)$$

式中，λ 为流体的摩擦系数，可以通过现场实验、经验公式和图解法求得。

2. 局部阻力

管路系统中的弯管、闸阀、三通、大小头等管件对流体流动产生的阻力称为局部阻力。局部阻力的计算方法有两种，即当量长度法和阻力系数法。

（1）当量长度法　把管件折算成与之相当的直管来计算阻力的方法称为当量长度法。

（2）阻力系数法　在管道直径、流体密度、黏度、流动速度不变的情况下，局部阻力与动能成正比例关系。局部阻力计算公式为：

$$h_f = \zeta \frac{1}{2}u^2 \qquad (1\text{-}27)$$

式中，常数项用 ζ 表示，称为阻力系数，其计算式为：

$$\zeta = \lambda \frac{l_e}{d} \qquad (1\text{-}28)$$

式中，d 为管道直径；l_e 为当量长度；λ 为摩擦阻力系数。

进口的阻力系数 $\zeta = 0.5$，出口阻力系数 $\zeta = 1.0$。其他常用管件的阻力系数和当量直径可以在有关文献中查到。

3. 总阻力

直管阻力与局部阻力之和为总阻力。假设系统中管道直径不变，则总阻力的计算公式是：

$$\sum h_f = \left(\lambda \frac{\sum l + \sum l_e}{d} + \sum \zeta\right)\frac{1}{2}u^2 \qquad (1\text{-}29)$$

式中，l 为系统中所有直管的长度之和，m；l_e 为系统中所有管件、阀门的当量长度之和，m；ζ 为系统中所有的局部阻力系数之和。

若管道直径发生变化，因流动速度也随之变化，故需要进行分段计算。

三、伯努利方程在制药工程上的应用

在制药工程上，伯努利方程与连续性方程结合，可解决流体流动中各种有关问题，如确定管道中流体的流速或流量；确定容器间的相对位置；确定输送机械的有效功或功率；确定管路中流体的压强；进行管路的计算；根据流体力学原理设计各种流量计等。总之，柏努利方程是解决制药工程管路及输送设备选型安装重要的计算公式。

【学习小结】

本模块以掌握流体静压强、真空度、流量、流速的测量技术为目标，学习掌握密度、压强、流量、流速、黏度、内摩擦力等基本概念和基本计算，学会各单位之间的换算方法，从而掌握流体测量技术。

流量公式是一个很实用的计算式，它表示了流体的流量、流速和管道直径三者之间的关系，可应用于管道布置设计的选型计算。在选择管道直径时要进行差示计算，从而选出最适当的管道。

转子流量计测量精确，被广泛应用于发酵车间空气流量的控制。

【目标检测】

一、单项选择题

1. 当被测流体的（　　）大于外界大气压力时，所用的测压仪表称为压力表。
A. 真空度　　　　　B. 表压力　　　　　C. 相对压力　　　　　D. 绝对压力

2. （　　）上的读数，称为表压力。
A. 压力表　　　　　B. 真空表　　　　　C. 高度表　　　　　D. 速度表

3. U形管压差计测得的是（　　）。
A. 上下游之间的阻力损失　　　　　B. 上下游之间的压强差
C. 上下游之间的机械能和阻力损失　　　　　D. 上下游之间的位差

4. 从流体静力学基本方程可知，U形管压差计测量的数值（　　）。
A. 与指示液密度、液面高度有关，与U形管粗细无关
B. 与指示液密度、液面高度无关，与U形管粗细有关
C. 与指示液密度、液面高度无关，与U形管粗细无关
D. 与指示液密度、液面高度有关，与U形管半径有关

5. 层流与湍流的本质区别是（　　）。
A. 湍流流速 > 层流流速　　　　　B. 流道截面大的为湍流，截面小的为层流
C. 层流的雷诺数 < 湍流的雷诺数　　　　　D. 层流无径向脉动，而湍流有径向脉动

6. 流体在圆管内流动时，管中心流速最大，若为湍流时，平均流速与管中心最大流速的关系为（　　）
A. $u = \frac{1}{2} u_{max}$　　　　　B. $u = 0.817 u_{max}$　　　　　C. $u = \frac{3}{2} u_{max}$　　　　　D. $u = 0.75 u_{max}$

7.当流体在圆管内流动时,管中心流速最大,滞流时的平均速度与管中心最大流速的关系为(　　)

A. $u=\dfrac{1}{2}u_{max}$ B. $u=0.817u_{max}$ C. $u=\dfrac{3}{2}u_{max}$ D. $u=0.75u_{max}$

8.判断流体流动类型的准数为(　　)。

A. Re 数　　　　　B. Nu 数　　　　　C. Pr 数　　　　　D. Fr 数

二、计算题

1.已知20℃下水和乙醇的密度分别为998.2kg/m³和789kg/m³,试计算质量分数为50%的乙醇水溶液的密度。

2.在大气压力为101.33kPa的地区,某真空蒸馏塔塔顶的真空表读数为80kPa。若在大气压力为95kPa的地区,仍使该塔塔顶在相同的绝压下操作,则此时真空表的读数应为多少?

3.水平管道上下游两点间连接一U形压差计,指示液为汞。已知压差计的读数为35mm,试分别计算下面情况下管内流体的压力差。

(1)流体为水;

(2)压力为101.3kPa、温度为20℃的空气。

4.绝对压强为540kPa、温度为30℃的空气,在 ϕ 108mm×4mm 的钢管内流动,流量为1500m³/h(标准状况)。试求空气在管内的流速、质量流量和质量流速。

5.硫酸流经由大小管组成的串联管路,管道型号为 ϕ 78mm ×4mm。已知硫酸的密度为1831kg/m³,体积流量为9m³/h。试计算硫酸在管道中的:(1)质量流量;(2)平均流速;(3)质量流速。

三、简答题

1.流体压强的定义是什么?表示压力的常用单位有哪几种? 它们之间有什么关系?

2.什么叫绝对压力、表压、真空度和负压?它们之间的关系是什么?

3.什么是流体的黏性?什么是流体的黏度?黏度的定义和物理意义是什么?

4.液体和气体的黏度随着温度和压力的变化规律是什么?

5.何谓流体的体积流量、质量流量和质量流速?它们之间如何换算?

6.流体有哪几种流动类型?怎么判断?

7.查阅有关转子流量计的结构、工作原理、安装方法以及转子分类的有关资料,并写出报告。

模块二
流体输送与设备

【知识目标】

了解离心泵的性能参数、性能曲线和管路曲线的意义；熟悉离心泵、往复泵、鼓风机、离心压缩机、空气压缩机、真空泵的工作原理；掌握离心泵、往复泵、离心压缩机、真空泵的结构。

【能力目标】

能够进行离心泵、往复泵、真空泵的操作与维护；学会离心泵安装高度的计算方法。

【素质目标】

通过输送设备的学习，培养工程思维。科学技术是第一生产力，只有尊重科学与技术，重视科学与技术，才能充分发挥"第一生产力"的作用，使国力强盛。

在生物制药生产过程中常见的流体有液体和气体，因而流体输送系统主要由管路系统、泵和风机等设备构成。液体输送设备主要有离心泵和其他类型的泵，气体输送设备主要有通风机、鼓风机、压缩机、真空泵等。

单元一　管道、管件

清洁生产，严守标准，是制药工作者时刻牢记的行为准则，在车间管路系统设备维修维护和选型设计工作中，要符合《药品生产质量管理规范》的要求，采用不会引起药品污染的管道管件和设备。

一、GMP 文件

GMP 文件全称《药品生产质量管理规范》（Good Manufacture Practice），是药品生产和质量管理的基本准则，适用于药品制剂生产的全过程和原料药生产中影响成品质量的关键工序，推行 GMP 管理是提高药品质量的重要措施。

世界卫生组织，20 世纪 60 年代中期开始组织制订药品 GMP，美国于 1963 年颁布了世界上第一部 GMP。我国于 1988 年国家卫生部颁布了第一部 GMP；1992 年进行了第一次修订，1998 年进行了第二次修订，2010 年进行了第三次修订，并于 2011 年 3 月 1 日起实施，目前执行的是 2010 年修订的新版药品 GMP。

《药品生产质量管理规范》作为质量管理体系的一部分，是药品生产管理和质量控制的基本要求，旨在最大限度地降低药品生产过程中的污染、交叉污染以及混淆、差错等风险，确保持续稳定地生产出符合预定用途和注册要求的药品。该文件对制药企业厂址选择、车间卫生、设备卫生、人员条件等方面进行了严格规定。其中，对设备的要求是"生产设备不得对药品质量产生任何不利影响。与药品直接接触的生产设备表面应当平整、光洁、易清洗或消毒、耐腐蚀，不得与药品发生化学反应、吸附药品或向药品中释放物质""便于操作、清洁、维护，以及必要时进行的消毒或灭菌。"

根据GMP的要求，生物制药车间采用的管道、管件、泵、容器等设备制造材质必须严格挑选，以保证不污染药物。

二、管道制造材质

依据GMP规定，制药车间管道用材质主要有以下几类。

1. 金属材料

（1）**生铁**　钢和铁组成相近，主要成分是铁和碳元素，含碳量大于2.0%的称为生铁，含碳量小于2.0%且含有其他合金元素的称为钢，含碳量低于0.05%且无其他合金元素的叫纯铁，又称为熟铁。生铁含碳量高，质硬而脆，几乎没有塑性，机械加工性能单一，容易生锈，常作自来水管道的原材料。

（2）**碳素钢**　组成中主要元素是铁，碳含量小于2%，且含有少量锰、硅、铝、磷、硫及氮、氢、氧等，这种金属材料称为碳素钢。碳素钢具有强度高、韧性好、耐高温、易加工、抗冲击等优良性能，常用作车间钢架结构。

（3）**合金钢**　在普通碳素钢中添加适量的合金元素形成的金属材料叫铁碳合金，又叫合金钢。常用的合金元素有硅、锰、铬、镍、钼、钨、钒、钛、铌、锆、钴、铝、铜、硼、稀土等。各国的合金钢随资源情况和生产工艺不同而有差别，我国的合金钢主要是硅、锰、钒、钛、铌、硼、铅、稀土合金。

合金钢除了具有普通碳素钢的基本性能外，还具有硬度和强度以及耐腐蚀性强等多种优异的性能。当碳含量在0～0.3%以下，大幅度提高Cr、Ni含量，并添加适量的Mo、Ti、Cu、Si、Nb等稀土金属元素，所得合金的理化性能和力学性能都发生显著变化，具有高韧性、高塑性、无磁性等特点，既可耐氧化性介质腐蚀，又可耐硫酸、磷酸以及甲酸、醋酸、尿素等酸性介质的腐蚀，还能耐浓硝酸的腐蚀，行业上将这类合金钢称为不锈钢。

按加入稀土元素种类划分，不锈钢可分为铬不锈钢和镍铬不锈钢。根据稀土元素种类及含量、金相组织结构对不锈钢编号，称之为不锈钢牌号。国际上不锈钢的牌号共有一百多种。表2-1是常用不锈钢牌号对照表。

表2-1　常用不锈钢牌号对照表

美国标准	中国标准	UNS编码
304	0Cr18Ni9	S30400
304L	00Cr19Ni10	S30403
316	0Cr17Ni12Mo2	S31600
316L	00Cr17Ni14Mo2	S31603
316Ti	0Cr18Ni12Mo2Ti	

表2-1中，世界上各国的不锈钢牌号互不相同，如316Ti又称为钛不锈钢，英国标准号为320S17，而德国和法国的牌号则与之不同。在我国的不锈钢标准中，316Ti的标准代号为0Cr18Ni12Mo2Ti。

钛元素是一种容易钝化的稀土金属，而钛形成的钝化膜在受到破坏后还能自行愈合，因此含钛不锈钢防腐蚀能力特别强，只能被氢氟酸和中等浓度的强碱溶液所侵蚀，在其他条件下非常稳定，所以常用于制造食品和药品的生产设备。

2. 非金属材料

非金属材料有无机材料和有机材料两大类。无机材料包括陶瓷、玻璃、石墨、岩石等，有机材料有植物纤维、塑料、橡胶等。一般地，非金属材料是热和电的不良导体，无金属光泽，其机械加工性能较差，少数非金属材料如石墨等是热和电的良导体，个别非金属材料可代替金属制作设备零件。

（1）无机非金属材料　在制药工业中广泛应用的无机非金属材料有陶瓷和玻璃等，这些材料呈化学惰性，不与药品发生反应，也不溶出污染成分，因而常用于制造管道、精密过滤器、反应器、色谱柱、包装瓶等。

在制药工业中广泛使用高硼硅玻璃，该种玻璃的基本组分是氧化钠、氧化硼、二氧化硅，硼含量为12.5%～13.5%，硅含量为78%～80%，其膨胀系数为3.3×10^{-6}，故称为3.3高硼硅玻璃。高硼硅玻璃的特点是热膨胀系数小，在0～200℃温度突变下不炸裂，且具有优越的耐酸、耐碱、耐水和抗腐蚀性能，拥有良好的热稳定性、化学稳定性和电化学性能，具有抗化学侵蚀性、抗热冲击性、力学性能好、使用温度高、硬度高等特性。

（2）有机非金属材料　塑料是有机非金属材料，其主要成分是合成树脂，其次有填充剂、稳定剂、增塑剂、着色剂和润滑剂，它们共同构成性能各异的各种塑料材料。

塑料可分为热塑性塑料和热固性塑料，多数属于热塑性塑料。聚四氟乙烯塑料属于热塑性塑料，在-200～260℃范围内其热稳定性极好，熔点为327℃，分解温度是400℃。聚四氟乙烯可以抗拒发烟硫酸、浓硝酸、浓盐酸、氢氟酸、沸腾氢氧化钠、过氧化氢、氯气甚至王水的腐蚀，也可耐醇、醛、酮等有机溶剂的侵蚀。其耐候性极好，有抗氧和紫外线的作用。由于聚四氟乙烯分子无极性，分子间作用力小，表面能低，不黏，摩擦系数很低，广泛用于密封件和摩擦零部件。

其他如木材、植物纤维、各种橡胶等有机非金属材料都是制造制药机械设备的重要材料。

三、管道和管件

1. 常用管道

制药车间的管道用于输送蒸汽、水、有机溶剂、药液等，根据《药品生产质量管理规范》要求，一般都采用316L或316Ti不锈钢材质，按照标准接口制作成不同型号的管道。不锈钢管型号的表示方法如下例所示。

ϕ108mm×4mm 表示钢管外径是108mm，壁厚是4mm，内径是100mm。

各种管道内壁没有绝对光滑，都是凹凸不平，管道内壁凸出部分的平均高度称为绝对粗糙度，用 ε 表示，单位为 mm。绝对粗糙度与管道内径的比值称为相对粗糙度。新管道的相对粗糙度小，旧管道的相对粗糙度大。管道相对粗糙度越高，流体在流动时受到的阻力越大。相对粗糙度是确定流动阻力系数的依据之一。

2. 常用管件

制药车间的管路系统中所使用的管件有活接头、大小头、三通、弯头、法兰、阀门、卡箍等，其中阀门有蝶阀、球阀、止回阀、隔膜阀、换向阀、取样阀、呼吸式调节阀等，如图2-1所示。

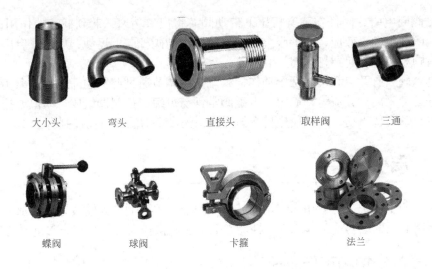

图 2-1　常用管件

3. 气动隔膜阀

气动隔膜阀是一种无污染的净化阀门,在生物制药生产线上使用广泛,其结构如图 2-2 所示。

其膜为弹性膜,通过充气和排气使隔膜扩张或收缩,起到封闭和开启进口和出口的作用,使流体流动或被截止。

由于流体不与阀门其他部件直接接触,减少了药液被污染的机会,因而隔膜阀在生物制药流体输送中被广泛地使用。

4. 电磁阀

电磁阀是利用电磁铁的原理执行启闭动作的电控阀门,其主要部件有电磁感应线圈、静铁、动铁、弹簧、阀杆、阀芯、机座、机腔等,如图 2-3 所示。

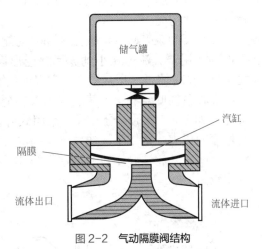

图 2-2　气动隔膜阀结构

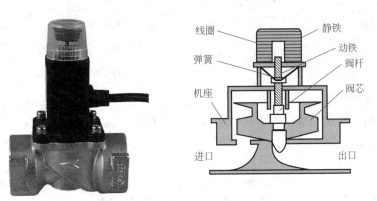

图 2-3　电磁阀结构示意图

当电磁阀断电时，阀杆在弹簧挤压下带动阀芯将出口堵塞，起到截流的作用；通电时，静铁上的线圈产生电磁效应，向上吸合动铁，动铁带动阀杆向上运动，从而开启出口，让流体从左到右顺利通过，起到打开阀门的作用。

普通电磁阀只有开启和关闭两个动作，其流量的调节通过调节阀杆运动距离实现，一旦调节好阀杆运动距离后其流量即确定。电磁阀常常与可编程控制器组成自动恒温控制器，便于冷热流体自动交替流动，确保加热与冷却按照预先设定的温度自动控制。

单元二　离心泵

在生物制药工作中，工艺用水、培养基、发酵液、水针剂、大输液等流体都采用离心泵输送，掌握离心泵的结构、工作原理和性能参数对正确操作离心泵具有非常重要的作用。

一、离心泵的结构和工作原理

1. 离心泵的结构

如图2-4所示，离心泵通常由泵壳、叶轮、轴封三大部件构成。

离心泵的泵壳起着汇聚流体和将动能转化成静压能的作用。其流道从小到大呈蜗壳形逐渐扩宽，便于流体流速降低、压强增大，实现远程输送。

离心泵的叶轮有全开式、半闭式、全闭式三种类型，如图2-5所示。全开式、半闭式叶轮具有不易堵塞的优点，常用于输送固含量高的悬浮液或浆液。全闭式叶轮适合于输送清洁性液体，泵的工作效率较高。

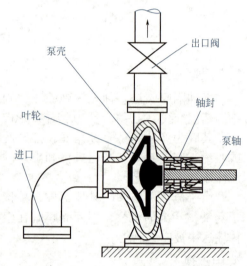

图2-4　离心泵的结构

离心泵

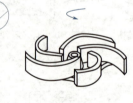
全开式

半闭式

全闭式

图2-5　离心泵的叶轮

全闭式叶轮后盖板与泵壳之间具有向入口端推移的轴向推力，轴向推力能引起泵的振动，使轴承发热，甚至损坏机件。在后盖板钻平衡孔让部分高压流体泄漏到低压区可降低叶轮两侧压力差，从而减小轴向推力，但因流体短路回流增加了内泄漏量，将引起离心泵效率降低。

根据流体进入离心泵方式的不同，可分为单吸式叶轮和双吸式叶轮。单吸式叶轮吸液量小，扬程高；双吸式叶轮吸液量大，扬程小，可消除轴向推力。

泵轴和泵壳之间的密封称为轴封，常见的有填料密封和机械密封两种。常用聚四氟乙烯绳、碳素纤维绳、石墨绳等具有自润滑作用的材料作填料密封，机械密封则采用动静环相结合的端面机械密封装置。轴封起着防止高压流体从泵壳内沿间隙漏出，或外界空气进入泵内产生气缚现象。

2. 离心泵工作原理

当离心泵泵壳内灌满流体后启动离心泵，泵轴带动叶轮高速旋转，流体从叶轮获得能量在离心力作用下作径向运动，从叶轮中心高速移动到泵壳。流体进入泵壳后因流道增大速度减小，大部分动能转化为静压能，形成高压流体从泵出口排出。

当泵内流体被叶轮甩向泵壳后，在叶轮中心区域形成真空区，离心泵进口处的流体在大气压力推动下进入泵内，叶轮不停地转动使得流体不断地被吸入和排出，起到输送流体的作用，如图2-6所示。

开机时，如果泵壳内有空气，在吸入口处所形成的真空度不高，进口处的流体不能被大气压压入泵内，导致离心泵空转不能输送液体。这种现象称为离心泵的"气缚"现象。出现"气缚"现象时，停止离心泵，在给泵壳灌满流体后再启动，即可进行正常的输送操作。

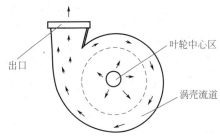

图2-6 离心泵的工作过程

二、离心泵的性能参数和特性曲线

为了正确安装使用和维护离心泵，需要掌握离心泵的性能参数。离心泵的性能参数主要有流量、扬程、轴功率、有效功率、效率和气蚀余量等。

1. 离心泵性能参数

（1）**流量 Q**　单位时间内从离心泵出口排出流体的体积称为流量，单位为 m^3/s 或者 m^3/h。

（2）**扬程 H**　离心泵对单位重量流体所提供的能量称为扬程，用 H 表示，单位为 m。

（3）**轴功率 N**　离心泵的轴功率是指动力设备向离心泵泵轴提供的功率，用 N 表示，单位是 W 或者 kW。

（4）**有效功率 N_e**　流体从叶轮实际获得的能量，用 N_e 表示。

（5）**效率 η**　离心泵将轴功率转化成有效功率的百分数，用 η 表示。离心泵的效率高低表明了离心泵能量得到有效利用的程度。

离心泵的轴功率主要用于提升流体能量和克服能量损失。在输送流体过程中，离心泵的能量损失主要有：①容积损失　因流体的外泄和内泄造成的损失；②机械损失　离心泵部件之间的摩擦力和其他局部阻力带来的损失；③水力损失　高黏度流体与叶轮通道和泵壳产生的摩擦阻力，以及环流和冲击所产生的局部阻力带来的能量损失，统称为水力损失。

离心泵运转时三种能量损失损耗轴功率，导致有效功率降低。轴功率、有效功率、效率三者相互之间的关系为：

$$N = \frac{N_e}{\eta} \quad (2\text{-}1)$$

有效功率可通过离心泵扬程计算：

$$N_e = HQ\rho g \quad (2\text{-}2)$$

若离心泵的轴功率用千瓦计，则由式（2-1）和式（2-2）可得：

$$N = \frac{HQ\rho}{102\eta} \tag{2-3}$$

2. 离心泵特性曲线

以流量作自变量，扬程、轴功率、效率为因变量建立 H-Q、N-Q、η-Q 坐标图，该图称为离心泵特性曲线图，如图2-7所示。

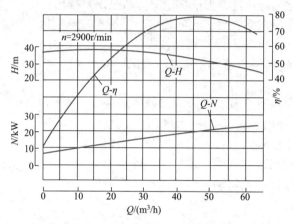

图2-7　离心泵的特性曲线

在图2-7中，H-Q 线表明离心泵流量越大扬程越小；N-Q 线表明离心泵流量越大所需轴功率也越大；η-Q 线表明离心泵流量增大其效率也增大。

从 η-Q 图可以看到，效率与流量之间呈非线性关系，当流量达到一定值后离心泵效率降低，因此离心泵有最高效率点。离心泵最高效率点对应的 Q、H、N 的值称为最佳工况参数。每台离心泵铭牌上的参数即是最佳工况参数，它表明了该泵的工作性能。以最高效率为中心的工况参数区间称为泵的高效区，在选型设计时，应选择其高效区落在工作效率范围内的离心泵。

3. 影响离心泵特性曲线的因素

（1）液体性质的影响

① 密度的影响　离心泵的扬程、效率与流体密度无关，当密度变化后特性曲线 H-Q、η-Q 均保持不变。因增大密度即增大了离心泵的负荷，从而需要更大的轴功率，所以离心泵 N-Q 曲线发生变化，需计算后重新绘制。

② 黏度的影响　由于实际流体黏度大于常温下清水的黏度，所以泵内能量损失增大，导致扬程和流量下降，轴功率增大，泵的特性曲线发生改变。

（2）离心泵叶轮外径的影响　当转速一定时，在叶轮直径变化不超过5%时，同一型号的离心泵特性曲线发生改变，其相互关系遵守切割定律，即：

$$\frac{Q_1}{Q_2} = \frac{D_1}{D_2} \qquad \frac{H_1}{H_2} = \left(\frac{D_1}{D_2}\right)^2 \qquad \frac{N_1}{N_2} = \left(\frac{D_1}{D_2}\right)^3 \tag{2-4}$$

（3）转速对离心泵特性曲线的影响　当不同的转速下，离心泵的工况参数不同，其特性曲线也不同，扬程、流量、轴功率相互关系遵守比例定律，即：

$$\frac{Q_1}{Q_2} = \frac{n_1}{n_2} \qquad \frac{H_1}{H_2} = \left(\frac{n_1}{n_2}\right)^2 \qquad \frac{N_1}{N_2} = \left(\frac{n_1}{n_2}\right)^3 \tag{2-5}$$

式中，Q_1、H_1、N_1表示转速为n_1时泵的性能参数；Q_2、H_2、N_2表示转速为n_2时泵的性能参数。

当泵的转速变化小于20%时，泵效率变化量很小，可用上述表达式进行计算，此时换算偏差较小。

三、离心泵的安装高度

1. 离心泵的气蚀现象

离心泵叶轮转动时其中心区形成真空，形成的真空越高，则离心泵吸进流体能力越强，吸上高度越高。流体在真空下汽化速度加快，真空度越高汽化速度越快。当中心区真空度太高时，流体汽化产生大量气泡，产生的气泡进入泵壳流道高压区后急剧凝结或破裂，气泡周围的液体以极高速度冲向气泡中心，瞬间产生强大的局部冲击力。如果气泡在结构件附近破灭，则结构件受冲击而受到腐蚀性损坏，这个过程称为离心泵的气蚀现象。

为防止气蚀现象的发生，必须控制离心泵叶轮中心区的真空度，使叶轮中心区的绝对压强必须大于流体的饱和蒸气压。叶轮中心区绝对压强与流体饱和蒸气压的差叫气蚀余量，用Δh表示，单位是 m。设被输送流体的饱和蒸气压是p_V，离心泵叶轮中心区的绝对压强为p_1，则气蚀余量的定义式为：

$$\Delta h = \frac{p_1 - p_V}{\rho g} + \frac{u_1^2}{2g} \quad (2\text{-}6)$$

式中，u_1为流速；p_V为饱和蒸气压。

气蚀余量可以用允许吸上真空度来直观地表示。允许吸上真空度是指离心泵入口处允许达到的最高真空度。

设大气压强为p_0，叶轮中心区的绝对压强为p_1，则允许吸上真空度表达式为：

$$H_S = \frac{p_0 - p_1}{\rho g} \quad (2\text{-}7)$$

式中，H_S为允许吸上真空度，m。

2. 离心泵的允许安装高度

离心泵安装高度越高，则入口处真空度越高，越容易产生气蚀现象，因此离心泵的安装高度不能超过允许安装高度。离心泵的允许安装高度用H_{max}表示，可用伯努利方程推导出计算式：

$$H_{max} = \frac{p_0}{\rho g} - \frac{p_V}{\rho g} - \Delta h - H_f \quad (2\text{-}8)$$

式中，H_f表示吸入管路的阻力损失，m；p_0表示储液槽上方的压强，Pa。

在安装过程中，实际安装高度要比H_{max}小$0.5 \sim 1$m，确保不发生气蚀现象。

四、离心泵的类型和使用

1. 离心泵的类型

（1）清水泵　清水泵是输送清水类的离心泵，代表型号是IS型系列泵。其扬程范围为$8 \sim 98$m，流量范围为$45 \sim 360 m^3/h$，如图2-8所示。

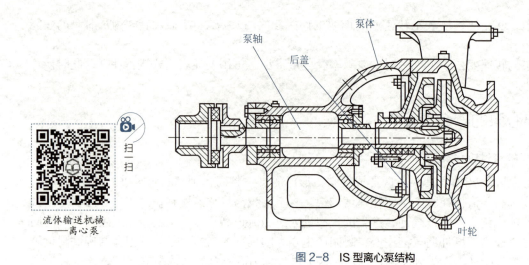

图 2-8　IS 型离心泵结构

组装有多个叶轮的清水泵叫多级离心泵，系列代号为"D"。流体进入多级离心泵后在几个叶轮中反复多次接受能量，从而获得较高的压头。其扬程可达 14～351m，流量可达到 10.8～850m³/h。

若要技能型流量大、压头低的输送则可选用双吸泵，双吸泵是叶轮两面都是流体入口的泵，系列代号为"Sh"，其扬程为 9～140m，流量为 120～12500m³/h。

（2）**耐腐蚀型泵**　输送酸碱等腐蚀性液体要使用耐腐蚀泵。耐腐蚀泵的叶轮和泵壳多采用塑料材料制成，系列代号为"F"，其扬程是 15～105m，流量是 2～400m³/h。

（3）**油泵**　输送石油、煤油、汽油等易燃易爆流体的离心泵叫油泵，其系列代号为"Y"。油泵具有夹套冷却装置，密封性能好，扬程为 60～600m，流量为 6.25～500m³/h。

（4）**杂质泵**　杂质泵用于输送悬浮液或浆液等，其系列代号为"P"。可分为污水泵"Pw"型、泥浆泵"PN"型。

2. 离心泵的操作规程

（1）**启动**　给泵内灌满流体，关闭出口阀，打开电机电源。

（2）**运行**　待电动机运转正常，逐渐打开出口阀门。

（3）**停止**　为避免流体倒流损坏叶片、烧坏电机，先关闭出口阀，再断开电机电源开关。

（4）**维护**　定期检查，防止流体泄漏和泵轴发热。若长期停泵不用，应放尽泵和管道内的流体，拆泵擦净后涂油防锈。

单元三　容积泵

容积泵又称正位移泵，是一种借助工作室空间容积周期性变化而排送流体的机械设备。容积泵分为往复泵、回转泵、隔膜泵和蠕动泵等类型，它们广泛用于生物制药生产中气体和液体的输送。

一、往复泵

1. 往复泵的结构和工作原理

往复泵主要由泵缸、活塞、连杆、传动轮、吸入阀和排出阀构成，如图 2-9 所示。

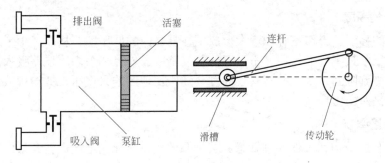

图 2-9　往复泵结构装置示意图

在往复泵工作时，电动机传动轮做回转运动的同时带动连杆做往返运动，通过滑槽定向促使活塞作往复直线运动。当活塞自左向右运动时，泵缸容积增大形成低压，排出阀关闭，贮池液体顶开吸入阀流入缸内。当活塞移至最右端时，泵缸容积最大，吸入流体的量最多。此后活塞向左运动，缸内容积减小流体被挤压，吸入阀关闭，排出阀被顶开，流体被压入排出管直至完毕，完成一个工作循环。此后活塞又向右移动，开始另一个工作循环。

往复泵就是靠活塞在泵缸内左右往复运动而吸入和压出流体。活塞在左端点与右端点之间的距离叫冲程。若在一个工作循环中只有一次吸入和一次排出的泵称为单动泵，如果活塞向左、向右运动都吸入流体和排出流体，称这种泵为双动泵。还可以有三联泵、多动泵等。

2. 往复泵特性

（1）**流量不均匀性**　往复泵的流量是不均匀的，其流量曲线变化如图2-10所示。

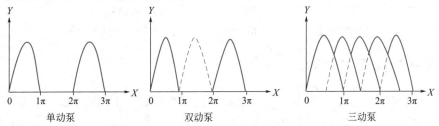

图 2-10　往复泵流量特性曲线

从图2-10可以看出，单动泵输出流体方式为脉冲式，流体不连续，流量由小到大呈周期性变化。双动泵的流量连续但不均匀，可采用多缸体泵才可改善往复泵的不均匀性，如三联泵的流量就比较均匀。

（2）**扬程无限制性**　往复泵的扬程与泵的几何尺寸无关，只要泵和管道的力学强度以及原动机功率允许，理论上往复泵的扬程无底线，可以满足输送系统对扬程的任何要求。实际上由于活塞环、轴封及阀门等处的泄漏，以及流体摩擦阻力的存在，降低了往复泵可能达到的扬程。

（3）**生产能力特性**　如果往复泵的工作室容积越大，活塞冲程越大，单位时间内活塞往复次数越多，则吸入和排出的液体量就越多，排液能力就越强。往复泵的排液能力只与泵的几何尺寸和活塞的往复次数有关，而与泵的压头及管路情况无关，即无论在什么压头下工作，只要往复一次，泵就排出一定体积的液体。往复泵是一种典型的容积式泵，只要活塞在单位时间内以一定的往复次数运动，排液能力就一定。这就是往复泵的生产能力特性。

在流体输送过程中，泵设备排液能力与管路状况无关、扬程受管路承压能力限制等特性称为正位移特性，具有这种特性的泵统称为正位移泵。往复泵是一种典型的正位移泵，是容积式泵。

3. 往复泵的安装高度

由于活塞的移动，工作室容积增大形成了往复泵内的低压区，从而产生了对流体的吸引作用，所以往复泵具有自吸作用。不过，往复泵是依靠外界和泵内压强差吸入液体，往复泵的吸上高度就受到限制，因此，其安装高度会随所在地区的大气压、被输送液体的性质及温度等条件的变化而变化。

4. 往复泵的流量调节

根据往复泵的结构和工作原理知道，若把泵的出口堵死而继续运转，泵内压强便会急剧升高，泵体和管道会破裂，电机也容易损坏。因此正位移泵在启动时不能将出口阀门关闭，也不能用出口阀门来调节流量。

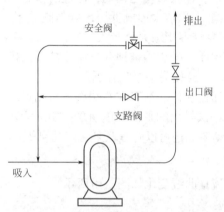

图 2-11　往复泵的流量调节示意图

图 2-11 是往复泵流量调节示意图。在排出管与吸入管之间安装回流支路和安全旁路。液体经吸入管进入往复泵，部分液体经出口阀排出，排出液量由出口阀及支路阀调节控制，另一部分液体经支路阀流回吸入管路。在泵运转过程中，两个阀门至少有一个必须开启，以保证排出液体畅通无阻，避免泵系统压力急剧上升。若出口管路系统压强超过规定值时，安全阀即自动开启泄出部分液体，以减轻泵及管路所承受的压力，保证操作安全。

往复泵主要用于低流量、高压强的管路输送系统，输送高黏度液体时效果也较好，但不能用来输送腐蚀性的液体或含有固体粒子的悬浮液。

二、柱塞式计量泵

柱塞式计量泵本质上就是往复泵，往复运动的部件是活塞柱，如图 2-12 所示。通过偏心轮将电机的圆周运动转变成活塞柱的往复运动，调节偏心轮的偏心距离即可调节活塞柱的冲程，而泵的流量与活塞柱的冲程成正比，由此可精确控制流量。

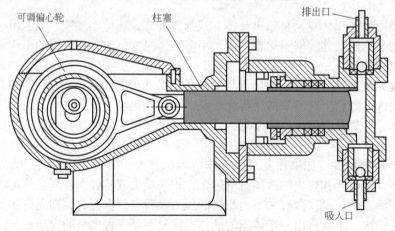

图 2-12　计量泵

在液体药品配制过程中常采用多个柱塞式计量泵定量输送不同的原料，在注射剂和大输液灌装过程中常采用柱塞式计量泵输送并计量液体。可通过一台电机带动多台柱塞式计量泵的方法，同时输送或灌装多股液体，以保持各液体的比例和流量稳定。

柱塞式计量泵不适用于输送腐蚀性的液体或含有固体粒子的悬浮液。

【课堂互动】

> 取1支医用注射器、1个西林瓶，用注射器量取5mL蒸馏水注入西林瓶，塞紧胶塞，盖上铝皮盖，在轧盖机上将铝皮盖扎紧。
> 在上述活动中注射器起了什么作用？如何设计计量灌装器？

三、旋转泵

旋转泵又称齿轮泵，它是靠泵体内的一个或多个转子的旋转来吸入和排出液体。旋转泵的形式很多，有齿轮泵、螺杆泵等，属于正位移泵。

1. 齿轮泵

图2-13为齿轮泵的结构示意图。在泵壳内有两个齿轮，其中一个通过电机轴带动旋转，称为主动轮，另一个与主动轮啮合而转动，称为从动轮，两齿轮与泵体间形成吸入和排出两个空间。当主动轮转动时，两轮的齿互相拨开，形成了低压而将液体吸入，随着齿轮的继续转动，液体被齿穴衔住分两个方向沿泵壳内壁带到排出空间，在两轮的齿互相合拢时，强大的挤压力提升液体压强，并排出泵壳。齿轮泵扬程高、流量小，流速均匀，适用于输送黏稠性液体，不能用于输送含有固体颗粒的悬浮液体。

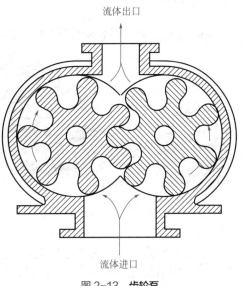

图2-13 **齿轮泵**

2. 螺杆泵

螺杆泵主要由泵壳和螺杆构成，如图2-14所示。

螺杆泵的关键部件是螺杆，只有一根螺杆的叫单螺杆泵，有两根相向旋转的是双螺杆泵。单螺杆泵主要构件有单头螺旋转子、双关螺旋定子。当转子在定子腔内绕定子的轴线作行星回转时，螺杆与定子衬筒内壁紧密配合，在泵的吸入口和排出口之间形成一个或多个密封空间，密封空间随着螺杆的转动和啮合沿轴向渐次张开与闭合，液体被吸入密封空间中，并沿螺杆轴向连续推移至排出端排出，以达到流体输送的目的。

单螺杆泵的安装位置可以任意倾斜，也可一泵多用，输送不同黏度的介质，如可输送高固含量的流体。单螺杆泵广泛用于气体和高黏度液体的输送。除此之外，由于产生低热，因而还可以输送热敏性的流体。

单螺杆泵具有扬程高、效率高、体积小、重量轻、噪声低、结构简单以及维修方便等优点。

齿轮泵和螺杆泵都是旋转泵，属于正位移泵，其旋转速度恒定则排液能力也固定。旋转泵的流量调节与往复泵一样，也采用支路和安全旁路调节。

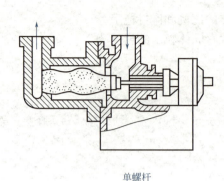 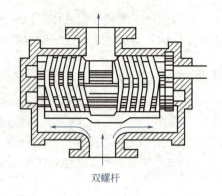

单螺杆　　　　　　　　　　　双螺杆

图 2-14　螺杆泵

四、蠕动泵

蠕动泵是一种全新品种的泵，其主要部件是动力传输系统、挤压滚柱、导管，如图2-15所示。

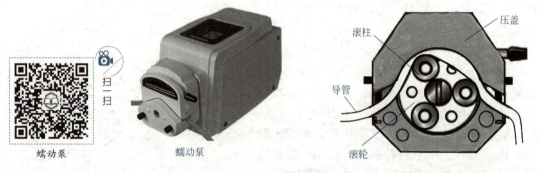

图 2-15　蠕动泵

动力传输系统为无级调速电动机，电动机的传动轴带动挤压滚柱转动，挤压滚柱挤压弹性导管，随着滚轮的转动，导管内形成负压，流体在两个滚柱之间的导管内形成"枕"，转速越大形成的枕越多，所有的"枕"沿着导管连续平稳地向外排出。

蠕动泵具有双向等流量输送功能，空转不会对泵部件造成损害，产生的真空度达98%，没有产生泄漏和污染，无需阀、机械密封和填料密封装置，降低了机械成本。蠕动泵可输送各种具有研磨、腐蚀、氧敏感特性的物料及各种食品等，能输送固、液或气液混合流体，在输送悬浮流体时允许流体内所含固体直径达到管状元件内径的40%。

【知识拓展】

蠕动泵输送液体的流量无脉冲特性，液流均匀稳定，同时调节转速就可调节流量，便于自动控制，因而蠕动泵常被用于需要精密控制流量的场合。

在生物制药生产过程中，冻干粉针剂的灌装采用了蠕动泵。通过蠕动泵可将药液定量送入西林瓶。

五、隔膜泵

隔膜泵是一种新型的泵种，隔膜泵由泵壳、泵缸、单向阀、隔膜、动力传输系统等部件组成，如图2-16所示。

高弹性膜是隔膜泵的重要组成部件，制造隔膜的材料有氯丁橡胶、氟橡胶、丁腈橡胶、聚四氟乙烯等，用于生物制药的隔膜泵一般采用聚四氟乙烯材质。

隔膜泵动力传输系统有电动式、气动式和液动式三种类型。电动隔膜泵是电动机传动轴直接推动隔膜运动，气动隔膜泵采用蒸汽、空气推动隔膜运动，液体隔膜泵采用水等液体推动隔膜运动。

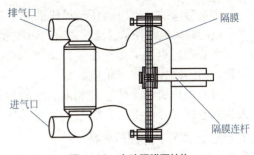

图2-16　电动隔膜泵结构

隔膜被固定在泵缸内不移动，隔膜起着类似于往复泵活塞的作用，通过隔膜的形变而输送液体。在动力推动下隔膜扩张或收缩，从而引起泵缸体积的增大或减小。体积增大时产生真空而将液体吸入泵缸，体积减小时产生压力而将液体挤压排出。

采用隔膜泵输送，流体不与动力机械接触，避免了被动力机械润滑油的污染，且流体中有颗粒时不会产生堵塞现象，因此该泵被用于多种性质流体的输送，如输送强酸强碱、易燃易爆、有毒有害、强腐蚀性流体，也可用于发酵液、糖浆、糖蜜、花生酱、果酱、巧克力等的输送。

单元四　气体输送设备

生物制药车间、无菌培养室、发酵罐、提取罐、液体灌装封口机组、真空干燥设备等都需要空气，通过气体输送机械可满足上述情况对空气的需求。

根据输送机械输出压强大小，把常见的气体输送机械分为通风机、鼓风机、压缩机、真空泵等四种基本类型。

由于气体的密度小、体积大，相应的流量也大，故气体输送机械体积一般大于液体输送机械的体积。

一、通风机

通风机分为离心式和轴流式两种。轴流式通风机风压小，只作通风换气之用；离心式通风机风压大，使用广泛。本节着重介绍离心式通风机。

1. 结构和工作原理

离心式通风机由进风口、叶轮、蜗壳、出风口、传动轴、底座及电动机等部件组成，如图2-17所示。

离心通风机的进风口轴向截面为流线型，能使气流均匀地进入叶轮，以降低流动损失和提高叶轮的效率。

叶轮通常由前盘、叶片、后盘和轮毂组成，采用静、动平衡校正，运转平稳，工作性能良好。

离心式通风机的叶片数较离心泵多，有后弯叶、前弯叶等形式。前弯叶片有利于提高风速，从而减小通风机的截面积，因而设备尺寸小。前弯叶片风机效率较低，这是因为动能加大，能量损失加大，而且叶轮出口速度变化频繁，因此常用于中、低压离心通风机。中、高压通风机的

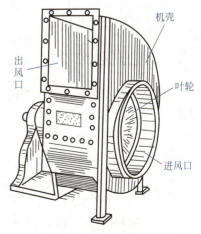

图2-17　低压离心通风机

叶片则是后弯的，所以高压通风机的外形和结构与单级离心泵更相似。

离心通风机蜗壳是气流的通道，通常为对数螺旋线型，具有收集气流、增压和导流的作用。

离心通风机动力传输由主轴、轴承箱、滚动轴承、皮带轮或联轴器组成。主轴一端连接叶轮，另一端连接皮带轮或联轴器。

离心通风机的工作原理和离心泵的相似，即借助叶轮的转动形成真空，空气被大气压推入到真空区在叶轮上获得能量，从而提高了压强而被排出。

2. 离心式通风机的性能参数

（1）风量 Q　单位时间内从风机出口排出的气体体积（以风机进口处的气体状态计），又称送风量或流量，其单位为 m^3/s 或 m^3/h。

（2）风压 H_T　单位体积气体流过风机时所获得的能量称为出风压力，其单位为 J/m^3 或 Pa，简称为风压。

离心式通风机都是单级，可分为低压通风机、中压通风机和高压通风机。

低压离心通风机出口风压低于 0.981kPa（表压）；中压离心通风机出口风压为 0.981～2.94kPa（表压）；高压离心通风机出口风压为 2.94～14.7kPa（表压）。

（3）轴功率与效率　离心通风机轴功率为：

$$N = \frac{H_T Q}{1000\eta} \quad (2\text{-}9)$$

式中，Q 为风量，m^3/s；H_T 为风压，J/m^3 或 Pa；η 为效率，因按全风压定出，故又称为全压效率。

离心式通风机的性能参数也可绘制成特性曲线，用以表示其性能。

3. 离心式通风机的选用

首先根据被输送气体的性质，如清洁空气、易燃易爆气体、具有腐蚀性的气体以及含尘空气等选取不同性能的风机。

根据所需的风量、风压、类型及性能曲线选取所需要的风机。选择时应计算系统的风量和风压，考虑到可能由于管道系统连接不够严密，造成漏气现象，在理论计算基础上可适当增加 10%～20%。

离心式通风机一般用于车间通风换气，要求输送的是自然空气或其他无腐蚀性气体，且气体温度不超过 80℃，硬质颗粒物含量不超过 150mg/m³。

离心式通风机的叶片直径大、数目多，形状可分平直型、前弯型和后弯型。若要求风量大、效率低则选用前弯型叶片的通风机，如要求输送效率高则应选用后弯型叶片的通风机。

二、离心式鼓风机

通风机和鼓风机没有严格的界限，如果风机送出的风压为 15kPa～0.2MPa 或压缩比 e = 1.15～3 就叫鼓风机。鼓风机排送出的风量和风压一般比普通通风机大。按工作原理鼓风机可分为轴流式鼓风机、离心式鼓风机、回转式鼓风机。本节重点介绍离心式鼓风机。

1. 离心式鼓风机的结构

离心式鼓风机又称涡轮鼓风机或透平鼓风机，一般由进风口、叶轮、蜗壳、出风口、传动轴、底座及电动机等部件组成，如图 2-18 所示。

为了提高风压，在同一台离心式鼓风机的传动轴上设计了多级叶轮，一般由 3～5 个叶轮串联，各级叶轮直径基本相同，结构与多级离心泵相似，工作原理与离心通风机相似。

2. 离心式鼓风机的工作过程

气体由吸入口吸入后在叶轮上接受能量，并在离心力作用下进入蜗壳形流道，最后经排出口排出。离心式鼓风机的风压大于离心式通风机的风压，但一般不超过 $2.94 \times 10^5 Pa$。

离心式鼓风机的压缩比不高，产生的热量不大，故无冷却装置。离心式鼓风机适合于远距离输送，在制药生产中常用于空调系统的送风设备。

三、离心式压缩机

离心式压缩机是一种叶片旋转式压缩机，又称透平压缩机。其主要结构和工作原理与离心式鼓风机相类似。为了获得较高的风压，离心式压缩机具有多级叶轮，通常在10级以上，各级叶轮直径和宽度都逐级缩小，以利于提高风压。离心式压缩机产生的风压可达到 $0.4 \sim 10MPa$。如图2-19所示为离心式空气压缩机实物图。

由于离心式压缩机压缩比高，气体体积缩小，温度升高较快，故压缩机分为几个工段，每段包括若干级，并在段与段之间设计安装了冷却器以冷却气体，避免气体温度升得过高以至于损坏设备。

离心式压缩机具有机体体积较小、风压高、流量大、供气均匀、运动平稳、易损部件少和维修较方便等优点。

图2-18　单级离心式鼓风机

图2-19　离心式空气压缩机

四、真空泵

通过抽出容器中气体降低绝对压强的设备称为真空泵。真空泵又称抽气机，其进口压强低于大气压，出口为常压。制药行业常用循环水真空泵、旋片式真空泵和喷射真空泵制造真空。

1. 循环水真空泵

如图2-20所示，循环水真空泵由泵壳、偏心叶轮、气体进出口、动力传输系统构成。泵壳制成蜗壳形，叶轮轴心偏离泵壳中心，且安装了辐射状前弯叶片，叶轮整体浸没在泵壳的水中，进气口设计在叶轮中心部位。当叶轮旋转时，叶片将水甩出，被甩出的水沿蜗壳形流道形成环形水幕，水幕紧贴叶片并将两叶片间的空间密封成大小不同的空气室。由于叶轮偏心安装，空气室随着叶片与泵壳壁的距离变化可增大或减小。叶片远离泵壳时空气室增大而成真空，将气体从进气

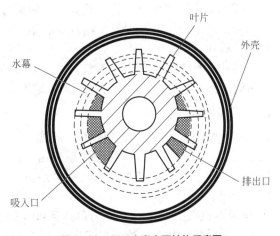

图2-20　循环水真空泵结构示意图

口吸入；叶片与泵壳距离减小时空气室变小压力增大，气体由压出口排出。随着叶轮稳定转动，每个空气室反复变化，使吸气、排气过程持续进行起到抽真空的作用。循环水真空泵可产生的最大真空度为83kPa左右。

循环水真空泵结构简单、紧凑，易于制造和维修，使用寿命长、操作可靠，适用于抽吸含有液体的气体。其缺点是效率低，所产生的真空度受泵内水温高低的控制。循环水真空泵广泛用于真空过滤、真空蒸馏、减压蒸发等操作中。

【课堂互动】

> 将抽滤瓶安装上布氏漏斗，用软胶管将抽滤瓶连接到循环水真空泵抽气口，开启循环水真空泵，用手掌捂住布氏漏斗，观察循环水真空泵空表的读数变化。描述手掌的感受，说明原因。

2. 旋片式真空泵

（1）**结构** 如图2-21所示，旋片式真空泵主要由壳体、转子、旋片、排气阀、吸入阀、排气管、定子、定盖、弹簧等零部件组成。

① 壳体 壳体是圆筒形，与油槽固定在一起，壳体上部的顶盖将圆筒密封。顶盖上开有两小孔，分别是进气口和排出口。

② 油槽 油槽是盛装真空密封油脂的容器，旋片式真空泵进气装置、排气装置及相关部件都沉浸在真空油中，采用真空油进行密封、润滑和冷却。

③ 转子 转子固定在电动机传动的转动轴上。转子上开凿了两个滑槽，槽内安装了弹簧，弹簧两端连接有金属旋片，在弹簧作用下旋片可自由伸缩滑动，促使旋片顶端始终与壳体内壁保持紧密接触，将圆筒分割成两个空间。

在安装时，将转子偏心地固定在壳体内，使转子的中轴线与壳体中轴线不重合，与壳体内腔保持内切状态。

（2）**工作原理** 旋片式真空泵在转动时，金属旋片在弹簧的张力推动下始终紧贴腔室内壁滑动，从而形成两个密封的气室。在转动过程中，两个旋片交替伸缩导致两个密封气室分别扩大和缩小。扩大的气室成真空而吸入气体，缩小气室压力增大排出气体，如此往复，吸气和排气连续进行，从而起到抽真空的作用。

（3）**使用注意事项** 旋片式真空泵的旋片和弹簧使用一段时间后性能降低，旋片不能紧贴气室，内壁产生漏气现象，抽真空的能力降低，或者不工作，如出现类似现象则需要更换弹簧或旋片。

旋片式真空泵不能有水蒸气混入，否则真空油的密封性下降，将严重影响真空的形成，严重时不能产生真空。因此在使用时需要安装干燥器和冷阱，以除去水分，避免水蒸气污染。

3. 水力喷射泵

水力喷射泵由吸入口、喷嘴、喉管、扩散管组成，如图2-22所示为单级水力喷射泵结构示意图。高压工作水从喷嘴高速喷出，因带动作用喷嘴附近产生真空，而将气体从吸入口吸入。吸入的气体与水在喉管混合后进入扩散管，使部分动能转变为静压能，而后从压出口排出。

单级蒸汽喷射泵抽真空能力可达到90%的真空度，若要获得更高的真空度，可以采用多级水力喷射泵串联，级数越多产生的真空度越大。

由于喷射泵的被吸液体与工作流体混合得非常均匀,故可用于液体物料的混合。如在双酶法制糖的工艺流程中就采用喷射泵进行加热和灭酶操作。

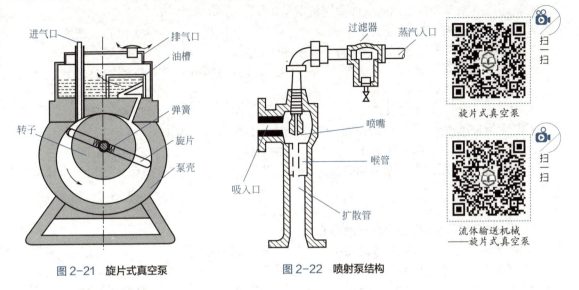

图 2-21　旋片式真空泵　　　　图 2-22　喷射泵结构

【学习小结】

　　生物制药车间的流体输送设备分为液体输送设备和气体输送设备两大类,有离心泵、往复泵、旋转泵、旋涡泵、隔膜泵和蠕动泵、离心鼓风机、离心压缩机、往复压缩机、循环水真空泵、旋片式真空泵和水力喷射泵等。

　　离心泵的安装高度要根据汽蚀余量甲酸确定,以避免汽蚀现象发生;启动离心泵前要关闭出口阀,为避免气缚现象发生需要灌泵。往复泵、旋转泵、旋涡泵、齿轮泵等都是正位移泵。所有的正位移泵在启动时不能关闭出口阀,以免泵内压力过大而损坏泵体。

　　循环水真空泵和悬片式真空泵都是利用了空间的扩张和收缩而达到抽气的目的,水力喷射泵则是利用水高速流动产生真空达到抽气的目的。

【目标检测】

一、单项选择题

1.离心泵的扬程,是指单位重量流体经过泵后,(　　)的增加值。
A.包括内能在内的总能量　　B.机械能　　C.动能　　D.位能

2.离心泵铭牌上标明的扬程是指(　　)。
A.功率最大时的扬程　　　　　　　　B.最大流量时的扬程
C.泵的最大扬程　　　　　　　　　　D.效率最高时的扬程

3.在往复泵的操作中(　　)。
A.不开旁路阀时启动　　　　　　　　B.开启旁路阀后再启动
C.流量与转速无关　　　　　　　　　D.流量与出口阀的开度无关

4.有一台离心泵开动不久,泵入口处的真空度逐渐降低为零,泵出口处的压力表也逐渐降低为零,此时离心泵完全不能输送液体,故障的原因是(　　)。
A.忘了灌水　　B.吸入管路堵塞　　C.压出管路堵塞　　D.吸入管路漏气

5. 输送有机溶剂时，可以选用（　　）。
   A. 离心泵　　　　　B. 往复泵　　　　　C. 螺杆泵　　　　　D. 旋涡泵
6. 制药厂空调车间常采用的气体输送机械是（　　）。
   A. 离心式空压机　　B. 往复式空压机　　C. 罗茨鼓风机　　　D. 离心式鼓风机
7. 南方地区制药车间抽真空的设备一般采用（　　）。
   A. 循环水真空泵　　B. 旋片式油泵　　　C. 往复式空压机　　D. 水力喷射泵
8. 灭菌后的营养基一般采用（　　）输送。
   A. 离心泵　　　　　B. 螺杆泵　　　　　C. 隔膜泵　　　　　D. 蠕动泵
9. 密度为 $850kg/m^3$ 的液体以 $5m^3/h$ 的流量输送，其质量流量为（　　）。
   A. 170kg/h　　　　 B. 1700kg/h　　　　C. 425kg/h　　　　 D. 4250kg/h
10. 在定态流动系统中，水从粗管流入细管。若细管流速是粗管的4倍，则粗管内径是细管的（　　）倍。
    A. 2　　　　　　　B. 3　　　　　　　　C. 4　　　　　　　　D. 5
11. 用于分离气固非均相混合物的离心设备是（　　）。
    A. 降尘室　　　　 B. 旋风分离器　　　 C. 过滤式离心机　　 D. 膜过滤器
12. 规格为 $\phi 108mm \times 4mm$ 的无缝钢管，其内径是（　　）。
    A. 100mm　　　　　B. 104mm　　　　　　C. 108mm　　　　　　D. 112mm
13. 离心泵开动前必须充满液体是为了防止发生（　　）。
    A. 气缚现象　　　 B. 气蚀现象　　　　 C. 汽化现象　　　　 D. 泄漏现象
14. 离心泵的调节阀开大时（　　）。
    A. 吸入管路阻力损失不变　　　　　　　B. 泵出口的压力减小
    C. 泵入口的真空度减小　　　　　　　　D. 泵工作点的扬程升高
15. 某离心泵运行一年后发现有气缚现象，应（　　）。
    A. 停泵，向泵内灌液　　　　　　　　　B. 降低泵的安装高度
    C. 检查进口管路是否有泄漏现象　　　　D. 检查出口管路是否过大
16. 离心泵在停车前要（　　）。
    A. 先关出口阀再断电　　　　　　　　　B. 先断电再关出口阀
    C. 先关出口阀或先断电均可　　　　　　D. 单级式的先断电、多级式的先关出口阀

二、计算题

1. 一台离心泵在转速为1450r/min时，送液能力为 $24m^3/h$，扬程为 $25mH_2O$。现转速调至1300r/min，试求此时的流量和压头。

2. 欲用一台离心泵，将储槽液面压力为150kPa、温度为40℃、饱和蒸气压为8.12kPa、密度为 $1080kg/m^3$ 的料液送至某一设备，已知其气蚀余量为5m，吸入管路中的能量损失为1.3m，试求其安装高度。

3. 用一台型号为IS65-50-125的离心泵在海拔100m处输送20℃清水，全部能量损失为6m，泵安装在水源上面3m处，试问此泵能否正常工作？

三、简答题

1. 什么是气蚀现象？采取什么措施可以避免？
2. 为什么不能用往复泵输送注射药液？
3. 为什么在使用旋片式真空泵时要防止水蒸气进入泵内？
4. 简述柱塞式计量泵的工作原理。
5. 简述螺杆泵可以输送有机溶剂的原理。

模块三
传热与换热器

【知识目标】

掌握各种换热器的结构、工作原理；熟悉热传导、对流传热的基本计算方法；了解热传导、对流传热的基本原理。

【能力目标】

能够进行换热器操作；学会热传导和对流传热的基本计算。

【素质目标】

通过传热知识与设备的学习，树立绿色发展和低碳发展的理念，明白企业应从多种环节入手，节能减排降耗，减轻环境污染，切实履行量化减排义务。

热是一种特殊形式的能量，任何物体都含有热。物体温度越高则表明所含的热越多。高温物体可以将热释放给低温物体，物体间温差越大，释放热的趋势就越大。热释放过程称为传热，在传热过程中，高温物体降温、低温物体升温，实现冷热物体热交换的设备叫换热器。可设计成多种换热器，用来完成制药生产过程中的加热、冷却、蒸发、蒸馏、干燥等热传递操作。

单元一　传热

热是一种特殊流体，热的流动即为传热。促进热传递的动力是温度差，热总是从高温物体传递给低温物体，传热具有一定的规律性。

一、传热基本概念

1. 温度场

高温物体放热过程无方向性，在高温物体与环境物质所组成的三维空间中各点都分布有热，热量能够分布的所有空间区域称为该高温物体的温度场。

温度场

温度场中具有相同温度的空间区域称为等温面。从热源出发，随着热传递距离的增加，温度场中有许多等温面，不同温度的等温面不会相交。

2. 定态传热和非定态传热

在温度场中，各空间点的温度大小与该点所处的位置有关，离高温物体越近其数值越大，反之则越小。如果各等温面的温度不随时间改变，这种传热过程称为定态传热，这种温度场叫三维稳态温度场。如果各等温面的温度随时间而改变,这种传热过程是非定态传热,这种温度场则称为三维非稳态温度场,又叫瞬态温度场。在生物制药过程中,将传热过程看成是在稳态温度场中发生的过程。

3. 温度梯度

所谓温度梯度就是两相邻等温面之间的温度差。温度梯度是向量,其方向垂直于等温面,它的正方向是指向温度增加的方向,如图3-1所示。

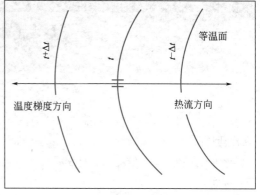

图3-1 温度梯度

二、换热方式

1. 热载体

自身产生热量的物质称为直接热源,如煤炭、天然气、石油和电加热器等,利用直接热源可直接加热,如燃烧天然气加热锅炉生产蒸汽,天然气为直接热源。从直接热源吸收热量,再将热量释放并加热物料的介质,称为二次热源,如锅炉产生的水蒸气。二次热源又称为热载体。常见的热载体有水蒸气、矿物油、有机液体等。水蒸气作为热载体具有清洁卫生、便于控制、成本低等多种优点。

2. 常见换热方式

（1）**直接混合换热** 将冷、热流体直接混合进行热交换叫直接混合换热。如发酵过程培养基的实消灭菌就是直接混合换热。

（2）**间壁式换热** 高温流体将热量通过固体壁传递给低温流体的过程叫间壁式换热。在发酵时夹套中的循环水与培养基之间的换热就是间壁式换热。进行间壁式换热的设备叫间壁式换热器。间壁式换热器中冷、热流体互不接触。

（3）**蓄热式换热** 高温流体流过蓄热器时将热量传给蓄热介质,蓄热介质将热量释放给低温流体的过程称蓄热式换热。

三、传热速率和热通量

1. 传热速率 Q

传热速率即单位时间内通过传热面的热量,其单位为J/s或W,用Q表示。传热速率的通式为:

$$传热速率 Q = \frac{传热推动力}{传热阻力} = \frac{温度差}{热阻} = \frac{\Delta t}{R} \tag{3-1}$$

2. 热通量 q

单位时间内通过单位面积的热量,其单位为J/(m²·s)或W/m²。

$$q = \frac{Q}{S} \tag{3-2}$$

式中,S为传热面积,m²。

传热速率和热通量的大小表明了换热器的换热效果。

热传导、对流传热和辐射是热传递的三种基本方式。不同的传热方式传热速率的计算规则不同。

四、热传导计算

通过物质分子、原子或电子的运动,热量从物体的高温部位向低温部位,或者从高温物体向低温物体传递的称为热传导。由于热传导是靠物体内部的分子、原子或电子的运动进行的,所以真空中没有热传导。

1. 傅立叶定律

理化性质稳定、质量均匀的固体热传导时,传热速率与温度梯度以及垂直于热流方向的表面积成正比,这就是傅立叶定律,其数学表达式为:

$$dQ = -\lambda dS \frac{\partial t}{\partial n} \quad (3\text{-}3)$$

式中,dQ 为热传导速率,W 或 J/s;dS 为等温表面的面积,m^2;$\partial t/\partial n$ 为温度梯度,℃/m 或 K/m;λ 为热导率,在数值上等于单位温度梯度下的热通量,W/(m·℃) 或 W/(m·K)。

热导率是表征物质导热性能的重要参数,其大小与物质本身的组成、结构、温度和压强有关。热导率越大,物质导热能力越强,反之则导热能力弱。

各种状态下的物质热导率的大小顺序为:

金属固体>非金属固体>液体>气体

物质的热导率可从相关资料查阅。

2. 基本计算

(1) 平壁传热速率的计算

① 单层平壁。材质均匀、厚度为 b、壁面积 S 远大于厚度的单层平壁传热过程属于定态传热,其平壁两侧温度不随时间而变化,传热方向是壁面的垂直方向,如图 3-2 所示。

根据傅立叶定律,其传热速率计算公式为:

$$Q = \frac{t_1 - t_2}{\dfrac{b}{\lambda S}} = \frac{\Delta t}{R} \quad (3\text{-}4)$$

$$R = \frac{b}{\lambda S}$$

式中,b 为单层平壁厚度,m;S 为单层平壁传热面积,m^2;R 为总传热面积为 S 的导热热阻,℃/W。

由热通量定义可得单层平壁热通量计算式为:

$$q = \frac{\Delta t}{\dfrac{b}{\lambda}} = \frac{\Delta t}{R'} \quad (3\text{-}5)$$

式中,R' 是单位传热面积的导热热阻,习惯上仍用 R 表示,单位为 (m^2·℃)/W。

② 多层平壁。如图 3-3 所示,由不同材料的平壁重叠构成多层平壁,层与层之间接触良好,这属于定态传热,接触的两界面温度相同,各界面温度高低顺序是 $t_1 > t_2 > t_3 > t_4$。

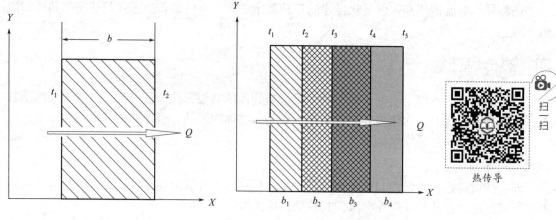

图 3-2　单层平壁传热模型　　　　图 3-3　多层平壁传热计算模型

因在定态传热中，通过各层的热通量相等，即：$Q_1 = Q_2 = Q_3 = Q$，由此可得 n 层平壁的传热速率计算式为：

$$Q = \frac{t_1 - t_{n+1}}{\sum_{i=1}^{n} R_i} \quad (3\text{-}6)$$

热通量计算式为：

$$q = \frac{Q}{S} = \frac{t_1 - t_{n+1}}{\sum_{i=1}^{n} R_i'} \quad (3\text{-}7)$$

上式说明，多层平壁热传导的总推动力为各层温度差之和，总热阻为各层热阻之和。

【例 3-1】 如图 3-4 所示为通过三层平壁的热传导，若测得各面的温度 t_1、t_2、t_3 和 t_4 分别为 550℃、400℃、350℃ 和 250℃，试求各平壁层热阻之比，假定各层壁面间接触良好。

解：在多层平壁热传导过程中，各层热通量相等，即

$$Q_1 = Q_2 = Q_3 = Q$$

$$Q_1 = \frac{t_1 - t_2}{R_1} \qquad Q_2 = \frac{t_2 - t_3}{R_2} \qquad Q_3 = \frac{t_3 - t_4}{R_3}$$

所以　　$R_1 : R_2 = \dfrac{t_1 - t_2}{t_2 - t_3} = \dfrac{550 - 400}{400 - 350} = 3 : 1$

$R_2 : R_3 = \dfrac{t_2 - t_3}{t_3 - t_4} = \dfrac{400 - 350}{350 - 250} = 1 : 2$

$R_1 : R_2 : R_3 = 3 : 1 : 2$

答：R_1、R_2、R_3 的比例为 3 : 1 : 2。

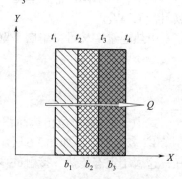

图 3-4　三层平壁传热计算模型

（2）圆筒壁传热速率的计算

① 单层圆筒壁的传热速率计算。如图3-5所示，设有足够长度L的单层圆筒，内壁半径为r_1，外壁半径为r_2，轴向无热损失，热量从内壁向外壁定态传热，圆筒内无热源，热导率为常数λ。

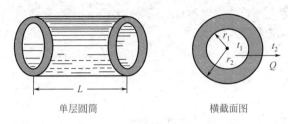

图 3-5　单层圆筒壁传热模型

通过热量径向传递分析，可得出传热速率计算式为：

$$Q = \frac{2\pi L \lambda (t_1 - t_2)}{\ln \dfrac{r_2}{r_1}} \tag{3-8}$$

② 多层圆筒壁的传热速率计算。多层圆筒壁各层直径顺序变化，各层壁面积相差甚多，传热速率相同，热通量不同。因此，多层圆筒壁的传热速率计算式与平壁计算式不同。例如，n层圆筒壁的传热速率计算式为：

$$Q = \frac{2\pi L (t_1 - t_{n+1})}{\sum\limits_{i=1}^{n} \dfrac{1}{\lambda_i} \ln \dfrac{r_{i+1}}{r_i}} \tag{3-9}$$

【例3-2】 如图3-6所示，在外径150mm的蒸汽管道外包绝热层。绝热层的热导率为0.085W/(m·℃)，已知蒸汽管外壁160℃，要求绝热层外壁温度低于50℃，且每米管长的热损失不超过200W，试求绝热层最小厚度。

解：已知管道长度$L = 1$m，最大传热速率$Q = 200$W，$r_1 = \dfrac{150}{2} = 75$mm。

根据单层圆筒壁传热速率计算公式$Q = \dfrac{2\pi L \lambda (t_1 - t_2)}{\ln \dfrac{r_2}{r_1}}$，得：

$$200 \geqslant \frac{2 \times 3.14 \times 1 \times 0.085 \times (160 - 50)}{\ln \dfrac{r_2}{75}}$$

$\therefore r_2 \geqslant 100.6$mm

故绝热层最小厚度为：

$b \geqslant 100.6 - 75 = 25.6$mm

答：绝热层最小厚度为25.6mm。

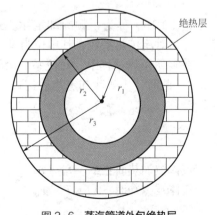

图 3-6　蒸汽管道外包绝热层

【课堂互动】

取电热板1台，等底面积的烧杯和不锈钢盅各1只，加入300mL自来水，放置在电热板上，在烧杯和不锈钢盅上方挂水银温度计1只，水银球浸入自来水中，开启电热板，观察温度计的读数变化情况，说明原因。

五、对流传热计算

因流体各部位温度不同，产生了密度差异，使流体发生相对运动，从而引发的热量传递过程称为自然对流传热。因使用泵、风机或其他外力推动流体流动而产生的热量传递过程，称为强制对流传热。一般地，人们常将流体与固体壁面间的传热称为对流传热。

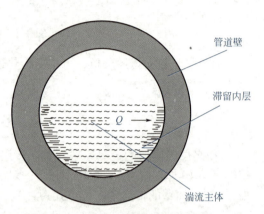

图 3-7　对流传热模型

1. 对流传热

（1）**对流传热过程分析**　如图3-7所示，当流体在管内湍流时，在壁面处总有一滞流内层，在滞流内层之外是过渡层，在过渡层之外是湍流主体。在湍流主体中，流体质点剧烈运动，质点间相互混合传递热量，热阻较小，传热速率快，在短时间内温度即趋于一致，热量传递主要以潜质对流方式进行。

在过渡层中热传导和对流传热同时发生，流体的温度发生缓慢的变化。在滞流内层，由于流体质点平行于壁面流动，在传热方向上无混合过程，形成了类似于固体的液膜，当过渡层热量通过滞流层向固体壁传递时，液膜起着固体传热的作用，因此可看成是热传导传热。滞流内层的热传导阻力大，传热速率小，是对流传热速率的控制步骤。

（2）**牛顿冷却定律**　热流体对固体壁面的传热速率为：

$$dQ = \frac{T - T_W}{\dfrac{1}{\alpha' dS}} = \alpha'(T - T_W)dS \qquad (3\text{-}10)$$

式（3-10）称为牛顿冷却定律。式中，α'是单位温度差和单位传热面积的对流传热速率，称为对流传热系数，其单位为 $W/(m^2 \cdot ℃)$。

在实际换热过程中，对流系数沿管道长度变化而变化，通常采用平均对流传热系数α代替α'。此时，牛顿冷却定律表达式为：

$$Q = \frac{\Delta t}{\dfrac{1}{\alpha S}} = \alpha S \Delta t \qquad (3\text{-}11)$$

流体被加热时：$\Delta t = t_W - t$

流体被冷却时：$\Delta t = T - T_W$

式中　$\dfrac{1}{\alpha S}$——对流传热热阻；

　　t、T——冷、热流体的平均温度，℃；

　　t_W、T_W——换热器冷、热壁面温度，℃；

　　α——平均对流传热系数，W/(m²·℃)；

　　S——总传热面积，m²；

　　Δt——流体与壁面之间的平均温度差，℃。

流体的平均温度是指流动横截面上的流体绝热混合后测定的温度。

圆管形换热器表面积可以用内侧表面积 S_i 表示，也可以用外侧表面积 S_o 表示，如基于管内表面积的对流传热速率方程式为：

$$Q = \alpha_i (t_W - t) S_i \tag{3-12}$$

基于管壳表面积的对流传热速率方程式为：

$$Q = \alpha_o (T - T_W) S_o \tag{3-13}$$

式中，α_i、α_o 分别是换热器内外侧流体的对流传热系数，W/(m²·℃)。

2. 对流传热系数的计算

对流传热系数 α 表示单位传热面积、单位温度差的对流传热速率。其数值越大，表示对流传热速率越快，反之则小。

（1）影响对流传热系数的因素　影响对流传热系数 α 的因素较多，如流体的热导率、比热容、黏度、密度、流动状态以及换热器传热面的形状、位置和大小、排列方式等。工程上，通过实验测定有关物理量建立半经验公式。对流传热系数的一般关联式为：

$$Nu = A\,Re^a Pr^b Gr^c \tag{3-14}$$

式中，A、a、b、c 为有关系数；Nu、Re、Pr、Gr 为特征数，其中 Nu 称为鲁塞尔常数，Pr 称为普朗特常数，是表示物体传热性质的常数。

$$Pr = \dfrac{c_p \mu}{\lambda} \tag{3-15}$$

式中，c_p 为流体的定压比热容；μ 为流体的黏度；λ 为流体的热导率。

（2）对流传热系数经验式　如果流体在圆形管内作强制性湍流，且无相的变化，对于黏度小于2倍水黏度的液体，可用下式计算对流传热系数：

$$\alpha = 0.023 \dfrac{\lambda}{d} Re^{0.8} Pr^n \tag{3-16}$$

式中，n 是常数，当流体被加热时：$n = 0.4$，当流体被冷却时：$n = 0.3$。

上述公式的使用范围是：

①$Re > 10^4$；②$Pr = 0.7 \sim 120$；③管子的长、径之比 $l/d > 50$。

圆管直径 d 是计算式中的特征尺寸，进出口温度算术平均值是定性温度。

对流传热系数的其他关联式可查阅有关资料。

六、实际传热过程计算

1. 热负荷 Q 的计算

在工程上把单位时间内需要移出或输入的热量叫做热负荷，其单位为 kJ/h，或者是 kW。

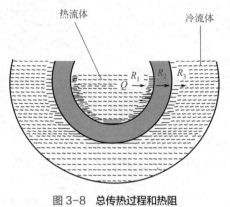

图 3-8 总传热过程和热阻

换热器的管道内部空间称为管程，管道的夹套空间称为壳程。通常热流体走管程，冷流体走壳程，冷热流体流经管程和壳程时产生热交换。高温流体对间壁传递热量，间壁通过热传导将热量从高温侧传递到低温侧，低温侧壁面将热量通过对流传热传递给冷流体，如图 3-8 所示。

设间壁无热损失，则根据能量守恒定律，在单位时间内热流体放出的热量应等于冷流体吸收的热量，亦即等于传热速率。即：

$$Q_放 = Q_吸 = Q$$

（1）无相变的热负荷 若两流体均无相变化，则

$$Q = W_h c_{ph}(T_1 - T_2) = W_c c_{pc}(t_2 - t_1) \tag{3-17}$$

（2）有相变的热负荷 若有相变，如液体沸腾、蒸汽冷凝等，则

$$Q = W_h r = W_c c_{pc}(t_2 - t_1) \tag{3-18}$$

式中，W_h、W_c 为高温流体和低温流体的质量流量，kg/s；c_{ph}、c_{pc} 为高温流体和低温流体的定压比热容，J/(kg·℃)；r 为饱和蒸汽的冷凝热，在数值上等于液体的汽化热，J/kg。

2. 总传热系数的计算

如果高温流体在管程流动、低温流体在壳程流动，管程内壁直径为 d_i，管程外壁直径为 d_o，壁厚为 b，则总热阻是对流传热阻力与热传导阻力之和。即：

$$R = R_i + R_d + R_o$$

令 $R = \dfrac{1}{SK}$，K 为总传热系数，单位为 W/(m²·℃)，其计算式为：

$$K = \frac{1}{RS}$$

若以外表面积为基准计算传热速率，$S = S_外$，则总传热系数为：

$$\frac{1}{K} = \frac{d_o}{\alpha_i d_i} + \frac{b d_o}{\lambda d_m} + \frac{1}{\alpha_o} \tag{3-19}$$

若以内表面积为基准计算传热速率，$S = S_内$，则总传热系数为：

$$\frac{1}{K} = \frac{d_i}{\alpha_o d_o} + \frac{b d_i}{\lambda d_m} + \frac{1}{\alpha_i} \tag{3-20}$$

换热器表面的污垢对传热会产生附加热阻，称为污垢热阻，用 R_{Si} 和 R_{So} 分别表示内、外壁的污垢热阻。在有污垢热阻存在下，基于外表面积的总传热系数表达式应修改为：

$$\frac{1}{K} = \frac{d_o}{\alpha_i d_i} + \frac{b d_o}{\lambda d_m} + \frac{1}{\alpha_o} + R_{Si}\frac{d_o}{d_i} + R_{So} \tag{3-21}$$

污垢热阻是降低传热速率的主要因素，在实际工作中要定期清洗换热器内外表面，以提高传热效率，降低能耗。

3. 总传热速率方程

冷、热流体通过间壁的传热经过了三个阶段，定态传热的总传热速率是整台设备的传热

速率，与换热器的传热面积成正比，与换热器内的平均温度差和换热器的总传热系数成正比，计算式为：

$$Q = KS\Delta t_m \tag{3-22}$$

式中，K为总传热系数，W/(m²·℃)；S为传热面积，m²；Δt_m为传热平均温度差，℃。

4. 传热平均温度差 Δt_m 的计算

冷热两流体的平均温度差称为传热平均温度差。

流体沿换热壁面流动的传热分为恒温传热和变温传热两种情况。

（1）恒温传热 Δt_m 的计算　在恒温传热过程中，冷、热两流体的温度不随管道长度和传热时间的变化而改变，两者之间的温度差在任何时间、任何位置都相等，其平均温度差 Δt_m 是一常数。即：

$$\Delta t_m = T - t \tag{3-23}$$

恒温传热时的平均温度差不受流体流动方向的影响。

（2）变温传热 Δt_m 的计算　间壁一侧或两侧的流体温度随传热壁面位置变化而变化，与传热时间无关，称为定态变温换热；如果流体的温度随换热器壁面位置和传热时间而改变，则称为非定态传热。制药生产过程中的传热基本上是定态变温传热。

在间壁两侧的冷、热流体的相对流动有并流、逆流、错流、折流等形式。不同形式的流动，冷、热两流体平均温度差不尽相同。本课程重点学习并流和逆流传热的平均温度差计算方法。

如图3-9所示，如果冷、热两流体在间壁两侧都朝相同方向流动，则称为并流；两流体相向流动，则称为逆流。

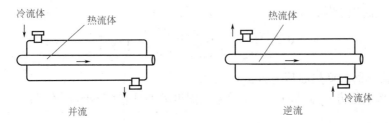

图3-9　**并流和逆流**

设热流体的进口温度为T_1、出口温度为T_2，冷流体的进口温度为t_1、出口温度为t_2。Δt_1 和 Δt_2分别是冷、热流体进口温度差和出口温度差，取较大者为Δt_2，则并流和逆流时的传热平均温度差可用下式计算：

$$\Delta t_m = \frac{\Delta t_2 - \Delta t_1}{\ln \dfrac{\Delta t_2}{\Delta t_1}} \tag{3-24}$$

当 $\Delta t_2 / \Delta t_1 \leqslant 2$ 时，

$$\Delta t_m = \frac{\Delta t_1 + \Delta t_2}{2} \tag{3-25}$$

【例3-3】 在图3-9的逆流换热器中，冷流体是初温为20℃的水，热流体的比热容为2.0kJ/(kg·℃)，温度为85℃，密度为820kg/m³，流量为1.25kg/s。冷流体出口温度为50℃，热流体的出口温度为25℃，冷热流体均无相变。已知该换热器列管直径为 $\phi 30mm \times 2.5mm$，冷水走管程。水侧和液体侧的对流传热系数分别为0.80kW/(m²·℃)和1.60kW/(m²·℃)，不考虑污垢热阻，试求换热器的传热面积。

解：根据题意，流体无相变，该换热器的热负荷为：

$$Q = W_h c_{ph}(T_1 - T_2) = 1.25 \times 2.0 \times (85-25) = 150 kW$$

高温流体位置	进口	出口
高温流体温度	85℃	25℃
低温流体温度	50℃	20℃
两流体温度差	35℃	5℃

令 $\Delta t_1 = 5℃$，$\Delta t_2 = 35℃$

则传热平均温度差为：

$$\Delta t_m = \frac{\Delta t_2 - \Delta t_1}{\ln \frac{\Delta t_2}{\Delta t_1}} = \frac{35-5}{\ln \frac{35}{5}} = 15.4$$

据题意，$\alpha_i = 0.80$ kW/(m²·℃)，$\alpha_0 = 1.60$ kW/(m²·℃)，忽略壁的厚度，总传热系数为：

$$\frac{1}{K_0} \approx \frac{d_0}{\alpha_i d_i} + \frac{1}{\alpha_0} = \frac{30 \times 10^{-3}}{0.80 \times 10^3 \times 25 \times 10^{-3}} + \frac{1}{1.60 \times 10^3} = 2.125 \times 10^{-3}$$

$$K_0 = 470.59 \text{ W/(m}^2 \cdot ℃)$$

其传热表面积 S 为：

$$S = \frac{Q}{K \Delta t_m} = \frac{150 \times 10^3}{470.59 \times 15.4} = 20.69 \text{ m}^2$$

答：该换热器的换热面积为20.69m²。

两流体按其他方式流动时，其传热平均温度差的计算可参阅有关资料。

单元二 常见换热器

制药车间采用的换热器有间壁式、混合式和蓄热式三大类，其中间壁式换热器用得最为广泛。如果按换热器几何形状划分，则有管式换热器、板式换热器等。

一、管式换热器

用金属管道制成的换热器叫管式换热器，有蛇管式和列管式两大类型。

1. 蛇管换热器

蛇管换热器有沉浸式和套管式两种，生物制药车间多采用沉浸式蛇管换热器。

根据使用目的不同，可将金属管道弯制成多种形状的蛇管换热器，如图3-10所示。用于制作蛇管的金属材料有铜及铜合金、铝合金。

在使用时常将蛇管沉浸在容器中，冷、热流体分别在管内外壁面流动，并发生热交换。

蛇管换热器的总传热系数小，常与搅拌器配合使用，使管外流体处于湍流状态以提高传热效率。

蛇管换热器结构简单、便于制造和维修、造价低、耐高压；缺点是湍流程度低，管内易结垢、易堵塞，不便于清洗。

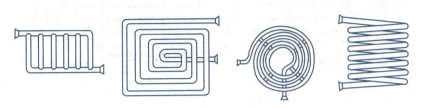

图 3-10　沉浸式蛇管换热器

2. 列管式换热器

列管式换热器又称管壳式换热器，是一种典型的间壁式换热器。

（1）**固定管板式换热器**　固定管板式换热器由圆筒形壳体、封头、管板、管程隔板、管道、挡板等部件构成，如图 3-11 所示。

将金属管道焊接在两管板之间，再用壳体将管板密封，在壳体两端各开小孔构成壳程流体的进出口。在壳体的一端焊接封头，与管板构成管程流体通道。在壳体另一端用金属板将管板分隔成两半，焊接上封头后形成两个小空间，在每一个小空间上开口并焊接一段管道，即构成管程流体的进出口。为了提高换热效率，常在壳程空间安装折流板，以增强壳程流体的湍流程度。为了防止金属壳体因热胀冷缩而破裂，在壳体上设计了温度补偿圈，以缓冲热效应产生的应力。在换热过程中，壳程流体产生的蒸汽可通过放气嘴排出。

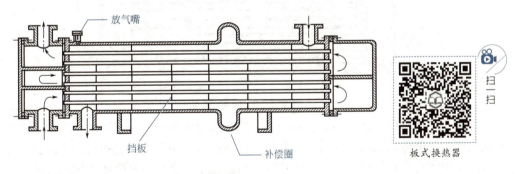

图 3-11　固定管板式换热器

固定管板式换热器结构简单、造价低廉、应用较广，适用于壳程中输送不易结垢或腐蚀性小的流体。本设备清洗和维修较困难。

（2）**U 形管换热器**　U 形管换热器由圆筒形壳体、封头、U 形管束、壳程隔板、管程隔板组成，如图 3-12 所示。

将金属管弯制成 U 形管，再将若干根 U 形管捆扎成管束，用加强筋固定。将 U 形管束开口端焊接在管板上，每根管道与管板上的小孔相通。在管板和 U 形管束之间安装折流板促使壳程流体湍流，将 U 形管束密封在圆筒形壳体中，并用管板两端封口即构成换热器的管程和壳程。再将管程隔板焊接在管板上，盖上封头后即形成两个小室，在每个小室上焊接一段管道即构成管程的进口和出口。在管板一端的圆筒形壳体上对开一小孔并用管道引出，即构成壳程流体的进出口。

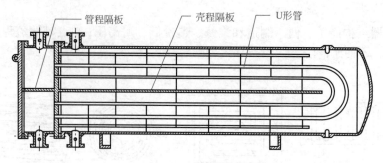

图 3-12　U 形管换热器

由于 U 形管束在受热或冷却时可自由伸缩，因此缓冲了热效应产生的应力。

U 形管换热器结构简单、重量轻、可承受高温高压，其缺点是管道内部不易清洗，只适用于洁净流体的换热。

（3）浮头式换热器　浮头式换热器由圆筒形壳体、管板、管程隔板、壳程隔板、浮头、管道等部件构成，如图 3-13 所示。

将金属管道分别焊接在两管板上，一端管板固定在壳体上，再用隔板将管板分隔成两半，覆盖上封头，从两小室中各引出一管道，形成管程流体进料口和出料口。另一管板不与壳体连接，用封头密封在圆筒形壳体中，形成可自由活动的浮头。受热时浮头可以沿轴向自由移动，从而消除了热胀冷缩产生的应力。

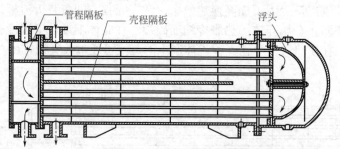

图 3-13　浮头式换热器

浮头式换热器固定端采用了管程隔板，使管程流体按折流方式流动，采用壳程隔板将两管板之间的空间分隔成两个区域，使壳程流体在换热器中产生折流而延长了流程，促使换热充分。由于固定端是通过法兰与壳体连接，所以整个管束可以从壳体中抽出，拆卸方便，有利于清洗和维修。

二、板式换热器

板式换热器有夹套式、平板式、螺旋板式和板翅式等几种类型。

1. 夹套式换热器

夹套式换热器由容器、夹套、流体分布器、气液分离器等部件组成，如图 3-14 所示。

容器外壁覆盖金属外壳即可形成密闭的空间，该空间是加热介质或冷却介质的通道，称为夹套。夹套顶部有流体进口，底部有流体出口。与之配套的有气液分离器，是将蒸汽和液体分离的设备，可防止未释放完热量的加热气体溢出。气液分离器还具有安全阀的作用，当夹套内气压过高时,气体可通过气液分离器排出而降低压力。

夹套换热器传热面积固定,传热系数小,因此为了提高传热速率,可在容器内安装搅拌器,促使容器内流体进行强制对流传热。

夹套式换热器广泛应用于反应釜、提取罐、发酵罐、蒸馏器等设备中。

2. 平板式换热器

平板式换热器由长方形金属薄板、垫片、支架组合构成,如图 3-15 所示。

制作长方形金属薄板的材料主要是铜及铜合金、合金铝,薄板的每个面均冲压成规则的凹凸波纹,在每块金属薄板的四个角各开一圆孔,每相邻两个圆孔构成一组,共两组。将其中一组圆孔的内壁挖暗道,使得圆孔与板面凹槽相通,形成流体通道,另一组圆孔则无须设置暗道。将相邻两块薄板以两组圆孔错开的方式重叠可形成两组通道,分别与相邻金属薄板的板面凹槽相通,构成交错进入板面凹槽流体通道系统。为防止板与板之间产生渗漏,采用垫片夹在两板之间进行密封。将金属薄板在支架上交替组装压紧后即构成板式换热器。

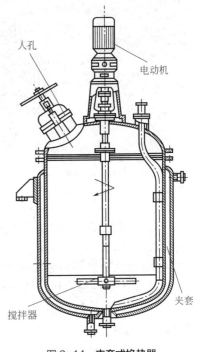

图 3-14 夹套式换热器

将冷、热流体分别从两组通道输入,两者在板与板形成的空间中交错流动,形成间壁式换热。

由于金属薄板上有大量的凹凸波纹,加强了机械强度,提高了流体的湍流程度,增加了传热面积,强化了传热效果,因此板式换热器被广泛地应用于快速升温或快速降温的换热过程中。

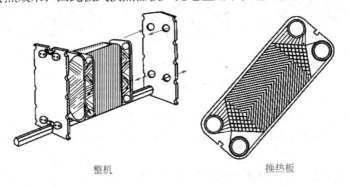

图 3-15 平板式换热器

3. 螺旋板式换热器

螺旋板式换热器由金属薄板、金属盖板、隔板、圆桶形容器等部件构成,如图 3-16 所示。

将两块金属薄板按一定间距平行重叠,用金属薄片密封三周,形成一个矩形容器。在矩形容器底部的短边开圆孔构成管程流体进口;在矩形容器的开口端连接一梯形漏斗即构成管程流体出口。以底端长边为轴心线,将矩形容器呈螺旋状卷叠形成一圆柱,圆柱的上下两底用盖板密封,形成两条同心螺旋形通道。在第二条螺旋通道的一端沿中轴线安装一段金属管即构成壳程流体的出口,在第二条螺旋通道的另一端安装一梯形漏斗即构成壳程的进口。将螺旋体安装到圆桶容器中,用封头密封上下底即构成螺旋板式换热器。

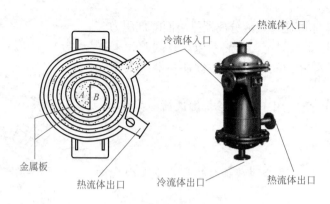

图 3-16　螺旋板式换热器

热流体和冷流体分别从不同的入口处进入各自的流道，在容器内呈逆流方式流动并进行热交换。

螺旋板式换热器传热面积大，总传热系数高，换热效果好，可充分利用低温热源进行换热；缺点是不耐高温高压，清洗和检修困难。

螺旋板式换热器适用于混悬液和黏稠流体的热交换过程。

4. 板翅式换热器

板翅式换热器由金属薄板、金属翅片、密封条、集流箱等部件构成。金属薄板和金属翅片由高热导率的金属材料制成。将金属薄板折叠成波纹状即制成了金属翅片，金属翅片可分为光直形、锯齿形和多孔形，如图3-17所示。

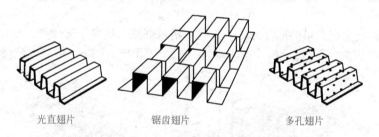

图 3-17　金属翅片结构形式

将金属薄板覆盖在金属翅片的上下两面，再用密封条将两侧边缝密封即构成一个板翅式换热器单元体。在板翅式换热器单元体中，热流体通道和冷流体通道交替排列，形成间壁式换热。

将若干个单元体按并流、逆流、错流等方式排列，并用钎焊固定，即构成芯部板束。将带有流体进出口的集流箱焊接到板束上，就制成了板翅式换热器，如图3-18所示。

板翅式换热器结构紧凑，质量小，单位体积传热面积大，总传热系数高，传热效果好；缺点是流道小易堵塞，清洗及维修困难。

板翅式换热器适合于低温或超低温条件下的换热过程。

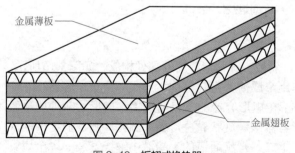

图 3-18　板翅式换热器

【知识拓展】

热管是一种翅片管式真空容器,其基本部件有吸液芯和工作液。常用的工作液有水、氨、乙醇、丙酮、钠、锂和汞等。随工作液的成分和比例不同,分为低温热管、中温热管、高温热管。

热管具有均温特性好、热通量可调、传热方向可逆等特性。用热管制成的换热器不仅具有传热量大、温差小、重量轻、体积小、热响应迅速等特点,而且还具有安装方便、维修简单、使用寿命长、工作可靠、应用范围宽等特点,可用于多种换热过程。

三、换热器的维护

传热是消耗能源的过程,传热效率的高低直接影响产品成本。因此,维护好换热器,保持换热器高传热速率,是传热过程中非常重要的操作环节。

引起换热器性能下降的因素较多,有设计制造产生的因素,也有使用与维护操作等人为因素。对于使用中的换热器,可从两个方面提高传热效率。

1. 增大传热平均温度差

在工艺规定的条件范围内,可改变冷、热流体的相对运动状态以增大传热平均温度差。通常采用逆流流动可增大其数值。

2. 提高总传热系数

清除换热器内外壁污垢可提高传热效率。

(1) 净化循环水　通过絮凝作用,将循环水中的各种污垢成分沉淀去除。在换热器使用过程中要"眼勤、手勤、脑勤",注意观察,细致分析,不怕脏不怕累,认真做好清洗工作。

(2) 增强湍流　提高流体流速,增强湍流程度,可减小滞留层厚度,提高对流传热系数。增强湍流还可将污垢冲刷带走,减少污垢沉积。

(3) 清洗设备　定期进行设备清洗,清除污垢,降低总热阻,能显著提高传热效率。

强化传热过程,保持换热器良好的生产性能,是降低药物生产能源消耗、提高经济效益的重要途径。

【学习小结】

在制药生产中经常进行加热或冷却操作,加热或冷却过程都是热传递的过程,通过热传导、对流传热和辐射传热等方式进行热交换。总传热过程一般由热传导和对流传热过程组成。常用的热载体有蒸汽和矿物油,可使用的传热方法有直接换热、间壁换热、蓄热式换热等。实现换热过程的设备称为换热器,常用的换热器有管式换热器、板式换热器。管式换热器有蛇管式和列管式,板式换热器有夹套式、板式和板翅式等。

在换热器使用一段时间后需要清洗除去污垢,降低污垢热阻,强化传热效果,提高经济效益。

【目标检测】

一、单项选择题

1. 下列情况中,属于定态传热的是(　　)。

A. 太阳向地面物体传热的过程　　　　　　B. 燃烧的蜡烛向空气传热的全过程

C.锅炉蒸汽通过反应器间壁加热中药提取液的过程　D.利用小沼气燃烧的加热过程

2.属于易控制清洁型的热载体是（　　）。
A.电炉丝　　　　　B.矿物油　　　　　C.空气　　　　　D.水蒸气

3.用电热套对烧瓶内的溶液加热属于（　　）。
A.直接加热　　　　B.混合加热　　　　C.间壁加热　　　D.蓄热加热

4.固体内部的传热属于（　　）。
A.热传导　　　　　B.对流传热　　　　C.辐射传热　　　D.混合传热

5.傅立叶定律是（　　）的基本定律。
A.对流传热　　　　B.热传导　　　　　C.总传热　　　　D.辐射传热

6.属于对流传热过程的是（　　）。
A.太阳能穿过真空　B.红外线加热　　　C.金属棒的传热　D.空气对墙壁的传热

7.对流传热系数关联式中普朗特常数是表示（　　）的常数。
A.对流传热　　　　B.流动状态　　　　C.物性影响　　　D.自然对流

8.牛顿冷却定律是（　　）的基本定律。
A.热传导　　　　　B.对流传热　　　　C.总传热　　　　D.辐射传热

9.蒸汽管有三层保温材料，按照热导率大小由里向外正确的排列是（　　）。
A.大、中、小　　　B.小、中、大　　　C.中、小、大　　D.大、小、中

10.下列材料中，热导率最大的是（　　）。
A.金属铝　　　　　B.金属铜　　　　　C.青铜　　　　　D.合金铝

11.下列各类材料热导率最小的是（　　）。
A.不锈钢管　　　　B.玻璃管　　　　　C.塑料管　　　　D.水泥管

12.对于定型换热器，最有效的强化传热方法是（　　）。
A.增加传热面积　　B.促进流体湍流　　C.清除传热面污垢　D.提高流体温度

13.同等体积的管式换热器中，传热面积最大的是（　　）。
A.固定管板式列管换热器　　　　　　　B.浮头式列管换热器
C.U形管列管式换热器　　　　　　　　D.蛇管式换热器

14.能够用于含有固体颗粒加热且传热速率快的换热器是（　　）。
A.U形管列管式换热器　B.套管式换热器　C.蛇管式换热器　D.螺旋板式换热器

15.板式换热器中，传热效率最低的换热器是（　　）。
A.螺旋板式换热器　B.翅片式换热器　　C.夹套式换热器　D.板式换热器

二、计算题

1.通过三层平壁热传导中，若测得各面的温度 t_1、t_2、t_3 和 t_4 分别为 550℃、450℃、250℃ 和150℃，试求各平壁层热阻之比，假定各层壁面间接触良好。

2.拟用耐火砖、绝热砖和普通砖对燃烧炉保温。耐火砖和普通砖的厚度分别为0.5m和0.25m，其系数分别为1.02W/（m·℃）、0.14W/（m·℃）和0.92W/（m·℃）。已知耐火砖内侧为1000℃，普通砖内壁为138℃、外壁为35℃，试问绝热砖的厚度是多少？其内壁温度是多少？

3.一套管换热器，冷、热流体的进口温度分别为50℃ 和120℃。逆流操作时，冷、热流体的出口温度分别为70℃和90℃。试问其平均温度差是多少？

三、简答题

1.U形管式换热器的优点是什么，缺点是什么？

2.夹套式间壁换热器有哪些局限性？

3.为什么螺旋板式换热器能进行悬浮流体的换热？

模块四
物料预处理与设备

【知识目标】

掌握粉碎、筛分和混合各类设备的结构、原理和使用注意事项；熟悉粉碎、筛分和混合的基本概念、目的和分类方法；了解粉碎、筛分和混合设备的验证和养护等相关内容。

【能力目标】

熟练应用粉碎、筛分和混合各类设备；学会根据不同物质的性质选择相应的设备进行操作，同时应学会分析如何提高粉碎、过筛效率，保证均匀混合的问题，以及必须遵守的规则。

【素质目标】

通过物料处理实践，树立劳动意识。劳动是人类社会生存和发展的基础，也是人类维持自我生存和自我发展的唯一手段。即便有真才实学，如果不肯吃苦耐劳，也难以保持良好的竞技状态，不仅适应不了激烈的竞争形势，还极容易被困难吓倒，被挫折击垮。

为使有效成分快速溶出，常常对动植物药材进行破碎、筛分、混合，以及对微生物细胞进行破碎等预处理。物料预处理过程涉及破碎、筛分和混合设备。

单元一 物料粉碎及其设备

动植物组织的粉碎往往是生物制药生产过程的开始，将物料按照一定大小要求破碎便于后续加工。

一、概述

1. 粉碎的含义与目的

（1）**粉碎** 借助机械力将大块物料破碎成适宜大小颗粒或细粉的过程称为粉碎。在药物制剂生产中，固体物料常需要粉碎成一定粒度的粉末，以适应制备制剂及临床使用的需要。

（2）**粉碎的目的**
① 减小粒径增加比表面积，促进药物的溶解和吸收，有利于提高难溶性药物的溶出速度和生物利用度；② 便于适应多种给药途径的应用；③ 有利于从天然药物中提取有效成分；④ 有利于制备其他剂型。

（3）**粉碎度** 粉碎度是固体物料的破碎程度，以未碎物料平均直径（d_0）与已碎物料平均直径（d_i）的比值（n，$n = d_0/d_i$）称为粉碎度。

粉碎度与粉碎后粒子直径成反比，粒子愈小其粉碎度愈大。常常根据剂型、用途以及物性要求选择合适的粉碎度。

2. 粉碎基本原理

同种物质分子间的引力叫内聚力,由于其内聚力的不同而显示出不同的硬度和性能。固体物料的粉碎过程,主要是利用外加机械力破坏分子间的内聚力,使药物块粒减小,增加物料比表面积,即机械能转变成表面能的过程。

在粉碎过程中,根据被粉碎物料的性质以及粉碎程度不同所需施加的外力也不同。极性的晶体物质均具脆性,较易粉碎,常选用挤压、研磨作用力,可以将大块晶体沿结合面碎裂成小晶体。非极性的晶体物质如萘、樟脑等则缺乏脆性,当施加一定机械力时易变形而阻碍了粉碎,在此情况下进行湿法粉碎。当液体渗入固体分子间裂隙时,因降低了分子间的内聚力,从而可使晶体从裂隙处分开。

【知识拓展】

粉碎过程常用的外加力有:撞击力、劈裂力、剪切力、裁截力、研磨力等。被处理物料的性质、粉碎程度不同,所需施加的外力也不同。撞击、劈裂和研磨作用对脆性物质有效,纤维状物料用剪切方法更有效;粗碎以撞击力和劈裂力为主,细碎以剪切力、研磨力为主;要求粉碎产物能产生自由流动时,用研磨法较好。实际上多数粉碎过程是上述的几种力综合作用的结果。

3. 粉碎方法

药物制剂加工中应根据被粉碎物料的性质、产品粒度的要求以及物料的多少等而采用不同的粉碎方法。

(1)**循环粉碎与开路粉碎** 粉碎后若含有尚未被充分粉碎的物料时,经筛选分级后将粗颗粒重新粉碎的过程,称为循环粉碎,即物料→粉碎机→筛析→产品。连续把需粉碎的物料供给粉碎机的同时,不断地从粉碎机中把已粉碎的物料取出的操作称为开路粉碎,其物料只通过设备一次,即物料→粉碎机→产品。

(2)**混合粉碎和单独粉碎** 将多种物料混合在一起同时粉碎的操作叫混合粉碎。在中药加工时,若处方中某些物料的性质及硬度相似,可将它们掺和在一起进行粉碎。若混合物料中含有共熔成分时能产生潮湿或液化现象,这些物料能否混合粉碎,取决于制剂的具体要求。氧化性物料和还原性物料必须单独粉碎,混合粉碎可引起爆炸,如氯酸钾、高锰酸钾、碘等氧化性物质与硫黄、糖、亚硫酸钠等不能混合粉碎。贵重物料应单独粉碎。

(3)**干法粉碎和湿法粉碎** 指物料经干燥使含水量下降至一定限度(一般应少于5%)再粉碎的方法。一般干燥温度不宜超过80℃,有挥发性及遇热易起变化的药物可用石灰等干燥剂干燥。

物料中添加溶剂(如水或乙醇等)共同研磨的过程叫湿法粉碎,这种方法又叫"加液研磨法"。液体对物料有一定的渗透力和劈裂作用,可提高粉碎度和降低物料的黏附性。溶剂的选用以不与物料起反应、不影响疗效为原则,用量以能湿润药物成糊状为宜。采用湿法粉碎易燃易爆的物料安全性较高。

(4)**低温粉碎** 将冷冻物料在低温环境中粉碎的过程称为低温粉碎。物料在低温时脆性增加、韧性与延伸性降低,破碎过程粉碎度增高。非晶形药物如树脂、树胶等具有一定的弹性,粉碎时一部分机械能用于引起弹性变形,最后变为热能,因而降低粉碎效率。一般可用降低温度来增加非晶体药物的脆性,以利粉碎。

二、物料粉碎设备

1. 中药截切机

截切机的结构主要由带式输送器、给料辊、切刀、曲柄连杆机构等组成,如图4-1所示。

操作时将中药均匀地放在带式输送器上,在给料辊挤压下向前推出适宜的长度。给料辊前面的切刀被曲柄连杆机构带动做上下往复运动,切刀向上中药被推前,切刀向下截断中药,已切碎的中药通过出料槽落入容器中。此设备主要用于草、叶或韧性根的截切,其生产能力较大。

图4-1 中药截切机示意图

2. 万能粉碎机

万能粉碎机由加料斗、钢齿、环状筛板、水平轴、抖动装置、出粉口、放气袋构成,如图4-2所示。

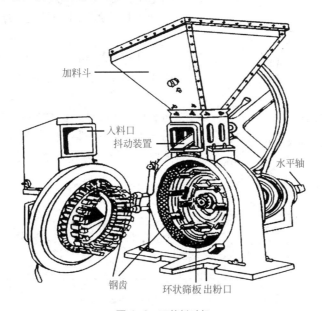

图4-2 万能粉碎机

粉碎室的转子及盖板均装有交叉排列的钢齿,转子上的钢齿与盖板上的钢齿错位运动,物料在高速旋转的转子产生的离心力作用下被抛向室壁,物料受到撞击、劈裂、撕裂与研磨的作用力而粉碎。由于转子高速旋转产生了强烈的作用力,物料达到钢齿外围时已破碎成细小颗粒,通过室壁的环状筛板筛分后出料。万能粉碎机适用于多种结晶性和纤维性等脆性、韧性物料的粉碎。万能粉碎机易发热,不适用于挥发性成分、黏性及遇热发黏物料的粉碎。

3. 锤击式粉碎机

锤击式粉碎机由旋转轴、锤头、机壳牙板、筛网组成。高速旋转的锤头对物料产生冲击作用,物料受到锤击、撞击、摩擦而被粉碎,如图4-3所示。锤击式粉碎机适用于粉碎纤维绵韧性物料,但不适用于高硬度物料及黏性物料。

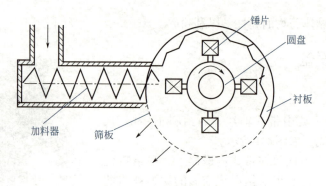

图4-3 锤击式粉碎机

4. 球磨机

球磨机外壳系由不锈钢或陶瓷材料制成，内装大小不等的钢球或瓷球。将物料装入圆筒封盖后，驱动轴的转动使筒中圆球滚动，物料受筒内起落圆球的撞击、圆球与筒壁的研磨以及球与球之间的研磨而粉碎。球磨机转速控制以圆球呈抛物线下落为准，这样才能产生撞击和研磨的联合作用，粉碎效果才最好。如果转速过慢圆球沿壁滚下，仅发生研磨作用，粉碎效果较差；如转速过快，圆球受离心力的作用沿筒壁旋转而不落下，失去物料与球体的相对运动，粉碎效果不好。球磨机圆球运动如图4-4所示。

球磨机结构简单、密闭操作，粉尘少，常用于毒性物料、刺激性物料、贵重物料或吸湿性物料的粉碎。球磨机适宜于结晶性物料、硬而脆的物料、易氧化物料或爆炸性物料的粉碎。粉碎时可在惰性气体条件下密闭粉碎，亦可在无菌条件下粉碎得到无菌产品。

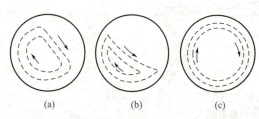

图4-4 球磨机圆球运动状态
（a）转速适当；（b）转速太慢；（c）转速太快

【课堂互动】

> 取何首乌50g分成两份，一份切制成3mm的厚片，另一份粉碎成粉末，分别加入200mL冷水煮沸，观察液体状态，说明产生不同现象的原因。

5. 微粉碎机

微粉碎机由主轴、挠性轴套、偏心轮、筒体、弹簧等构件组成，如图4-5所示。筒体内装有金属或非金属材料制成的球、棒等研磨介质以及待磨物料，在外界激振力的作用下，将筒体振动的能量传给研磨介质，使研磨介质产生与筒体振动同向的自转运动和研磨介质群的公转运动，公转方向与筒的振动方向相反，在研磨介质抛掷运动下可将研磨介质之间的物料进行撞击而粉碎。

微粉碎机粉碎破碎率高，几乎无损耗；易拆卸、易清洗、易换料；粉碎过程全密闭、无粉尘飞扬，粉碎能力强，适于中心粒径为150～2000目（5μm）的粉碎要求，个别特殊工艺要求达到0.3μm。

微粉碎机适于干法和湿法粉碎，湿法粉碎常用水、乙醇作溶剂；对特殊物料可采用惰性气体保护粉碎；也可通过调节磨筒外壁夹套冷却水的温度和流量控制粉碎温度。

6. 胶体磨

胶体磨的主要构造为带斜槽的锥形转子和定子组成的磨碎面，转子和定子表面加工成沟槽型，转子与定子间的间隙呈进口大、出口小布置设计，在电动机传动下胶体磨转子转速可达10000r/min。如图4-6所示。

操作时物料从贮料筒流入磨碎面，经磨碎后由出口管流出，在出口管上方有控制阀。当物料通过狭缝时，因受沟槽及狭缝间隙变化流向发生急剧改变，由此受到很大的剪切力、摩擦力、离心力和高频振动等作用而破碎。

胶体磨狭小缝隙可调节，狭缝调节愈小，通过磨面后的粒子越细微。如一次磨碎的粒子胶体化程度不够时，可将阀关闭使胶体溶液经循环管流入贮液筒，再反复研磨可得1～100nm直径的微粒。在制剂生产中常用于制备混悬液、乳浊液、胶体溶液。

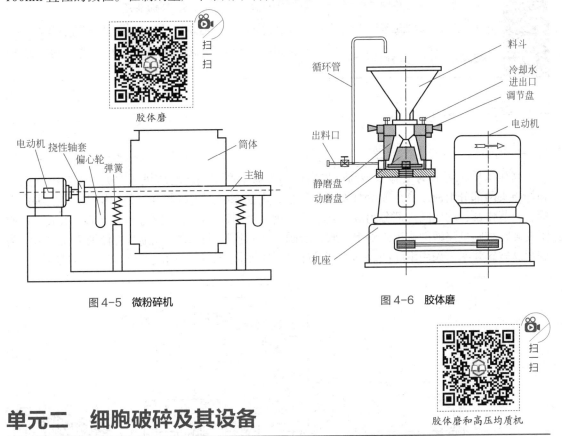

图4-5 微粉碎机　　　　图4-6 胶体磨

单元二　细胞破碎及其设备

生物药物有效成分常常存在于生物细胞内，为使其从细胞中释放出来，需要进行细胞破碎。

微生物细胞由细胞壁、细胞膜、细胞质和细胞器组成。细胞膜使细胞内外保持一定的浓度差，它主要由蛋白质和脂质组成，强度比较差，易受渗透压冲击而破碎。细胞壁常由多糖物质和磷酸酯类组成，其结构比较细密而坚硬，所以细胞破碎的主要阻力来源于细胞壁。

常见的细胞破碎方法有机械法、物理化学法、酶法等三大类，如表4-1所示。机械破碎法的处理量大，破碎速度较快，因而广泛用于工业生产中。机械破碎细胞是由高压产生的高剪切力而破碎，破碎过程中放热，所以要采取冷却措施，防止活性成分因温度升高而变质。机械破碎法有高压匀浆法和珠磨法，所用到的机械设备主要是高压匀浆机（又称高压均质机）和珠磨机。以下主要介绍机械法细胞破碎设备。

表4-1 常用细胞破碎方法

分类		作用机制	适用性
机械法	珠磨法	固体剪切作用	可达较高破碎率，可较大规模操作，大分子目的产物易失活，浆液分离困难
	高压匀浆法	液体剪切作用	可达较高破碎率，可大规模操作，不适合丝状菌和革兰阳性菌
	超声破碎法	液体剪切作用	对酵母菌效果较差，破碎过程升温剧烈，不适合大规模操作
	X-press法	固体剪切作用	破碎率高，活性保留率高，对冷冻敏感目的产物不适合
物理化学法	渗透压法	渗透压剧烈改变	破碎率较低，常与其他方法结合使用
	冻结融化法	反复冻结-融化	破碎率较低，对冷冻敏感目的产物不适合
	干燥法	改变细胞膜渗透性	条件变化剧烈，易引起大分子物质失活
	化学渗透法	改变细胞膜渗透性	具一定选择性，浆液易分离，但释放率较低，通用性差
酶法	酶溶法	酶分解作用	具有高度专一性，条件温和，浆液易分离，溶酶价格高，通用性差

一、高压均质机

1. 高压均质机结构及工作原理

高压均质机可分为实验室型高压均质机和工业生产用高压均质机两大类，主要由高压泵和均质头两部分组成。高压泵为柱塞式往复泵，由活塞柱、进料阀和排料阀组成；均质头由手柄、调节弹簧、均质阀三部分组成，其中均质阀是由阀杆、阀座、撞击环三个部件组成，均质阀安装在细胞悬浮液的排出管路上，阀杆与阀座之间狭窄的缝隙组成细胞悬浮液流动通道。为获得高破碎效率，采用串联两级均质阀设计，可使细胞悬浮液受两次破碎。如图4-7所示。

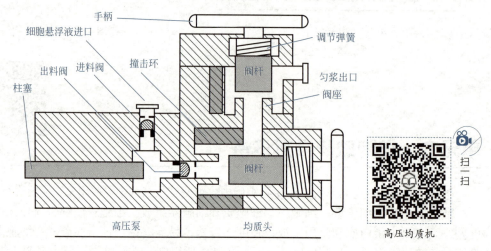

图4-7 高压均质机

当细胞悬浮液被高压泵吸入后获得很高的静压力，以100～400 m/s的速度经排料阀冲击到阀杆上，然后沿阀座与阀杆之间的环形缝隙再次撞击到撞击环，经排料口排出。细胞悬浮液经阀杆和撞击环后，从柱塞泵获得的静压能转换成了动能，流动速度加快。在通道中细胞悬浮液承受了强大的撞击力、剪切作用力和空穴爆破力，细胞被拉伸延长而变形，随后被破碎。

在细胞破碎中产生的热效应使得细胞悬液温度升高，生物活性成分受热失去活性，因而需要冷却。通常在高压均质机的均质头设计有循环冷却装置，以保证破碎过程活性成分的活性。

2. 高压均质机的特点

相对于离心式分散乳化设备（如胶体磨、高剪切混合乳化机等），高压均质机的特点是细化作用更为强烈，这是因为工作阀的阀芯和阀座之间在初始位是紧密贴合的，在工作时被料液强制挤出了一条狭缝作为物料通道，因而起到了强制细化作用，高压均质机传动机构是容积式往复泵，所以压力可以无限提高，而压力越高，细化效果就越好。另外，高压均质机主要是利用了物料间的相互细化作用，所以物料的发热量较小，因而能保持物料活性基本不变。高压均质机的缺点是能耗大、易损件多，维护工作量大，不适合于黏度很高的物料。

3. 高压均质机的分类

按结构型式高压均质机可分为立式和卧式两种，前者一般是中小型设备，后者是大型设备。按控制方式可分为手动控制式、手调液压控制式以及全自动控制式。按使用情况可分为生产用均质机和实验用均质机。

4. 高压均质机的应用及选型

高压均质机的作用主要有：提高产品的均匀度和稳定性；增加保质期；减少反应时间从而节省大量催化剂或添加剂；改变产品的稠度；改善产品的口味和色泽等。在制药行业主要应用于制备抗生素、抗酸剂、液浆制剂、静脉乳剂等。

在高压均质机选型时需考虑原料本身的性质，比如黏度、热敏性等，黏度大，需要的压力就大，而对于热敏性原料而言，在设备工作时热量的及时移除则显得尤为重要；另一个需要考虑的是能耗问题，压力越高，细化效果越好，但设备价格也越高，耗电量也同时增大，易损件增多。因此，在选择压力参数时，在满足破碎效果的前提下，压力越小越好。在使用压力选定后，再根据制造商提供的设备性能参数表，选择标定的额定压力大于使用压力的设备即可。

5. 高压均质机的使用与维护

高压均质机启动时压力不稳，应在启动后将其调整到预定值，之前流出的料液回流，以保证均质效果。注意观察压力表，保证工作压力处于正常范围。高压均质机不得空转，启动前应先接通冷却水。定期检查机体连接轴处是否缺润滑油，以免机体前端的填料盒缺油。柱塞密封圈在高温和压力周期性变化时容易损坏，应保证冷却水供应，以降低柱塞密封圈温度，延长使用寿命。密封圈损坏应及时修复、更换。

二、珠磨机

1. 珠磨机的结构和工作原理

珠磨机由研磨室、搅拌轴、珠液分离器、研磨剂、循环水冷却系统等组成。研磨剂是直径小于1mm的玻璃珠、钢珠、氧化铝等，如图4-8所示。

细胞悬浮液和研磨剂在珠磨机中被快速搅拌，研磨剂与细胞之间产生剪切、碰撞使细胞破碎，并释放出内含物。在珠液分离器的协助下，珠子被滞留在研磨室内，浆液则循道流出。循环冷却水可将破碎过程产生的热量带走。

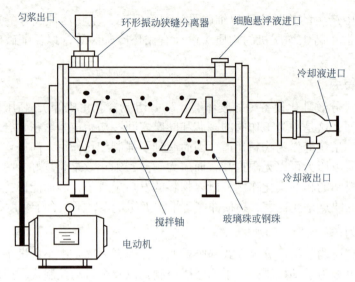

图 4-8 珠磨机

【课堂互动】

> 称取 5kg 甜樱桃，经万能粉碎机破碎后再用胶体磨细碎，过滤后又用高压均质机均质，比较不同阶段浆汁的流体特性，阐述原因。

2. 使用珠磨机需要注意的事项

① 珠磨机缺点是破碎期间样品温度升高导致生物活性降低，可通过用二氧化碳来冷却容器得到部分解决。

② 研磨珠的装量影响破碎程度和所需能量，研磨珠的大小应根据细胞大小和浓度以及在连续流动的操作过程中不使珠体带出来进行选择。

③ 增加搅拌速度能提高破碎效率，但过高的速度反而会使破碎率降低，能量消耗增大，所以搅拌转速应适当。

④ 为降低能耗、避免大分子活性成分失活，需将破碎率控制在 80% 以下。

单元三　筛分及其设备

将原料药和填充剂混合后成型要受到固体粉末颗粒大小的影响，颗粒细度一致才能使原料药和填充剂混合均匀，因而需要对粉碎后的物料进行筛分。

一、筛分基本知识

1. 筛分的含义与目的

（1）**筛分含义**　筛分是粗粉与细粉分离的过程。

（2）**筛分目的**　将粉碎后的物料按粒径大小分级，以满足制剂对粉体颗粒均匀性的要求。通过筛分将合格细粉与粗粉分离，能节省粉碎的机械能，提高粉碎效率。此外，过筛的同时还可使种类不同、粗细不均匀的药粉混合均匀。但由于过筛中较细的粉末先通过筛，较粗的粉末后通过筛，所以过筛后的粉末应适当加以搅拌，以保证物料的均匀度。

2. 标准药筛与药粉的分等

（1）标准药筛 是指选用国家标准的 R40/3 系列，符合《中华人民共和国药典》规定的药筛。筛的分等方法有两种，一种是以筛孔的大小表示，另一种是以单位长度（英寸，in，1in=0.0254m）内所含筛孔数目表示，即用"目"表示。目前制剂生产中常用的筛有《中华人民共和国药典》规定的药筛和工业用筛两种。标准药筛分为九个筛号，一号筛的筛孔内径最大，依次减小，九号筛的筛孔最小。具体规定见表4-2。

表4-2 《中华人民共和国药典》药筛与工业筛目对照表

筛号	筛孔内径（平均值）/μm	工业筛目数/（孔/in）
一号筛	2000±70	10
二号筛	850±29	24
三号筛	355±13	50
四号筛	250±9.9	65
五号筛	180±7.6	80
六号筛	150±6.6	100
七号筛	125±5.8	120
八号筛	90±4.6	150
九号筛	75±4.1	200

（2）药粉的分等 药粉的分等是按通过相应规格的药筛而定的。根据实际要求，《中华人民共和国药典》规定了六种粉末规格，见表4-3。

表4-3 粉末的分等标准

等级	分等标准
最粗粉	指能全部通过一号筛，但混有能通过三号筛不超过20%的粉末
粗粉	指能全部通过二号筛，但混有能通过四号筛不超过40%的粉末
中粉	指能全部通过四号筛，但混有能通过五号筛不超过60%的粉末
细粉	指能全部通过五号筛，并含能通过六号筛不少于95%的粉末
最细粉	指能全部通过六号筛，并含能通过七号筛不少于95%的粉末
极细粉	指能全部通过八号筛，并含能通过九号筛不少于95%的粉末

二、筛分设备

1. 摇动筛

摇动筛由摇动装置和药筛两部分组成。摇动装置是由摇杆、连杆和偏心轮构成；药筛则是由不锈钢丝、铜丝、尼龙丝等编织的筛网，固定在圆形或长方形的金属圈或竹圈上。按照筛号大小依次叠成套（亦称套筛）。工作过程中，偏心轮及连杆使药筛发生往复运动进行筛选药物粉末。摇动筛常用于粒度分布的测定，多用于小量生产，也适于筛毒性、刺激性或质轻的药粉，避免细粉飞扬。

2. 旋转筛

旋转筛由筛箱、圆形筛筒、主轴、刷板、打板等组成。圆形筛筒固定于筛箱内，筛筒是金属架，表面绕有筛网，筛筒内装有固定在主轴上的刷板和打板，主轴转速400r/min。打板距筛网25～50mm，并与主轴成一定的角度，打板的作用是分散和推进物料。刷板的作用是清理筛网和促进筛分。操作时将需要过筛的药粉由推进器进入滚动的筛筒内，借筛筒的转动以及打板、刷板的作用，使药粉通过筛网，粗粉和细粉分别收集，筛网目数20～200目。旋转筛操作方便，适应性广，筛网更换容易，对中药材细粉筛分效果更好。

3. 振动筛

振动筛系利用机械或电磁作用使筛或筛网产生振动，将物料进行分离的设备，可分机械振动筛和电磁振动筛。

（1）机械振动筛

① 振动筛粉机　振动筛粉机的结构为一长方形筛子，安装于金属箱内，又称筛箱。振动筛粉机是利用偏心轮对连杆所产生的往复振动而筛选粉末的装置。振动筛往复振动的幅度较大，故宜过筛无黏性的植物或化学药物、毒药、刺激性的药物等。

② 圆形振动筛粉机　圆形振动筛粉机如图4-9所示，为漩涡振荡筛。电动机的上轴及下轴各装有不平衡重锤，上轴穿过筛网并与其相连，筛框以弹簧支承于底座上，上部重锤使筛网发生水平圆周运动，下部重锤使筛网发生垂直方向运动，故筛网的振动方向具有三维性质。开启电源，启动圆形振动筛粉机，将物料加在筛网中心部位，筛子产生振动，粗料由上

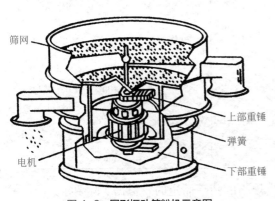

图4-9　圆形振动筛粉机示意图

部出口排出，细料由下部出口排出。筛网直径一般在0.4～1.5m，每套由1～3层筛网组成。生产能力为100～200kg/h，旋转角度0°～90°，振幅1～5mm，筛出粉粒为3～250目。

圆形振动筛粉机的特点是分离效率高，单位面积处理能力大，维修费用低，占地面积小，重量轻，故被广泛应用。

③ 悬挂式偏重筛粉机　系利用偏重轮转动时不平衡惯性而产生振动。工作时如果有较多粗粉不能通过，则需停止工作，将粗粉取出后再开动机器添加药粉进行筛分，因此本设备是间歇性工作，不连续生产。悬挂式偏重筛粉机结构简单、造价低、占地小、效率高，适用于矿物药、化学药品和无显著黏性的物料过筛。

（2）电磁振动筛

① 电磁簸动筛粉机　电磁簸动筛粉机是利用较高频率（200次/s以上）与较小幅度振动（幅度3mm以内）造成簸动。由于振动幅度小，频率高，药粉在筛网上跳动，故使粉粒散离，易于通过筛网，加强过筛效率。簸动筛具有较强的振荡性能，过筛效率较振动筛高，能适应黏性较强如含油或树脂的药粉。

② 电磁振动筛粉机　电磁振动筛粉机结构是筛的边框上支承着电磁振动装置，磁芯下端与筛网相连，其工作原理与簸动筛基本相同。操作时，由于磁芯的运动，故使筛网垂直方向运动。一般振动频率为3000～3600次/min，振幅为0.5～1mm。由于筛网系垂直方向运动，故筛网不易堵塞。

> 【课堂互动】
>
> 用标准药筛对玉米淀粉进行筛分，收集各筛板上的玉米淀粉样品，并用标签标明筛号，辨别比较不同筛号玉米淀粉颗粒大小，排出大小顺序。

单元四　混合及其设备

将几种固体物料混合在一起可加工成胶囊、片剂等药品，因此需要使用混合设备进行混合，常用的混合设备有槽式混合机、二维旋转混合机、三维旋转混合机。

一、概述

1. 混合的含义与目的

（1）**混合的含义**　将多种组分相互扩散形成均匀体的过程叫混合。混合是制备复方散剂或其他粉末状制品的重要工艺过程，也是制备其他固体制剂如片剂、丸剂等的基本操作。

（2）**混合的目的**　通过混合将使药物各组分在制剂中均匀一致，保证药物剂量准确和临床用药安全性。细微粉体混匀时需要外加机械作用才能进行，因固体粒子形状、粒径、密度等各不相同，导致各成分在混合的同时产生分离现象，使得均匀度降低。所以，在片剂、颗粒剂、散剂、胶囊剂、丸剂等的生产中，固体粉粒之间的混合是重要而又基本的工序之一，应避免分离现象的发生。

2. 混合基本原理

固体粒子在混合器内混合时，会发生对流、剪切、扩散等三种不同的运动形式，形成三种不同机制的混合。

（1）**对流混合**　系指固体粉粒在容器中翻转，或用桨、片、相对旋转螺旋，将相当大量的药物从一处转移到另一处，即发生了较大的位置移动。

（2）**剪切混合**　系指在不同组成的界面间发生剪切达到混合的过程。

（3）**扩散混合**　系指由于微粒之间的粒子形状、充填状态或流动速度不同，导致粉粒的紊乱运动，改变其彼此间的相对位置而发生混合现象。

在混合过程中三种混合方式同时存在，只有混合程度上的差异。回转圆筒混合器以对流混合为主，搅拌混合机械以强制对流混合和剪切混合为主。

3. 混合方法

（1）**搅拌混合**　系将各药粉置适当大小容器中搅匀，多作初步混合之用。大量生产中常用混合机混合，如槽形混合机、双螺旋锥形混合机等。

（2）**混合筒混合**　该类混合器有V形、立方形、圆柱形、纺锤形等，混合筒固定在穿过中心的水平轴上，在动力驱动下水平轴混合筒旋转，粉末在筒内翻动达到混合，转速依据筒体形状或粉末性质进行控制。混合筒适用于密度相近的组分混合，混合效率高，耗能较低。

（3）**过筛混合**　系将各药粉进行初步混合，再通过药筛筛分一次或几次，使之混匀。由于较细、较重的粉末先通过筛网，故在过筛后仍须加以适当的搅拌混合。

（4）**研磨混合**　系将各原料药置容器中共同研磨的过程，该法适于小量、结晶性和有毒药物的混合，不适用吸湿性或爆炸性成分的混合。

二、混合设备

1. 槽形混合机

槽形混合机如图4-10所示,由混合槽、搅拌桨、蜗轮减速器、电机及机座等部分构成,混合槽内轴上装有与旋转方向成一定角度的搅拌桨,搅拌桨叶呈曲线形,可将物料由外向中心集中,又将中心的物料推向两端,以达到均匀混合物料的效果。槽可以绕水平轴转动,以便在需要时自槽内卸出物料。

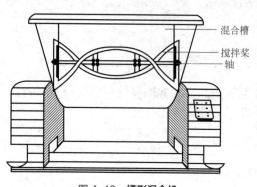

图4-10 槽形混合机

槽形混合机的缺点是:搅拌效率低,混合时间长,搅拌轴两端密封件容易漏粉,影响产品质量和成品率。其优点是操作简便,易于维修,能满足一般均匀度的药物混合要求,因而仍得到广泛应用。槽形混合机除用以混合粉料外,亦用于片剂的颗粒、丸块、软膏等的捏合或混合。

2. 双螺旋锥形混合机

双螺旋锥形混合机由锥体、螺旋杆、转臂、传动装置组成,如图4-11所示。操作时由锥体上部加料口进料,加至螺旋叶片顶部后密封,启动电源,由电机带动双级摆线针轮减速器,经套轴输出公转和自转两种速度。

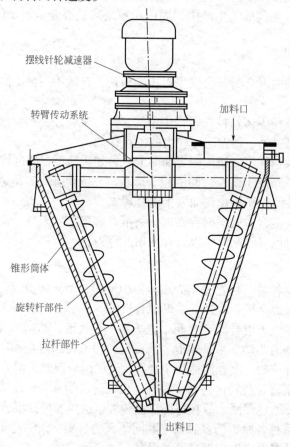

图4-11 双螺旋锥形混合机

双螺旋自转时将物料自下而上提升，形成两股对称的沿臂上升的螺旋柱物料流，转臂带动螺旋杆公转，使螺旋柱周围的物料相应地混入螺旋形物料内，以使锥体内的物料不断地混掺错位，由锥形体中心汇合向下流动，使物料能在短时间内混合均匀。

　　双螺旋锥形混合机可适用于干燥、润湿、黏性固体药粉的混合。其优点是传动效率高、动力消耗小，可密闭操作改善环境，从底部卸料减轻了劳动强度，进料口固定便于安排工艺流程。

3. V形混合机

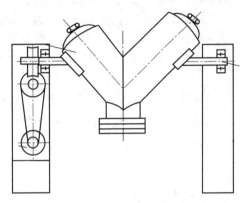

　　V形混合机主要是由两个圆筒成V形交叉结合而成，如图4-12所示。交叉角为80°～81°，直径与长度之比为0.8～0.9。当圆筒旋转尖锥上升到顶部时，物料分成两部分滑落到各自筒体底部，当圆筒尖锥下降到底部时，两部分物料重新汇集在一起，如此反复循环，在短时间内混合均匀。本混合机以对流混合为主，混合速度快，是混合效果最好的旋转混合机，其应用非常广泛。

　　操作中最适宜转速可取临界转速的30%～40%，最适宜充填量为30%。

图4-12　V形混合机

4. 三维运动混合机

　　如图4-13所示是三维运动混合机示意图。

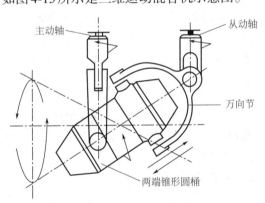

图4-13　三维运动混合机

　　三维运动混合机由机座、调速电机、轴、回转连杆及混合筒体等组成，装料的筒体在主动轴带动下做周而复始的平移、转动、翻滚等运动，促使物料沿着筒体做环向、径向和轴向的三向复合运动，从而实现多种物料的相互流动、扩散、积聚，以达到均匀混合的目的。因混合筒多方向运动物料无离心力作用，因而无密度偏析及分层、积聚现象，各组分混合率达99%以上，是目前各种混合机中较理想的设备。其筒体装料率大，最高可达90%（普通混合机仅为40%），效率高，混合时间短，主要用于粉体、颗粒状物料的高均匀度混合。

【课堂互动】

　　将玉米粉和红曲米粉按1∶1比例加入到V形混合机和三维混合机中，开启电源混合15min后倾出，观察混合情况，比较均匀度。

【学习小结】

生物药物可分为胞内药物和胞外药物两大类，植物细胞、微生物细胞均有细胞壁，需破碎后胞内药物才能释放于溶液中。细胞破碎法有物理机械法、化学法和酶法，在生物制药车间一般采用高压均质机和珠磨机破碎法。

为了更均匀地将主药和辅药混合均匀，需要用标准筛对粉碎后的粉末进行筛分，常用的筛分设备有摇动筛、旋转筛、振动筛等，各级筛孔必须符合国家药典规定。

根据混合原理可分为对流混合、剪切混合、扩散混合，根据混合方法可分为搅拌混合、混合筒混合、过筛混合、研磨混合。常用的混合设备有槽型混合机、双螺旋锥形混合机、V形混合和三维运动混合机。通过混合使主药均匀地分散到稀释剂中，以保证制得的药品疗效稳定。

药材粉碎、筛分和混合工作直接影响成品药功效的一致性，要秉持"精益求精"工匠精神完成本项工作，以保证制成的药品疗效稳定。

【目标检测】

一、单项选择题

1. 无细胞壁结构的生物体是（　　）。
 A. 大肠埃希菌　　　　B. 链霉菌　　　　C. 酵母菌　　　　D. 脑下垂体
2. 工业上大规模破碎细胞所采用的设备是（　　）。
 A. 胶体磨　　　　　　B. 超声波细胞破碎器
 C. 高压均质机　　　　D. 球磨机
3. 国产高压均质机的压力上限一般是（　　）。
 A. 40MPa　　　　　　B. 100MPa　　　　C. 150MPa　　　　D. 200MPa
4. 单级高压均质机与二级高压均质机的细胞破碎率（　　）。
 A. 相等　　　　　　　B. 单级大于二级
 C. 单级小于二级　　　D. 随物料的改变而改变
5. 药筛筛孔目数习惯上是指（　　）。
 A. 每厘米长度上筛孔目数　　B. 平方英寸面积上筛孔目数
 C. 每英寸长度上筛孔目数　　D. 每平方厘米面积上筛孔目数
6. 关于粉碎的叙述，正确的是（　　）。
 A. 使用万能粉碎机，先开动机械空转，待高速转动时，再加物料
 B. 锤击式粉碎机可以粉碎各种性质的物料
 C. 球磨机转速为临界转速的95%粉碎效果最好
 D. 流能磨可粉碎毒药、贵重药
7. 下列所用药筛工业筛目数错误的是（　　）。
 A. 一号筛10目　　　　　　B. 二号筛24目
 C. 五号筛70目　　　　　　D. 七号筛120目
8. 关于药物粉末分等叙述错误的是（　　）。
 A. 最粗粉可全部通过一号筛　　　　B. 粗粉全部通过三号筛

C.中粗粉可全部通过四号筛　　　　　　D.细粉全部通过五号筛

9.下列关于药物粉碎的叙述中，错误的是（　　）。

A.粉碎是主要利用外加机械力，部分地破坏物质分子间的内聚力来达到粉碎的目的

B.药物粉碎前必须适当干燥

C.中药材用较高的温度急速加热并冷却后有利于粉碎的进行

D.在粉碎过程中，应当把已达到要求细度的粉末随时取出

10.能全部透过六号筛，并含能通过七号筛不少于95%的粉末是（　　）。

A.极细粉　　　　B.最粗粉　　　　C.细粉　　　　D.中粉

11.下列哪项是筛分的目的（　　）。

A.将粉碎后的药料按细度大小加以分等　　B.增加药物的表面积

C.便于适应多种给药途径的应用　　　　　D.有利于制备其他剂型

12.下列哪项不是筛分的养护内容（　　）。

A.机器安装前检查在运输和储藏过程中是否有损坏

B.筛子应在无负荷的情况下启动，待筛子运转平稳后开始给料

C.停机时应先停止给料，待筛面上物料排除后再停机

D.粉碎刺激性和毒性药物时，必须特别注意劳动保护和安全操作

13.下列哪项是混合的目的（　　）。

A.使药物各组分在制剂中均匀一致

B.将粉碎后的药料按细度大小加以分等

C.增加药物的表面积

D.有利于制备其他剂型

14.下列哪项不是混合方法（　　）。

A.搅拌混合　　　B.混合筒混合　　　C.过筛混合　　　D.扩散混合

二、简答题

1.简述胶体磨工作原理。

2.比较筛分设备的优缺点。

3.简述高压均质机工作原理。

模块五
生物反应与设备

【知识目标】

掌握机械搅拌通风发酵罐、气升式发酵罐、鼓泡塔式发酵罐、膜反应器的结构；熟悉机械搅拌通风发酵罐、气升式发酵罐、常用动植物细胞培养器的工作原理；了解灭菌、无菌操作基本原理，了解生物反应器参数检测与自动控制原理；了解参数检测仪器的工作原理。

【能力目标】

熟练应用机械搅拌通风发酵罐、气升式发酵罐的基本操作技术；学会培养基灭菌与无菌操作。

【素质目标】

结合生物工程内容的学习，查阅新冠疫苗生产信息和资料，深刻体会党和国家关爱人民，在防疫抗疫方面取得的巨大成就，坚定制度自信。

进行生物化学反应的场所称为生物反应器。生物组织、微生物和细胞等是生物反应器，能满足生物反应的机械容器也是生物反应器。本章就机械反应器和相关的辅助设备进行介绍。

单元一 生物反应基本知识

在生物制药生产中首先通过生物反应产生药物，然后再将药物从反应系统中提取出来。为获得更多的生物药物，生物反应器应具备多种调控功能，以满足生物反应对温度、压力、酸碱度等条件的要求。

一、生物反应过程

1. 概述

在活细胞中进行的生物化学反应叫生物反应，生物体的新生、成长、衰老、死亡等新陈代谢过程就是生物反应。

在新陈代谢过程中，细胞一方面吸收营养成分并同化成物质和能量；另一方面又不断分解异化自身物质，将分解产物释放出体外。细胞新陈代谢产物结构特殊、组成复杂，部分成分可用于人类疾病的诊断、预防和治疗，称为生物药物。细胞在生命活动过程中对环境物质进行了转化，部分产物也是生物药物；人类采用酶工程技术转化成的部分产物也是生物药物。所以生物反应过程也是制备生物药物的过程。先进的生物反应器能提供含量丰富的生物药物原材料。

研究发现，生物反应过程受环境温度、酸碱度、营养物质浓度、氧气浓度、二氧化碳浓度、机械尺寸、流体湍流程度、细胞的生长浓度、产物的生成速度等因素的影响。为了获得高浓度生物药物，采用分批培养和连续培养可合理地进行影响因素的控制，起到高效率制备生物药物的作用。

2. 分批培养中的细胞生长模式

将培养基一次性投入反应器，接入细胞并维持细胞生长的过程叫分批培养。

在分批培养中，首先对反应器内的温度、pH、溶解氧（DO）等参数进行调节，使细胞具有最佳生长环境，然后随着时间延长，营养物质逐渐消耗，需要进行补料。在反应体系中新细胞不断增加，产物数量得到累积，此消彼长，形成动态变化过程。分批培养中细胞的生长过程可分为六个阶段，如图5-1所示。

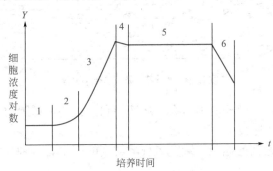

图 5-1　细胞生长方式
1—停滞期；2—加速生长期；3—指数生长期；4—减速生长期；5—平衡生长期；6—负生长期

（1）**停滞期**　接种后，细胞需要一定时间适应新环境，没有细胞生长和产物生成。这个阶段的长短取决于细胞个体的遗传性、种龄、接种量和环境等，一般为几个小时。

（2）**加速生长期**　先是已适应新环境的细胞开始生长繁殖，随后是所有种子细胞都正常生长繁殖，直至细胞增长速度达到最大，此为加速生长期。

（3）**指数生长期**　又称对数生长期，此阶段所有细胞生命活动最旺盛，细胞总量的增长速度的对数值与时间成正比关系。

（4）**减速生长期**　细胞达到一定生长量之后培养基被消耗，营养物质越来越少，而培养液中产物积累也越来越多，细胞生长受到限制，细胞浓度增速减缓。

（5）**平衡生长期**　细胞生长速率与衰亡速率逐渐相等达到动态平衡，此时细胞浓度达到最大并保持恒定，此过程为平衡生长期。

（6）**负生长期**　随着营养物质的减少和产物积累，细胞死亡数量大于繁殖数量，活细胞浓度下降，此过程为负生长期。

不同生长阶段的细胞对环境条件要求不同，因此在设计制造生物反应器时必须考虑各项参数的自动调节功能，才能满足细胞正常生长的需要。

3. 生物反应过程的氧气供给

在生物反应中物质从一种体系状态转移到另一种体系的过程称为传质。各种营养成分必须通过传质才能进入细胞并为细胞所吸收，细胞产生代谢产物须通过传质进入培养液。好氧细胞经过传质吸收氧气，排放二氧化碳。

氧气是一种难溶气体，在水中的溶解度小于5%。向培养液中通入足够数量的洁净空气，可满足细胞代谢对氧气的需要。

（1）**氧气的传递过程**　空气进入反应液后分散成气泡，氧分子从气泡内穿过气液界面进入反应液内成为溶解氧,液体中的氧气穿过细胞壁进入细胞内供代谢需要,该过程称为氧的气液固传递过程,如图5-2所示。

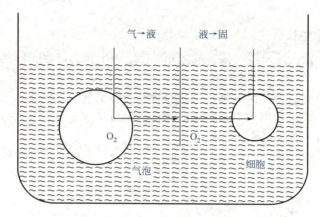

图 5-2 发酵液中氧气的传递过程

由于氧气从气相进入到液相的阻力大于从液相到固相的传递阻力,所以加快氧气的溶解速度就能提高氧气总传递速度。

(2)提高氧气传递速度的途径 影响氧气溶解度的因素有多种,气液界面上的传质阻力是主要因素。

气液界面上的传质阻力主要来源于气膜和液膜滞流底层,滞流底层越厚,液体的黏度越大,阻力越大,传质阻力也越大。因此,破坏滞流底层、降低液体黏度是提高氧气传递速度的有效途径。

① 增强搅拌 机械搅拌可提高流体湍流程度,促使气泡变得更小、分布更均匀,减小液膜厚度、降低传质阻力;增强搅拌还可增加气液接触面积,延长气泡在反应液中的停留时间。在反应器内壁设置挡板,可以改善反应液体的流型,增加湍流,减小传质阻力、提高传氧速度。

机械搅拌产生的剪切力会伤害细胞,针对微生物细胞、植物细胞和动物细胞设计成不同的搅拌器可减小剪切力。

② 提高通气速率 空气流量越大,氧气传质面积增大数量越多,溶解氧浓度就越高。通气能起到一定的搅拌效果,但是通气量过大将产生大量泡沫,造成溢罐,还会形成气泡的"过载"现象,由此降低传质速度。

③ 控制反应液体积 反应液体积增大,搅拌效果越差。减少反应液体积,能提高溶解氧的浓度。在生物反应器中加入培养基的量需要科学规定,要能达到最优反应效果。

④ 降低反应液黏度 反应液的黏度影响液膜的表面张力,进而影响液体中气泡合并的难易度。液体中气泡液膜的表面张力加剧气泡的合并倾向。随着生物反应的进行,反应液中细胞分泌物增加,黏度变大,小气泡合并成大气泡,出现起沫现象。加入消泡剂,可以降低液膜的表面张力,阻止气泡的合并。但另一方面,消泡剂也改变了液膜的组成,增加了液膜的传质阻力,降低了气液界面的流动性,在一定程度上反而降低了氧气溶解速度。

【知识拓展】

1928年,英国细菌学家弗莱明首先发现了青霉素,1941年前后英国牛津大学病理学家霍华德·弗洛里与生物化学家钱恩分离与纯化出青霉素,并发现其对传染病的疗效。目前所用的抗生素大多数来自于微生物培养液。

二、生物反应模式

1. 生物反应器

人们对生物反应器的利用有着悠久的历史。在早期的奶酪生产中，用牛胃盛装牛奶，牛胃中的活性物质把牛奶转化为奶酪，牛胃便是生物反应器。人工制造的发酵罐、动植物细胞培养器是机械类生物反应器。

生物反应器若按是否通氧划分则可分为通风发酵设备、嫌气发酵设备。以反应主体可分为微生物反应器、植物细胞反应器、动物细胞反应器、酶反应器，从结构特征上可划分为罐式反应器、管式反应器、塔式反应器、膜式反应器等。

生物制药是上游生物技术和下游生物技术具体实施的过程，通过生物反应将上游生物技术产物转化成末端产物生物药品。所以，生物反应器是实现产品工业化生产的关键设备，如图5-3所示。

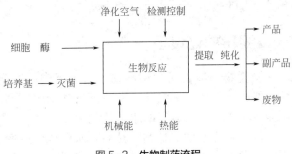

图5-3　生物制药流程

2. 生物反应器的操作类型

生物反应过程可分为分批操作和连续操作两种类型。分批培养是生物反应中广泛使用的一种操作模式，按照培养液体积与时间变化关系，可分为如图5-4所示的几种操作方式。

（1）简单分批培养　培养基一次性加入，培养完成后将培养液全部放出。简单分批培养操作结果重现性好，曾在生物工业上广泛采用。

（2）补料分批培养　根据培养液营养成分的消耗情况将分批次加入某一种或几种营养成分，培养结束后全部放出。补料的速度可以视发酵培养状况而定，通常采用自动控制的方式进行。这是目前生物培养的主流工艺。

（3）反复分批培养　指在简单分批培养时放出大部分培养液，余下少量作为种子液，补加培养基后重新培养，如此反复直至生物反应不能再延续时为止。这种方法可以节省种子制备、反应器清洗和灭菌的操作时间，提高反应器的工时利用率；但在反复培养过程中，容易发生种子污染和变异，导致生产能力下降，因而在大规模培养中较少使用。

（4）反复补料分批培养　这种方式又称为半连续发酵，指在分批培养中多次补料直至反应器内培养液体积达到最大后，将培养液放出一部分再继续补料，隔一段时间后再放出同样体积又继续补料，如此反复操作，直到最后将培养液一次性全部放出。这种方式可以显著提高反应器的容积利用率，在补料分批培养的基础上进一步增加了生产效率。

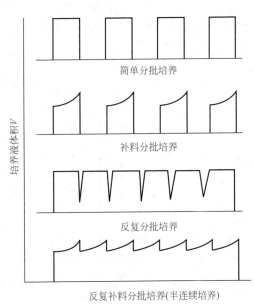

图5-4　分批培养类型

单元二　培养基预处理设备

培养基预处理过程由淀粉水解制糖、配制培养基、培养基灭菌等操作单元构成，培养基预处理是生物制药生产过程的起始工段。

一、淀粉糖化设备

微生物不能直接利用淀粉，需水解成还原糖后才能吸收利用。淀粉的糖化方法有酸解法、酶酸水解法和酶解法。其中酸解法产生的副产物多，杂质难以分离，在实际应用中受到限制，本单元主要学习酶水解法制糖。

淀粉首先水解成糊精，然后再水解成还原糖，此过程称为淀粉的糖化。糖化过程的加热保温设备有套管式连消塔、喷嘴式连消塔、喷射器、薄板换热器、维持罐等。

1. 加热设备

（1）**连消塔**　图5-5（a）是套管式连消塔，塔高2～3m，由蒸汽导管和外套管组成。蒸汽导管壁设计有小孔，小孔分布呈下密上疏，小孔的总截面积等于或小于导入管的截面积。操作时，料液从塔的下部由增压泵送入外套管内，流速约为0.1m/s；蒸汽从塔顶进入蒸汽导管，经小孔喷出后与培养基直接混合加热，培养基的停留时间为20～30s。

图5-5（b）是喷嘴式连消塔，其主要部件有喷嘴、蒸汽进口、料液进口、挡板和筒体。培养液从底部的料液进口进入喷嘴中并射向挡板；蒸汽从蒸汽进口通入，在喷嘴处与培养液快速混合后射到挡板上，被挡板均匀分散再次混合后进入筒体而流出。也可以将两个喷嘴式连消塔重叠起来使用，使培养液经两次加热灭菌后排出，增强灭菌效果。

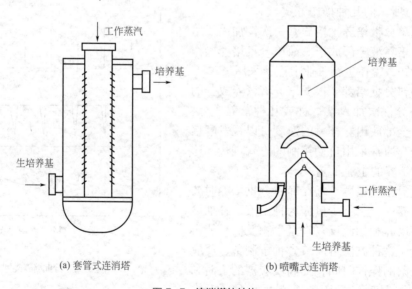

(a) 套管式连消塔　　(b) 喷嘴式连消塔

图5-5　连消塔的结构

（2）**喷射器**　喷射器的构造与水力喷射泵相同，如图5-6所示。

蒸汽和培养液在喷射器的吸入室中混合均匀，在喉管和扩大段进一步混合均匀后排出。喷射式加热器可将培养基在几秒内加热到110℃以上。

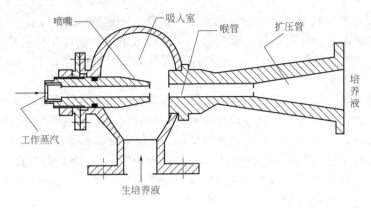

图 5-6 喷射器

（3）**维持罐** 维持罐又称为层流塔，是长圆筒形耐压容器，高为直径的 2～4 倍，主要用于将温度维持在一定的水平，确保物料的灭菌效果。其结构主要由筒体、夹套、进料管、出料管、排尽管和测温口组成，如图 5-7 所示。

维持罐设计安装有无菌呼吸口，以保证外界微生物不能进入维持罐内。维持罐的有效体积应能满足维持时间 8～25min 的需要，填充系数为 85%～90%。

图 5-7 维持罐

2. 糊化锅和糖化锅

淀粉糖化设备有糊化锅和糖化锅，在糊化阶段水解成糊精，糊精在糖化阶段被水解成单糖或二糖。

（1）**糊化锅** 糊化锅用来加热煮沸淀粉原料使其液化和糊化，组成糊化锅的关键部件有锅盖、锅体、夹套和搅拌器等，如图 5-8 所示。

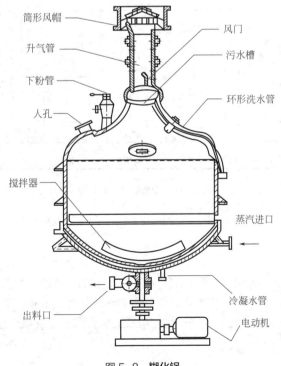

图 5-8 糊化锅

在锅盖上设计有下粉管、升气管、污水槽、人孔、观察窗；在升气管上设计有风门、风帽、环形槽；在锅体上设计有夹套，蒸汽进口和冷凝水出口都设计在夹套的下部；由电动机带动的搅拌器安装在锅底部。为清洗锅体内壁，设计安装了环形洗水管。糊化锅通过支撑座安装在钢筋混凝土支架上。

淀粉类原料从下粉管放入锅内溶液中，蒸汽进入夹套释放热量成冷凝水排出，锅内产生的水蒸气沿升气管上升，部分蒸汽形成冷凝水沿升气管内壁流入环形槽后由排水管排出，为防止锅内局部过热，开启电动机对溶液进行搅拌，促使溶液体系受热均匀。

糊化锅生产能力大，在发酵法生产抗生素工业中应用较广，在基因药物的生产中使用较少。

（2）**糖化锅**　糖化锅是糊精水解成单糖或二糖的反应容器，其结构与糊化锅相似，但体积更大，约为糊化锅体积的2倍。

将糊化后的料液输送到糖化锅中降温后加入糖化酶，将温度保持在一定的范围，经一段时间后料浆即可糖化完毕。

在糖化过程中，糊精水解成单糖或二糖，也有少量的蛋白质进行了水解。

3. 双酶制糖工艺

双酶制糖工艺是利用淀粉酶和糖化酶催化水解淀粉。α-淀粉酶又称淀粉液化酶，只作用于淀粉α-1,4-葡萄糖苷键，将长链的淀粉水解成短链糊精，即使淀粉液化，产物以短链的糊精为主，含有少量的葡萄糖。糖化酶可作用于α-1,4-葡萄糖苷键或α-1,6-葡萄糖苷键，可将糊精完全水解为葡萄糖或麦芽糖，即淀粉的糖化。

双酶制糖工艺就是利用上述两种酶水解淀粉的完全糖化工艺。其工艺流程包括四个操作单元：调浆、液化、糖化和过滤。生产设备主要有糊化锅、糖化喷射器、维持罐、冷却装置等。双酶制糖工艺流程如图5-9所示。

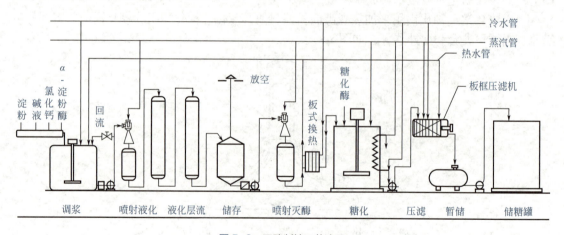

图 5-9　双酶制糖工艺流程

【课堂互动】

取3g玉米淀粉放入200mL烧杯中，加入100mL蒸馏水搅拌混匀，加热到95℃直至糊化，降温至40℃左右。用清水漱口3次，再口含20mL蒸馏水5min，吐入玉米淀粉糊中搅拌混匀，在55～65℃保温直至清水状态，用淀粉试纸检查清液，观察现象，说明原因。

二、培养基灭菌设备

由于杂菌对生物反应的影响,在生物反应前必须对培养基和反应设备进行灭菌。灭菌方法有物理灭菌、化学灭菌和辐射灭菌,如蒸汽加热灭菌、紫外线灭菌、消毒剂灭菌及膜过滤灭菌等。加热灭菌又可分为干热灭菌和湿热灭菌。在湿热灭菌中,蒸汽灭菌是一种简便、价廉、有效的灭菌方法,在企业中应用广泛。本节将重点介绍常见的蒸汽灭菌设备。

1. 蒸汽灭菌

生物反应常在水溶液中进行,蒸汽能深入到液体内部,并迅速穿透细胞壁,使细胞整体升温,致使细胞内蛋白质凝固失去生物活性,从而终止了细胞的新陈代谢过程。

研究发现,控制蒸汽压力为 $1.05 kgf/cm^2$($1 kgf/cm^2 = 98.0665 kPa$),灭菌温度为 $121.3℃$,经过 15～30min 灭菌可杀灭培养基中的所有细胞。

2. 高压蒸汽灭菌锅

由于带夹套的耐压容器很容易满足培养基对灭菌条件的要求,因而工程上常采用高压蒸汽灭菌锅进行灭菌。高压蒸汽灭菌锅有立式和卧式两种,实验室常用立式高压蒸汽灭菌锅,工业上采用卧式高压蒸汽灭菌器。

(1) **高压蒸汽灭菌锅的结构**　高压蒸汽灭菌锅由内锅、外锅、门盖、压力表、温度计、排气阀、安全阀、电热管、蒸汽发生器等部件构成,如图5-10所示。

图5-10　高压蒸汽灭菌锅

高压蒸汽灭菌锅的内锅是对培养基进行灭菌的场所,配有铁箅以放置灭菌物品。外锅又称夹套,连接了用电加热的蒸汽发生器,用于盛装水和贮存蒸汽。夹套包有石棉或玻璃棉绝热层以防热损失。

门盖是高压蒸汽锅重要的部件,要求能承受高压和良好的密封性能。门盖锁紧装置一般是移位卡扣快开式结构,可用罗盘或手轮启闭。

高压蒸汽灭菌锅外锅和内锅各安装一个排气阀,用于排除空气。新型灭菌器在排气阀外装有气液分离器,内用膨胀盒控制活塞。以空气、冷凝水与蒸汽之间的温差控制排气开关,在灭菌过程中可不时排出空气和冷凝水。

为避免灭菌压力过高发生安全事故,在门盖上安装了安全阀。安全阀的活塞由可调弹簧控制,通常调在额定压力之下工作。当锅内压力超过额定值时,安全阀即可自动放气减压,从而避免事故的发生。

高压蒸汽灭菌锅温度计有两种，其一是将水银温度计装在密闭的铜管内，焊插在内锅中构成直插式温度计；另一种是将温度传感器安装在内锅的排气管内，显示器安装在锅外顶部，构成感应式温度计。根据温度计的读数可调节锅内温度的高低。高压蒸汽灭菌锅的压力表属于弹簧式压力计，电加热器是可调电热管。

（2）高压蒸汽灭菌锅的操作与维护 高压蒸汽灭菌锅的型号不同，操作方式有所区别，但基本的操作规程和手动蒸汽灭菌锅相同。手动蒸汽灭菌锅操作规程介绍如下。

将灭菌器内清洗干净，检查进气阀及排气阀是否有效，并在水箱内加注适量水。然后将待灭菌的物品放入灭菌器内，间隔合适，以免影响蒸汽的流通和灭菌效果。再扣上门盖，旋紧密封。开启电加热按钮，排除冷空气，当排气阀有蒸汽排出时关闭排气阀。继续加热升温使压力升至额定值时，调节热源，或者微开排气阀，使锅内蒸汽压力恒定在额定值。维持温度达到规定时间后停止加热，缓慢排气，待其压力下降至零时，方可打开取物。在灭菌工作中，要事事注意安全，处处防止事故，落实安全生产责任制，搞好安全确认联保。

3. 培养基连续灭菌设备

在工业化生产中，培养基的灭菌常采用连续操作方式，培养基受热时间短，营养成分破坏少，蒸汽负荷均衡，灭菌效果容易控制，便于自动生产。

根据加热器的类型，培养基灭菌可分为连消塔加热连续灭菌流程、喷射加热连续灭菌流程和薄板加热连续灭菌流程。

（1）连消塔加热连续灭菌流程 如图5-11所示是培养基连消塔加热连续灭菌流程。待灭菌的培养基由泵送入连消塔的底部，料液被蒸汽直接加热到灭菌温度，再由顶部流出进入维持罐，停留保温一定时间后，再送入喷淋冷却器冷却至常温。

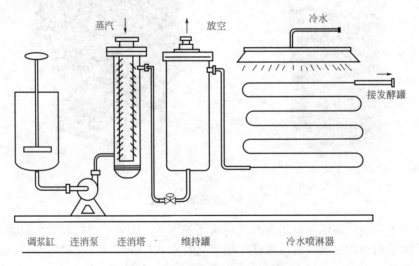

图5-11 连消塔加热连续灭菌流程

在连消塔连续灭菌流程中，维持罐的体积较大，物料流动存在返混现象，从而使培养基受热不均匀而产生局部过热或灭菌不足的现象，影响培养基灭菌的质量；同时还因喷淋冷却管道长易堵塞，因而不适用于黏度大、固体含量高的培养基的灭菌。

（2）喷射加热连续灭菌流程 如图5-12所示是喷射加热连续灭菌流程。蒸汽从喷嘴中高速喷出，与培养基瞬间混匀并将其加热到灭菌温度。高温培养基进入维持段管道中保温灭菌，可根据灭菌时间要求确定管道的长度。灭菌后的培养基经膨胀阀进入真空冷却器闪急冷却。

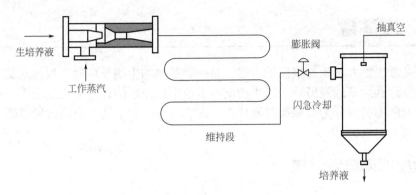

图 5-12 喷射加热连续灭菌流程

喷射加热连续灭菌流程是目前常用的培养基灭菌方法，其特点是加热、冷却过程极为短暂，即使温度升高到140℃也不会引起培养液的严重破坏。因维持管道返混程度很小，可保证物料的先进先出，避免了培养基在灭菌过程中局部过热或灭菌不充分的现象发生。

（3）薄板加热连续灭菌流程　薄板加热连续灭菌物料流动过程如图5-13所示。培养液在薄板换热器中可同时完成预热、加热灭菌、维持及冷却过程。尽管加热和冷却灭菌的时间比喷射式连续灭菌稍长，但灭菌周期较间歇灭菌短得多，并且能节约加热蒸汽和冷却水的消耗。

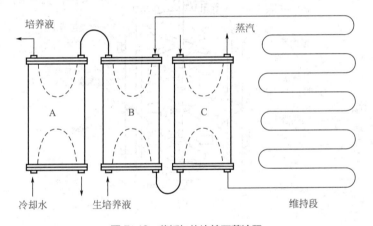

图 5-13 薄板加热连续灭菌流程

由于薄板换热器特点是单位体积的热交换面积大，传热系数高，换热面积可根据需要改变，拆卸清洗和设备维护方便，所以近年来得到广泛的应用。其缺点是换热器内流体通道较狭窄，对稠厚的培养基流动阻力较大。

【案例分析】

实例：在果酱生产中要进行灭酶处理，某生物工程公司采用薄板加热灭酶，经常发生污垢阻塞事件，后改为喷射器加热再没有污垢堵塞事件发生。

分析：果酱固形物含量高，容易沉积在管道、器壁上形成污垢，薄板换热器孔道小，形成污垢后容易堵塞，只能停产清洗后才能使用。

喷射泵喉管口径大，且高压蒸汽的高速喷射具有冲刷的作用，即使在器壁上沉积了污垢也会被冲刷掉，从而避免了堵塞事件的发生。

单元三　发酵罐

发酵罐是微生物大量生长繁殖的容器,是一类重要的生物反应器。根据结构不同,可分为好氧式发酵罐和厌氧式发酵罐。在生物制药工业中所使用的是好氧式发酵罐,又叫通风发酵罐。通风发酵罐又可分为机械搅拌通风发酵罐、气升式发酵罐、自吸式发酵罐、鼓泡塔式发酵罐等类型。

一、机械搅拌通风发酵罐

机械搅拌通风发酵罐利用搅拌器使空气和发酵液充分混合,促进氧在发酵液中快速溶解,满足微生物生长代谢对氧气的需要。机械搅拌通风发酵罐的主要部件有罐体、搅拌器、挡板、空气分布器、换热器、消泡器、人孔、视镜等。如图5-14所示。

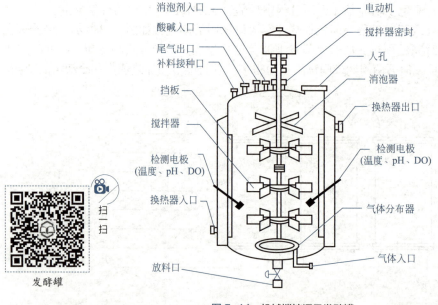

图5-14　机械搅拌通风发酵罐

(1)**罐体**　罐体是空心圆柱体上下两底焊接封头后所构成的容器。发酵罐的罐体是长圆柱体,圆柱体高径之比在1.7～3的范围内,发酵罐的封头有椭圆形和碟形两种,小型发酵罐则采用法兰。发酵罐一般采用304不锈钢材料制成,要求能耐受130℃的高温和0.25MPa的绝对压力。电动机可设置在罐体的上面或下面,经过减速箱与搅拌器相连。在罐顶的封头上设置有进料管、无菌呼吸口、接种管、人孔、视镜、压力表和取样管等。罐侧壁上设计有各种检测仪器接口以及保温溶剂进出口,无菌压缩空气从罐底部空气分布管进入发酵液。在搅拌器的上部设计消泡装置。

(2)**搅拌器**　搅拌器安装在搅拌轴上,起着将空气分散成气泡并与发酵液充分混合,提高溶解氧速率的作用。搅拌器叶轮主要有涡轮式和螺旋桨式两种。

涡轮搅拌器结构简单,通常是在中央圆盘上设置六个叶片,根据叶片的形状又可分为平叶式和弯叶式,如图5-15(a)、(b)所示。前者是典型的搅拌器形式,有很好的气泡分散效果,但容易在叶片后面形成气穴,影响气液传质;后者采用弯曲的叶片,减少了气穴的形成,提高了载气能力。

为减少气穴发生，常在罐内壁上设置折流板，促使径向层流改变为轴向对流，增加溶解氧速率，强化传质效果。有些罐内设置的竖管换热器也有一定的挡板效果。

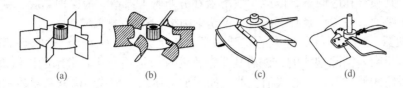

图 5-15　常见搅拌器
（a）平叶式；（b）弯叶式；（c）MaxFlo式；（d）A315式

螺旋桨式搅拌器采用类似螺旋推进器的结构，在发酵罐内形成由下向上的轴向螺旋运动，与涡轮式搅拌器相比，混合效果较好，但气泡分散程度较差。图5-16是这两类搅拌器的搅拌效果示意图。

根据气液扩散原理，气液混合主要通过主体对流、涡流扩散与分子扩散三种混合方式实现。涡轮式搅拌器可增强涡流扩散效果，气泡分散性好，但主体对流混合较差，容易产生层流。螺旋桨式搅拌器可在轴向强化主体对流混合，但涡流扩散效果较差，气泡分散性较弱。在有些发酵罐中，常常将两类搅拌器组合使用，既强化气泡的分散，又增强了发酵液的整体混合效果。多级多种搅拌组合方式是目前大型发酵罐的发展方向。

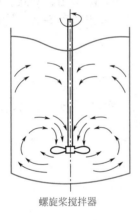
螺旋桨搅拌器

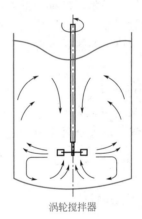
涡轮搅拌器

图 5-16　不同搅拌器的搅拌状态

（3）**轴封**　搅拌器的搅拌轴与罐体间的缝隙通过轴封实现密闭。发酵罐上常采用单端面或双端面机械轴封。端面机械轴封由动环和静环构成，制作动环的材料是碳化钨钢，制作静环的材料是聚四氟乙烯，动环和静环具有耐热性好、摩擦系数小等特性。端面机械轴封的辅助元件是O形密封圈，动环通过O形密封圈固定在搅拌轴上，静环通过O形密封圈固定在机座上。在弹簧推动力作用下，动环和静环的光滑硬质合金端面紧密贴合，达到密封效果，如图5-17所示。

（4）**空气分布器**　通常有单管式和环管式两种结构，管上密布了直径为2～3mm的喷气孔，其

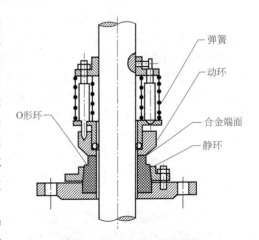

图 5-17　双端面机械轴封装置

作用是使空气均匀分布。前者是大型发酵罐中经常采用的形式，管口正对发酵罐的底部，与罐底距离约40mm。环管式结构简单，由一根环形管道制成，其上也分布有喷气孔，常固定在罐体底部，其喷气孔应向下，以减少发酵液在分布管上滞留。为保护罐底，减轻气体冲击对罐底造成的腐蚀，常常在罐底中央衬上不锈钢圆板，称为补强板。

（5）消泡器　通气搅拌条件下的发酵经常会产生大量的泡沫，严重时会导致发酵液外溢，增加染菌机会。消除泡沫的方法有化学消泡法和机械消泡法。常用的机械消泡器有：耙式消泡器、涡轮式消泡器和离心式消泡器。如图5-18所示为耙式消泡器和涡轮式消泡器。

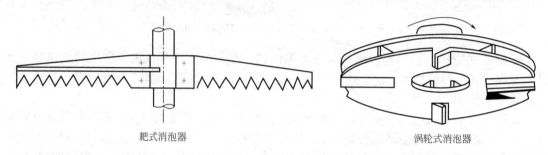

图5-18　消泡器

耙式消泡器和涡轮式消泡器安装在罐内上部，离心式消泡器则安装于发酵罐的排气口处。

（6）换热器　发酵罐的换热器有夹套式和管式两种。小型罐采用夹套式，以减少罐内的结构，但传热效果差。大型罐中，常采用盘管式和竖管式，分组对称安装在罐内壁上，这种换热器传热速度快，换热效果好。

【知识拓展】

无培养基时对发酵罐管路和罐体系统消毒杀菌称为"空消"，加入培养基后对培养基、管路和罐体系统的消毒杀菌称为"实消"。

二、气升式发酵罐

气升式发酵罐由罐体、导流筒、循环管、空气喷嘴等部件组成。在气升式发酵罐中没有机械搅拌器及相关装置，采用高速气流和密度差带动发酵液流动、混合。常见的有环流式、鼓泡式、空气喷射式等气升发酵罐。按发酵液流动方式，环流式发酵罐又可分为内循环和外循环两种，内循环方式中，又有中央导流筒式和双带导流式，如图5-19所示。

压缩洁净空气从底部进入罐体以250～300m/s的速度喷入发酵液，喷入的空气以气泡的形式分散于液体中。含大量气泡的发酵液沿循环管上升。在上升过程中，气泡中的氧气溶解于发酵液内，过量的气泡在罐的顶部释放出来，发酵液气含率下降，形成富含溶解氧和较少气泡的液体。由于发酵罐上部液体气泡少密度大、下部液体气泡多密度小，在密度差和重力作用下，上部液体沿循环管下降、下部液体上升，形成发酵液在发酵罐内的循环流动。空气喷嘴高速喷出的空气也推动发酵液沿循环管流动。发酵液的循环流动形成混合与传质，促进了氧气的溶解。

气升式发酵罐的结构简单、能耗低、液体中的剪切作用小，在同样的能耗下，氧的传递能力高于机械搅拌式发酵罐。因搅拌力弱，气升式发酵罐不适用于黏度高或固含量大的发酵液。

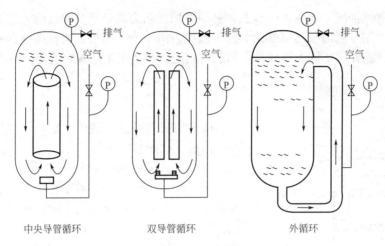

图 5-19　气升式发酵罐

三、自吸式发酵罐

自吸式发酵罐的特点是不需要空气压缩机，仅利用搅拌吸气装置或液体喷射吸气装置，将无菌空气吸入罐中，实现混合与传质。如图 5-20 所示。

机械搅拌自吸式发酵罐组成与机械搅拌通风发酵罐相似，但机械搅拌系统设置于罐的底部。自吸式发酵罐搅拌器的关键部件是吸气转子，吸气转子由三棱空心叶轮与固定导轮组成，搅拌轴为中空，与进气管相连，在电动机的驱动下空心叶轮快速旋转，甩出液体后叶轮中心成真空，罐外无菌空气在大气压力推动下进入罐内，吸入的气体在叶轮周围分散成细碎的气泡，形成了强烈的气液湍流，气泡中的氧气随之扩散到发酵液中，在搅拌的同时完成了氧气的溶解过程。

文氏管自吸式发酵罐既不用空压机，也不用机械搅拌吸气转子，采用的是喷射装置。其具有气液固三相混合均匀、分散度高、溶解氧速率高、传热性能好、结构简单、附属设施少、投资省以及能耗低等优点。

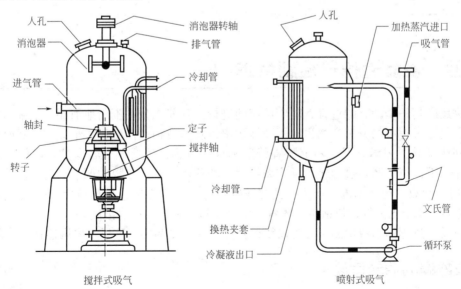

图 5-20　自吸式发酵罐

自吸式发酵罐抽吸力不强，吸程低，必须采用低阻力高效空气除菌装置过滤空气，此种类型的发酵罐适用于低需氧量醋酸菌和酵母菌的发酵生产。另外，机械搅拌自吸式发酵罐的叶轮转速较高，能在转子周围形成较强烈的剪切区，不适用于某些对剪切力敏感的微生物。

四、鼓泡塔式发酵罐

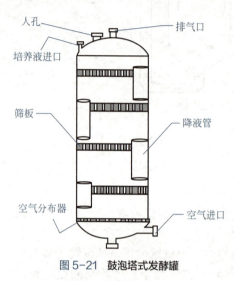

图 5-21　鼓泡塔式发酵罐

鼓泡塔式发酵罐由塔体、筛板、空气分布器、降液管组成，如图 5-21 所示。

鼓泡塔式发酵罐的高径比约为 1∶7，罐内安装有若干块筛板，空气分布器安装在塔底部，在该种发酵罐中，降液管具有液封的作用。压缩空气由罐底导入，经空气分布器后，穿过筛板气孔，逐板上升。发酵液充满塔体。在空气泡上升的过程中，密度小的含气发酵液也随之上升，上升后的发酵液释放空气泡，密度增大，在密度差和重力作用下又沿降液管下降，从而形成循环。空气泡的上升和发酵液的循环流动，产生气液混合效果，促进了氧气的溶解。

鼓泡式发酵罐省去了机械搅拌装置，造价低且没有液封染菌现象，因而使用范围较广。如果培养液浓度适宜，操作得当，在不增加空气流量的情况下，基本上可达到通用发酵罐的发酵水平。

【知识拓展】

连接在机械搅拌通气发酵罐上的管路有空气管路、蒸汽管路、冷水管路、循环水管路和下水管路。蒸汽管路和空气管路设计有减压阀与无菌过滤器，循环水管路连接在加热水箱上，安装有热水泵和单向阀，在温度控制器控制下自动完成热水与冷水交替输送的任务，以保持稳定的发酵温度。

单元四　发酵罐信号控制系统

生物反应是一个动态的过程，随着反应的进行，营养成分在不断地消耗，新细胞在不断地产生，代谢过程中的分解产物也在不断地积累，发酵液物理性质和化学性质不断改变。为了获得量大质优的发酵产品，有必要在线监测反应过程，适时调节各参数，以使生物反应在最优条件下进行。监控过程包含反应系统信息的获得和工艺参数的调节。需要监控的项目有：① 物理参数，包括温度、压力、搅拌速度等；② 化学参数，包括液相 pH、氧气和二氧化碳的浓度；③ 生化参数，包括生物体量、生物体营养和代谢产物浓度等。

生物反应过程的参数检测可分为在线检测和离线检测两类。这里主要讲述在线检测。

一、发酵罐的信号传递

发酵过程自动化控制包括两个环节，首先是通过在线检测仪器获取发酵罐系统中的各种数据，通过变送器转换成电信号输入到数据处理器，其次是在数据处理器中，各种数据的电信号被处理成各种指令，以执行信号的形式指挥自动控制系统，完成相应的指令动作。

将检测仪器安装在系统直接测试生产中各参数的过程称为在线检测。温度传感器、pH电极、溶解氧电极、转速测定仪等是发酵过程在线检测仪器。

1. 发酵液中温度的调控

温度传感器感应发酵罐内的水温，将信号传递至温度控制仪，与设定温度进行比较，由温度控制仪控制冷却水进罐阀门和水浴加热装置，通过罐内的换热装置来调节发酵液温度，如图5-22所示。

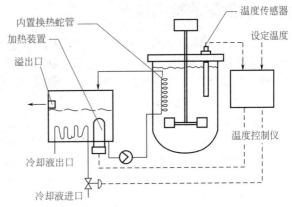

图 5-22　**发酵罐温度控制系统**

2. 发酵液中 pH 的调控

发酵罐pH的控制是依靠向罐内滴加酸或者碱来完成的。当测得发酵液中的实际pH后，将电信号传递到pH放大控制仪，该仪器可以启动并控制酸、碱泵动作，向罐内滴加酸、碱液，通过实时的pH检测和酸、碱泵流量的调节，来实现发酵液pH的实时调控，如图5-23所示。

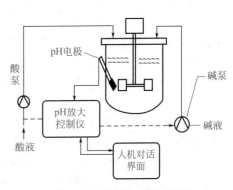

图 5-23　**发酵液 pH 控制系统**

3. 发酵液溶解氧浓度的调控

发酵过程中影响溶解氧的因素主要有搅拌速度、通气量、罐压以及发酵液的体积和性质等。在分批培养中发酵液体积固定不变，发酵液性质随发酵进程而改变。另外，罐压的变化对罐体内各气体分压有影响，而频繁改变罐压对溶解氧浓度影响较大，且对细胞生长十分不利，所以在实际发酵工作中，常通过调节通风量和搅拌器转速来调控溶解氧浓度，如图5-24所示。

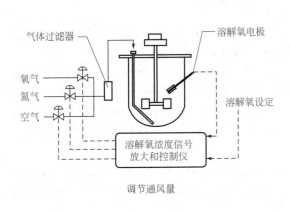
调节通风量

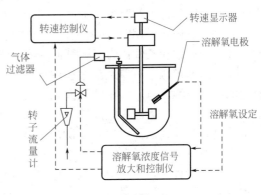
调节搅拌转速

图 5-24　**发酵罐的溶解氧控制系统**

好氧发酵需要足够的溶解氧浓度，溶解氧浓度是重要的工艺参数，增大空气流量可向发酵液输入更大的氧气量，加快搅拌转速可促进氧气的分散、增大溶解氧浓度，因此，可通过调节通风量和搅拌转速来调控溶解氧浓度。

二、发酵罐的检测仪器

安装在发酵罐上的各种传感器应具有反应灵敏快速、结构简洁无死角、选择性高的特点，并且具有耐腐蚀、耐高温、耐高压和无污染的功能特性。

（1）**温度计**　在发酵过程中温度检测范围是 0～150℃，常用的温度传感器是铂电阻温度传感器，铂金属的电阻值与温度的变化成正比关系，温度越高电阻越大电流越小，根据电流变化情况设计成通断程序，调控加热或冷却动作。铂电阻温度传感器具有精度高、稳定性强、输出线性好的优点，是当前生物反应器的标准配置。

（2）**压力表**　发酵罐的压力表有直读式和数显式两种，均为隔膜压力表。数显式压力表可将压力变化信号转换成电信号，经 A/D 处理器转换成数字信号显示。安装时应做到不留死角，耐热压，密封性好，以保证反应器的无菌操作环境。

（3）**pH 电极**　玻璃电极是发酵罐 pH 检测的标准配置，属于复合电极。在其柱状玻璃管内含有 KCl 参比电极液，侧壁的隔膜窗可以透过离子，离子的强度通过测量极和参比极的电位差值反映出来。其结构如图 5-25 所示。pH 电极常安装在发酵罐中下部位，采用不锈钢套保护，电极与发酵罐壁之间使用 "O" 形环密封。因 pH 玻璃电极不耐高温，因而采用蒸汽加热灭菌次数有限。

pH 电极在使用前应在蒸馏水中浸泡，以便使玻璃膜充分润湿，并采用标准缓冲液反复校准，校准方法与普通的 pH 计操作相同。

电极内的电解液容易从隔膜窗渗出而损失，应及时从填充口处补充电解液。电极不用时，应将电极头浸泡于相同的电解液中。

（4）**DO 溶解氧电极**　发酵液中溶解氧水平一般都比较低，只有通过在线检测才能准确测定溶解氧浓度，测定溶解氧浓度的传感器叫溶解氧电极 DO。溶解氧电极属于电化学电极，分为电流电极和极谱电极两种，两者的区别在于测量原理、电解液与电极组成不同，因而电化学反应也不相同。两者的基本结构相同：在电极头部有个仅允许氧分子通过的透氧膜，氧分子在阴、阳两极间产生可以测量的电流，电流的大小与参与反应的氧分子数量成正比，由此就可测得发酵液中的溶解氧浓度。如图 5-26 所示。

溶解氧电极在使用前，必须进行原位标定，即在发酵罐的安装位置上，取发酵过程中最大和最小的氧饱和条件作为溶解氧值的零及饱和浓度条件。

（5）**消泡电极**　有氧发酵过程中产生大量的泡沫，当泡沫达到一定量后需要消泡，采用消泡电极感应泡沫量。常用的消泡电极有电容电极和电阻电极。电容电极由阳电极和阴电极组成，分别安装于罐内反应液的上方，当泡沫出现时，在两个电极之间产生与泡沫量成正比关系的电容变化，从而可以定量测出泡沫量；电阻电极利用泡沫与电极接触构成电流回路的特点来检测泡沫，只能定性检测泡沫的生成与否。

（6）**流量计**　在大规模发酵过程中补加酸、碱和培养基时，采用椭圆齿轮流量计和科里奥利效应流量计进行计量，这两种流量计均有较高的精度，椭圆流量计的流量信号可转换成电信号而被显示。

检测空气的流量有质量流量型和体积流量型检测仪器，质量流量计是根据对流体的固有特性（如质量、导电性、电磁感应和导热性）的响应而设计的。在发酵罐中用的是利用导热特性设计的流量计。在没有气体流过时，沿着测量管轴向的温度大体上是左右对称的，而有气体流过时,气流进入端的温度降低,而流出端温度升高。这种温度差通过变送器转变为与质量流量呈线性关系的电信号,从而获得精度很高的流量测定值。

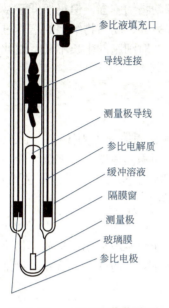

图 5-25 pH 玻璃电极的结构

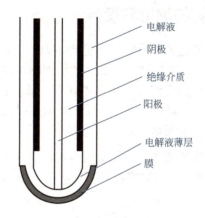

图 5-26 溶解氧电极的结构

体积流量型用的是转子流量计,转子流量计结构简单、测量可靠,缺点是容易受气体压力和湿度的影响,通常还配合安装有稳压阀和湿气冷凝器。转子流量计可以直接读数,不能输出电信号。

（7）**搅拌转速检测仪** 常用搅拌转速测定方法主要有磁感应式和光感应式,利用搅拌轴或电机轴上装设的感应片切割磁场或光线而产生电信号,此信号的脉冲频率与搅拌器转速相同,记录输出的脉冲频率就可以测定搅拌转速。

（8）**二氧化碳电极** 发酵液中溶解 CO_2 浓度可用二氧化碳电极测定。二氧化碳电极的工作原理与 pH 计类似,不同的是电极内装的是饱和碳酸氢钠溶液。二氧化碳电极经高温灭菌后必须校准才能使用。

（9）**尾气测定仪** 发酵过程中排放的气体主要含有 O_2、CO_2。O_2 含量可以用顺磁氧分析仪、极谱电位法和质谱法测定,应用最广泛的是顺磁氧分析仪。顺磁氧分析仪的工作原理是:O_2 分子具有强顺磁性,在通过磁场时被吸附而导致磁场强度发生改变,气体中 O_2 含量越高磁场强度改变越大。这种磁效应可以通过抗磁性物体受到的排斥扭力表现出来,两者间具有线性关系,因而可以测出气体中 O_2 含量。CO_2 含量可以用红外线二氧化碳测定仪测定。

（10）**细胞浓度检测** 细胞浓度是控制生物反应的重要参数之一,其大小和变化速度对细胞的生化反应都有影响。细胞浓度与培养液的表观黏度有关,间接影响发酵液的溶解氧浓度。在生产上,常常根据细胞浓度来决定补料量和供氧量,以保证生产达到预期水平。可以使用流通式浊度计在线检测发酵液全细胞浓度。流通式浊度计的工作原理与分光光度计相同,在一定浓度范围内,全细胞浓度与光密度值呈线性关系。

单元五　动植物细胞培养设备

动植物细胞培养是指动物细胞或植物细胞在离体条件下增殖的过程,增殖后的产物是细胞而不是动植物组织。

动植物细胞要求生长环境具有恒温、弱剪切力、最适 pH、最适氧气、无杂菌等特点。动物细胞很容易受到剪切力的伤害，植物细胞耐受性较动物细胞强，但仍然低于微生物。因此，在动植物细胞培养过程中不能产生较大的剪切力。另外，动植物细胞的培养过程是一个耗氧的过程，但耗氧量不及微生物大，过量气泡和氧浓度对细胞的生长不利，因此细胞培养设备有其独特的设计要求。

一、动物细胞培养设备

动物细胞无细胞壁，耐受剪切力弱，而且必须贴附在固体或半固体壁上才能正常生长，即具有贴壁培养特性。因此，动物细胞培养器要具有大面积固体壁，在溶解氧传质时不产生或产生弱小的剪切力，这样才有高产量。适合于动物细胞培养的生物反应器主要有三大类：贴壁培养反应器、悬浮培养反应器和贴-悬浮培养反应器。

1. 滚瓶和膜反应器

（1）**培养瓶** 动物细胞培养瓶有扁瓶和滚瓶两种，如图 5-27 所示。扁瓶容量小，适合于实验室使用；滚瓶的容积从 4～40L 大小不等，是目前许多生物制品厂培养动物细胞的主要生产设备。

图 5-27 动物细胞培养瓶

（2）**膜反应器** 培养瓶的贴壁表面积与瓶体积之比约为 0.35，接种培养均为手工操作，劳动强度大，限制了培养规模的扩大。中空纤维膜是多孔膜，膜孔直径小于细胞直径，氧气与二氧化碳等小分子可以自由穿过膜进行双向扩散，细胞和生物大分子则不能通过。将成束的中空纤维管以列管方式密封在一矩形容器中，再从容器的两端分别安装管程和壳程流体的进出口，由此可制成培养细胞的膜反应器，如图 5-28 所示。

采用蠕动泵等卫生泵将充氧培养液输送入中空纤维膜的管道内，培养液中的水分、氧气以及其他营养成分则穿过半透膜进入夹套，夹套中的内壁和中空纤维管外壁都贴附有动物细胞，动物细胞则吸收穿过中空纤维膜的氧气和养分进行新陈代谢。细胞代谢产物和生长成熟了的细胞则随培养液由夹套出口排出。

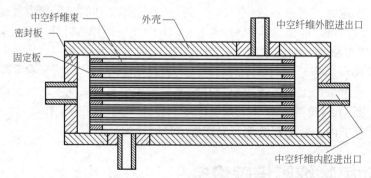

图 5-28 中空纤维细胞培养反应器

由于中空纤维管非常细小，其外壁有着巨大的表面积，平均每米中空纤维管所提供的表面积可达数千平方米，因而可以进行大规模细胞培养。但是，膜反应器具有反应空间狭小致使细胞生长速度缓慢、贴壁生长的细胞容易堵塞管壁上的微孔而降低半透膜的通透性，以及堵塞后不易清洗和维护等缺点。另外，纤维管损坏后往往无法维修，常导致整台设备报废，容易带来较大的经济损失。

2. 悬浮培养设备

将机械搅拌通风式发酵罐经过减小其搅拌剪切力，调整消泡装置避免大量气泡的产生后，可用于动物细胞的悬浮培养，改造后的搅拌器是特制的。如图5-29所示是一种通气搅拌式动物细胞反应器，称为笼式通气搅拌反应器。反应器内有一个电磁驱动的圆筒状旋转搅拌笼，搅拌笼由中空的搅拌内筒、3个中空吸管搅拌桨叶以及网状笼壁组成的环状区组成，如图5-30所示。吸管搅拌桨叶在旋转中使内筒顶部形成负压，将培养液从内筒底部吸入。

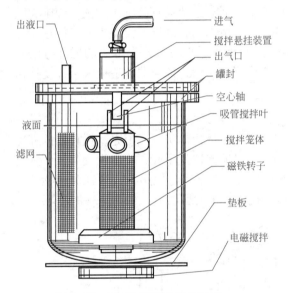

图 5-29　笼式通气搅拌反应器结构

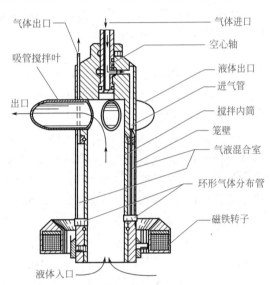

图 5-30　笼式搅拌反应器剖面结构

培养液经过内筒液流上升区向上流动，由顶部的搅拌桨叶出口排出，进入搅拌笼外部的液体下降区向下流动，再从搅拌器的底部进入内筒，构成罐内培养液体的循环流动。无菌空气通过空心轴内的空气管和环形分布管鼓泡进入反应液，形成气液混合区。笼壁由不锈钢丝网编制而成，具有较大的固体壁表面积，笼壁丝网孔径约200目，培养液和氧气可自由进出，细胞不能透过，通过笼壁的气液也无法形成气泡，从而降低了泡沫的形成。悬浮细胞随着培养液分别在搅拌内筒和搅拌笼外的液体下降区循环流动而流动，并吸收氧气和养分生长繁殖。由于在内筒与笼壁间的气液混合区培养液充氧后，气泡与细胞并不接触，因此避免了给细胞带来剪切伤害。

吸管搅拌桨叶的旋转很缓慢，为 $30 \sim 60 r/min$，形成柔和的搅拌，在保证反应液传质的同时，将剪切力降到了最低程度。

笼式通气搅拌反应器也可以用来进行微载体细胞悬浮培养。例如，生产疫苗时进行细胞培养，就是采用了这种反应器。

3. 微载体培养设备

针对动物细胞的贴壁生长特性，采用对动物细胞有很好亲和性的微小球体作为载体，使动物细胞贴附在微小球体上,将其悬浮在培养液中进行培养的方法叫微载体培养法。这种培养方式结合了贴壁与悬浮两种培养方法的特点,适合于大规模动物细胞培养。

微载体可以用不锈钢、玻璃环、玻璃珠、光面陶瓷、塑料等材料做成实心载体,也可以用多孔玻璃、多孔陶瓷和聚氨酯塑料等材料制造成多孔载体。对于实心微球载体,细胞只生长在实心载体的表面,由于表面积不大,细胞密度不会太高,但比较经济,可反复使用。对于空心微球载体,细胞既可生长在表面又可生长在小孔内,可供细胞生长的表面积很大,能获得高密度培养的效果。

搅拌式通气发酵罐、气升式通气发酵罐、中空纤维培养装置、多级流化床和固定床等反应器都可以用作贴壁-悬浮培养反应器。

二、植物细胞培养设备

植物细胞有细胞壁,其抗剪切性能高于动物细胞,低于细菌或真菌细胞。植物细胞无贴壁生长特性,其培养过程与微生物培养过程比较相近。植物细胞的培养设备主要有机械搅拌式、鼓泡塔式、气升式、转鼓式和固定化式生物反应器。通常将各式发酵罐的搅拌方法和通气系统改造后,即可用来进行植物细胞培养。如把圆盘涡轮式搅拌器改造成大平叶搅拌器后,发酵罐可用来进行烟草细胞的培养。

1. 机械搅拌式设备

机械搅拌通风发酵罐具有通气量大、混合快、氧气渗透快等优点。但是,搅拌器的高速转动会产生很强的剪切应力,容易损伤植物细胞。如果搅拌器是平叶式或者螺旋桨式,则需将搅拌转速控制在 50～100r/min。将多个不同类型的搅拌器组合使用,或者针对植物细胞的生长特点设计不同类型的搅拌形式,也可降低因搅拌带来的剪切力,如图5-31所示。

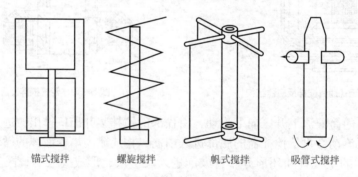

图5-31 植物细胞反应器的常见搅拌形式

2. 气升式设备

目前在各式植物细胞培养过程中,使用较多的是气升式发酵罐。气升式发酵罐结构简单,没有泄漏点和死角,既有较好地防止杂菌污染的性能,又能在低剪切力下达到较好的混合与较高的氧传递效果,且操作费用较低,但进行高密度培养时混合不够均匀。

3. 鼓泡塔式设备

鼓泡塔式生物反应器依靠喷嘴及多孔板实现气体渗透扩散作用,可以在很低的气速下培养植物细胞。由于没有运动部件,操作不易染菌,同时在无机械能输入情况下,提高了较高的热量和质量传递,因而适用于对剪切力敏感的细胞培养,放大相对容易。其缺点是流体流动形式难以确定,混合不匀,缺乏有关反应器的参考数据。

4. 转鼓式设备

转鼓式生物反应器是通过转动促进反应器内氧及营养物的混合，通过设置挡板提高氧的传递，在高密度培养时有高的传氧能力。对于高密度培养，转鼓式优于搅拌式。如在紫草的细胞培养中，转鼓式优于气升式和改良搅拌式生物反应器。其缺点是难以大规模生产，放大困难。

【学习小结】

淀粉双酶法制糖生产线包括调浆罐、液化喷射泵、层流塔、灭酶喷射泵、糖化罐、储罐等，生物反应培养基灭菌设备有高压灭菌锅、套管连消塔、薄板加热连续灭菌设备等。生物制药采用的反应器主要是好氧发酵罐，包括机械搅拌通风发酵罐、气流式发酵罐、自吸式发酵罐和鼓泡塔式发酵罐。将机械搅拌通风发酵罐搅拌器改进后可作植物细胞培养器，因动物细胞无细胞膜，要求培养设备产生的剪切力微弱，所以需要专门的培养设备，主要有玻璃扁瓶、滚瓶、微载体通气发酵罐、微孔膜反应器等。

生物反应器在线检测仪表一般由传感器、变送器、显示器组成。传感器检测到的信号经变送器转变成电信号，再由信号转换机转变成机械设备的动作，从而完成自动控制。常用的传感器有 pH 电极、溶解氧电极、泡沫电极、温度传感器等，通过 PLC 集成控制发挥作用。

【目标检测】

一、单项选择题

1. 机械搅拌通风发酵罐中可代替挡板作用的是（   ）。
   A. 竖管   B. 搅拌轴   C. 人梯   D. 消泡器
2. 玻璃氢电极常用来检测发酵过程中哪项参数（   ）?
   A. DO 值   B. pH   C. 温度   D. 泡沫
3. 下列不属于自吸式发酵罐优点的是（   ）。
   A. 溶解氧效率高   B. 节约投资   C. 设备体积大   D. 能耗低
4. pH 电极在不使用时，应保存于（   ）。
   A. 蒸馏水中   B. 发酵液中   C. 电解液中   D. 缓冲液中
5. 在手提式高压蒸汽灭菌器的操作中，错误的操作是（   ）。
   A. 开始加热后，等压力上到 0.05MPa 时，打开放气阀放气
   B. 压力锅冷气放完后要关闭气阀
   C. 灭菌完毕后，等压力表上的指针指示压力下降为零时，打开锅盖
   D. 灭菌前在锅内加水至水位线标记处
6. 下列反应器中对细胞的剪切力最大的是（   ）
   A. 气升式   B. 机械搅拌式   C. 自吸式   D. 中空纤维式

二、简答题

1. 简述机械通风搅拌发酵罐空气管、轴封的作用及形式。
2. 简述气升式发酵罐的特点。
3. 简述高压蒸汽灭菌操作的一般注意事项。

模块六
固液分离与设备

【知识目标】

掌握高压均质机、珠磨机、转鼓真空过滤机、碟片式离心机、高速管式离心机的结构；掌握各种膜的分离特点及所对应的膜组件；熟悉高压均质机、珠磨机的工作原理，熟悉膜过滤的基本原理；了解颗粒沉降速度的计算，了解颗粒离心沉降速度计算。

【能力目标】

能够操作精密过滤机、超滤机；学会按规程操作板框压滤机、高压均质机、高速管式离心机、冷冻离心机。

【素质目标】

结合膜分离知识的学习，查阅我国膜分离领域的成就，培养追求卓越的创新精神。创新精神是一个国家和民族发展的不竭动力，也是一个现代人应该具备的素质。

生物发酵液中存在着大量的悬浮颗粒，如菌体、细胞和细胞碎片等，为获得目标产物，常常对其进行固液分离。由于菌体、细胞及细胞碎片具有可压缩性，所以需要通过加热、调节 pH 值、凝聚和絮凝等预处理后，采用相应的非均相分离设备进行分离。常用的非均相分离设备有板框压滤机、离心机、膜过滤器等。

单元一 沉降设备

在发酵液预处理车间常采用重力沉降设备和离心沉降设备进行凝聚、絮凝等初级纯化分离操作。

一、重力沉降及其设备

1. 重力沉降速度

（1）**沉降** 在力场作用下因密度差异，导致连续相与分散相发生相对运动而分离的过程称为沉降。

（2）**重力沉降** 如果悬浮颗粒或颗粒群在流体中充分地分散，颗粒之间互相不接触、不碰撞，除承受地球引力之外无其他作用力，在这种力场条件下发生的沉降称为重力沉降。

重力沉降法可用于气固混合物和混悬液的分离。例如，中药提取液的静置澄清过程就是利用了重力沉降原理，在提取液中加入絮凝剂，固体颗粒密度大于浸提液密度而使固体颗粒沉降分离。

（3）**自由沉降**　球形颗粒在静止流体中沉降时，如果不受其他颗粒的干扰和容器内壁的影响，而仅受自身重力、流体浮力和运动阻力的作用，该种沉降称为自由沉降。较稀的混悬液或含尘气体中固体颗粒的沉降可视为自由沉降。

将表面光滑的刚性球形颗粒置于静止流体中，当颗粒密度大于流体密度时将会下沉。在沉降过程中若颗粒做自由沉降运动，则颗粒受到三个力的作用：重力F_g，方向竖直向下；浮力F_b，方向向上；阻力F_d，方向向上。如图6-1所示。

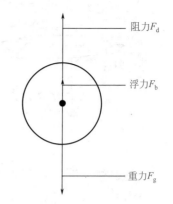

图6-1　悬浮颗粒在静止流体中的受力分析

设球形颗粒的直径为d_s，颗粒的密度为ρ_s，流体的密度为ρ，颗粒沉降速度为u，则重力F_g、浮力F_b、阻力F_d的大小分别为：

$$F_b = \frac{\pi}{6} d_s^3 \rho g \qquad F_g = \frac{\pi}{6} d_s^3 \rho_s g \qquad F_d = \xi A \frac{1}{2} \rho u^2$$

式中，A为沉降颗粒沿沉降方向最大投影面积，对于球形颗粒，有$A = \frac{\pi}{4} d_s^2$；u为颗粒相对流体沉降速度，m/s；ξ为沉降阻力系数。

其牛顿第二定律表达式为：

$$F_g - F_b - F_d = ma \qquad (6\text{-}1)$$

式中，m为颗粒的质量，kg；a为沉降加速度，m/s²。

当颗粒沉降的瞬间，u为零，阻力也为零，加速度a为其最大值；颗粒开始沉降后，随着u的增大阻力也随之增大。当沉降速度增大到一定值u_t时，重力、浮力、阻力三者合力达到平衡，此时加速度为零，颗粒做匀速运动。沉降颗粒匀速运动速度即为自由沉降速度，用u_t表示，单位为m/s。此时自由沉降速度为：

$$u_t = \sqrt{\frac{4 d_s (\rho_s - \rho)}{3 \rho \xi} g} \qquad (6\text{-}2)$$

对于微小颗粒，沉降的加速度阶段很短，可以忽略不计，整个沉降过程可以视为匀速沉降过程，可直接将u_t用于重力沉降的计算。沉降阻力系数ξ可通过查阅文献或实验确定。

（4）**影响自由沉降速度的因素**

① 颗粒形状。对于球形颗粒，颗粒直径和颗粒密度越大，自由沉降速度越快。非球形颗粒直径折算成球形颗粒直径，称为当量直径。非球形颗粒当量直径和密度越大，自由沉降速度越快。

② 壁面效应。当固体颗粒靠近器壁时，由于器壁具有吸附作用，其沉降速度较自由沉降速度小，这种影响称为壁面效应（如果容器尺寸远大于颗粒尺寸，如超过100倍时可忽略）。

③ 干扰沉降。当非均相物系中的颗粒较多，颗粒间距较小时，相互之间存在着摩擦、碰撞等影响，使沉降速度下降，这种沉降称为干扰沉降。干扰沉降速度比自由沉降速度小（如果颗粒浓度＜0.2%，可近似地看成自由沉降）。

2. 重力沉降设备

（1）**沉降室**　沉降室是利用重力沉降原理从含尘气体中分离出尘粒的设备。其结构如图6-2所示。

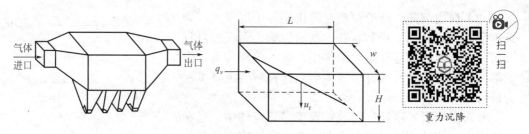

图 6-2 重力沉降室

含尘气体进入沉降室后因流通截面扩大而速度降低，使气体在沉降室内有一定的停留时间，如果在停留时间内颗粒能沉到室底，则颗粒就被除去。所以，要保证颗粒从气体中分离出来，颗粒沉降至底部的时间就必须小于等于气体通过沉降室的时间，延长沉降室长度或减小沉降距离均可达到沉降分离目的。

据计算，沉降室生产能力只与沉降室的底面积及颗粒的沉降速度有关，而与沉降室高度无关，所以沉降室一般采用扁平的几何形状，或在室内多加几层隔板，形成多层沉降室，以提高生产能力及除尘效率。

（2）连续沉降槽 在悬浮液流动过程中完成固液分离的设备称为连续沉降槽。经沉降槽后悬浮液可分成清液和沉渣。常见连续沉降槽结构如图6-3所示。

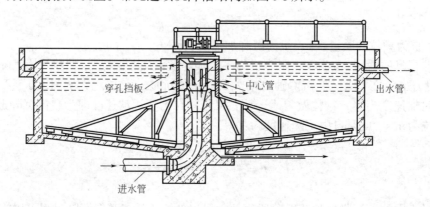

图 6-3 连续沉降槽

连续沉降槽适于处理颗粒较大、浓度低、处理量大的悬浮液。这种设备具有结构简单、可连续操作且沉渣组成均匀等优点，其缺点是设备庞大、占地面积大、分离效率较低等。

【课堂互动】

> 各取石英砂、玉米淀粉15g 分别放入烧杯中，向烧杯加入100mL 蒸馏水。用磁力搅拌器搅拌均匀后同时静置，观察澄清情况，比较沉降速度，说明原因。

二、离心沉降及其设备

1. 离心沉降

重力沉降设备具有占地面积大、分离效果较差、使用不方便等缺点，工业上常使用分离效率较高的离心分离设备。

（1）离心沉降速度　当固体颗粒处于离心场时，将受到重力 F_g、惯性离心力 F_c、向心力 F_f 和阻力 F_d 四个力的作用，如图6-4所示。

根据力学分析，固体颗粒在径直方向上所受的作用力远大于在垂直方向上所受的作用力，所以离心场中的悬浮颗粒将沿径向运动沉降到器壁。固体颗粒在径向上所受的作用力有离心力 F_c、向心力 F_f 和阻力 F_d：

离心力 $F_c = \dfrac{\pi}{6} d_s^3 \rho_s r\omega^2$

向心力 $F_f = \dfrac{\pi}{6} d_s^3 \rho r\omega^2$

阻力（向中心）$F_d = \dfrac{1}{2} \xi \rho A u_r^2$

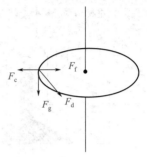

图6-4　颗粒在离心场中的受力情况

若这三个力达到平衡，则有：$F_c - F_f - F_d = 0$

$$\frac{\pi}{6} d_s^3 r\omega^2 (\rho_s - \rho) - \xi \frac{\pi}{4} d_s^2 \frac{\rho u_r^2}{2} = 0$$

此时，颗粒在径向上相对于流体的速度称为离心沉降速度：

$$u_r = \sqrt{\frac{4 d_s (\rho_s - \rho)}{3 \xi \rho} r\omega^2}$$

离心沉降速度与重力沉降速度具有相似的关系式，只是重力加速度 g 换为随径向位置 r 变化的离心加速度 a_r 而已（$a_r = \dfrac{v^2}{r} = r\omega^2 = 4\pi^2 r n^2$）。由此可知，离心沉降速度随着颗粒在径向位置不同而变化。固体颗粒获得的转速越大，则离心沉降速度越大，所以增加离心机的转速能显著加快沉降速度。

（2）离心分离因数　当固体颗粒分别在重力场和离心场中作沉降运动时，其加速度存在巨大的差别，生产上常用离心分离因数表示这种差距。离心加速度与重力加速度之比称为离心分离因数，用 K_c 表示：

$$K_c = \frac{a_r}{g} = \frac{u_r^2}{Rg}$$

离心分离因数是评估离心分离设备的性能指标，用 K_c 表示，K_c 值的大小与转鼓半径及转速的平方成正比。K_c 值愈高，离心沉降效果愈好。常用离心机的分离因数值在 $10 \sim 10^4$ 之间，高速管式离心机的分离能力强，其 K_c 值一般为 2×10^4 左右。

2. 离心沉降设备

（1）碟片式离心机　碟片式离心机的转鼓装在立轴上端，电动机通过传动装置驱动立轴上的转鼓高速旋转。转鼓内有一组垂直重叠的凹形碟片，碟片与碟片之间留有很小间隙，如图6-5所示。

悬浮液由进料管进入转鼓后沿碟片中心环隙上升，充满碟片间隙。当转鼓转动时密度小的液体沿碟片间隙上升，穿过中心环隙上升至转鼓顶部成为轻液，从轻液排出口排出；固体颗粒在离心力作用下沿碟片间隙壁面下滑至转鼓底部形成重液，在分离机停机后拆开转鼓由人工清除，或由沉渣排出机构从重液排出口排出。

转鼓中碟片的作用是缩短固体颗粒的沉降距离，扩大转鼓的沉降面积，提高分离机的生产能力。

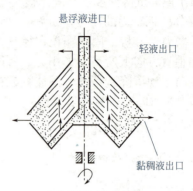

图 6-5 碟片式离心机

【知识拓展】

萃取碟片式离心机的碟片上开有小孔，在离心力作用下，重相沿着每个碟片的斜面沉降，并向转鼓内壁移动，由重相出口连续排出；而轻相沿着碟片的斜面向上移动，汇集后由轻相出口排出。

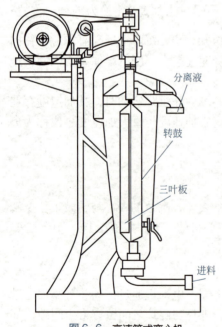

图 6-6 高速管式离心机

管式离心机

澄清型碟片式离心机碟片上不开孔，只有一个清液排出口，沉积在转鼓内壁上的沉渣可间歇排出。该种机型只适用于固体颗粒含量很少的悬浮液。当固体颗粒含量较多时，可采用具有喷嘴排渣的碟式离心沉降机，例如淀粉的分离。

（2）**高速管式离心机** 高速管式离心机的核心部件是管式转鼓，其内装有三个纵向折流板，以带动料液迅速达到与转鼓相同的角速度，如图6-6所示。

常见高速管式离心机转鼓的内径为75～150mm、长度约为1500mm，转速为8000～50000r/min，其离心分离因数为15000～65000。

高速管式离心机可用于分离乳浊液及含细颗粒的稀悬浮液。

分离乳浊液的管式离心机结构与澄清式管式离心机有所差别。乳浊液由底部进入转鼓内从下向上流动，在离心力作用下乳浊液分成内外两液层，外层为重液层、内层为轻液层，轻液与重液分别从离心机顶部的轻重液体溢流口排出。

分离悬浮液的管式离心机，悬浮液从底部进入转鼓并随着转鼓旋转。液体由下向上流动过程中，颗粒由转鼓中心径向运动到转鼓内壁形成沉渣，轻液则沿轴心线上升从轻液排出口排出。

也可用分离乳浊液的管式离心机分离悬浮液，在分离前应将其重液排出口封闭，以便颗粒沉降在转鼓内壁，运转一段时间，停车卸渣，并清洗机器。

（3）冷冻离心机　冷冻离心机结构与前面三种离心机不同，如图6-7所示。整机主要由驱动电机、制冷系统、显示系统、自动保护系统和速度控制系统组成，主要配件是离心转子。离心转子是用来搁置样品容器的支架，有角式转子和甩平式转子两种。角式转子设计有放置离心管的孔穴，与旋转轴心之间夹角在20°～45°之间。角式转子在离心机高速旋转时不会发生相对运动。甩平式转子横臂上悬挂着3～6个可自由活动的吊桶，吊桶内放置离心管。启动后，当离心机转速达到200～800r/min时，吊桶从下垂状态逐渐上升并与转轴横臂持平，所以称为甩平式转子。制造转子的材料有铝合金和钛合金等，转子材料密度要均匀，以防止高速旋转时产生转轴扭曲事故的发生。如果要求离心机中低速运转，则使用铝合金转子；如果要求高速运转，则要使用钛合金转子。

图6-7　冷冻离心机

离心机的转子安装在离心室内，制冷机汽化管路缠绕在离心室外壁，制冷剂汽化时吸收离心室热量而降温，离心室内设计有温度传感器可检测温度，通过自动控制装置将温度控制在设定的范围内，以保证离心机高速转动时料液温度始终不会高于4℃，从而避免了药物活性损失。

高速冷冻离心机转速可达25000r/min，分离因数89000，分离效果好，是目前生物制药工业广为使用的分离设备。

需要特别指出的是，在使用高速冷冻离心机时，为了运转平稳，每一个容器里盛装的液体质量要均等，因此需要用天平进行称量平衡，且在盖上盖子后才能启动，否则容易发生安全事故。

单元二　过滤设备

生物制药生产过程中某些固液混合物需要采用过滤的方法才能分离，前面已初步介绍了过滤的概念，在本节将继续深入讨论过滤原理和过滤方法。

一、基本知识

1. 过滤

悬浮液由固体颗粒和液体组成，当悬浮液通过多孔介质时，固体颗粒被截留的过程称为过滤。其中，悬浮液称为滤浆，多孔物质称为过滤介质，通过介质的液体称为滤液，被截留的物质称为滤饼或滤渣。

（1）**滤饼过滤和深层过滤**

① 滤饼过滤　当悬浮液流动通过多孔介质后，固体颗粒沉积在过滤介质表面形成滤渣层，滤液从滤渣缝隙间流出，这种过滤称为滤饼过滤。

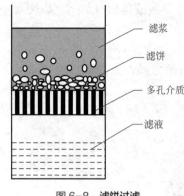

图6-8 滤饼过滤

在滤饼过滤过程中，因固体颗粒比过滤介质的孔径大，它们在过滤介质孔道上方杂乱堆积架桥，其他颗粒在桥面沉积形成滤饼层，液体从固体颗粒之间的缝隙中流过形成滤液，从而实现固液分离，如图6-8所示。

在滤饼过滤中随着时间延长，滤饼层厚度增加，过滤效果更好。滤饼过滤法适用于固体颗粒直径大、含量高的悬浮液，不适合于固体颗粒直径小、含量低、黏度高的混悬液体的过滤。

② 深层过滤 当悬浮颗粒直径小且含量低时，需采用深层过滤方法才能有效地分离。待过滤悬浮液进入多孔介质的孔道中，固体颗粒与介质之间产生了静电引力和分子作用力，从而被吸附在孔道壁上沉积在孔道内，滤液经孔道内缝隙流出，此分离过程称为深层过滤。由于深层过滤捕获了微小颗粒，因而被广泛地应用于稀悬浮液的澄清，所以又称为澄清过滤。

（2）过滤介质　过滤介质作用是使滤液通过，截留固体颗粒并支撑滤饼。要求其具有多孔性、耐腐蚀性及足够的机械强度。

工业上常用的过滤介质分为织物、多孔固体和堆积颗粒三大类。织物介质如天然纤维、化学纤维、玻璃丝、金属丝编织成的滤网等；多孔性固体介质有多孔性陶瓷板、多孔性塑料板、多孔性金属陶瓷板等，此类介质能截留小至 $1 \sim 3\mu m$ 的固体颗粒；堆积颗粒介质有石英砂、碎石、炭屑等堆积的颗粒床层及非编织纤维玻璃棉等的堆积层。其中，堆积介质常用于处理含固体微粒少的悬浮液，如水的净化。

（3）影响过滤速度的因素

① 黏度的影响　液体的黏稠性越大，流动阻力越大，则滤过速度越慢。由于溶液的黏性随温度的升高而降低，为此采用趁热或保温滤过。同时应先滤清液后滤稠液，以减少过滤时间。

② 直径的影响　悬浮液颗粒直径越小，介质通道易堵塞，且滤饼颗粒间缝隙也越小，则过滤阻力大、过滤效率低。

③ 过滤介质结构的影响　过滤介质的孔道越长，孔径越小，孔道数目越少，则过滤速度越慢。

④ 压力差的影响　过滤介质上下压力差越大则滤过速度越快，因此常采用加压或减压过滤。

⑤ 物料组成的影响　待过滤样品中存在生物分子时，往往形成生物大分子胶体颗粒，容易引起滤孔的阻塞，影响滤速。生物大分子浓度越大阻力越大，为提高过滤效率，需要对待过滤样品进行预处理，也可选用助滤剂过滤。

2. 助滤剂

滤饼可分为可压缩滤饼和不可压缩滤饼两种。颗粒如果是不易变形的固体，当滤饼两侧的压力差增大时，颗粒的形状和颗粒间的空隙都不发生明显变化，滤饼层单位厚度恒定，这类滤饼称为不可压缩滤饼。如果由某些类似胶体物质构成滤饼，则当滤饼两侧压力差增大时，颗粒形状和颗粒间隙便有明显的改变，单位厚度饼层流动阻力则随压力差增高而增大，这种滤饼称为可压缩滤饼。

引起过滤阻力增大的因素有以下几个方面：①压力差增大导致滤饼空隙结构变形，使滤饼中的通道缩小流动阻力增加；②具有黏性的颗粒形成较致密的滤饼层使流动阻力增加；③小直径颗粒将介质通道堵塞。基于上述三种原因，可将质地坚硬而能形成疏松床层的固体颗粒预先涂于过滤介质表面，或掺入到悬浮液中，以形成较为疏松的滤饼，使滤液得以流动。这种预涂或掺入的固体颗粒物料称为助滤剂。

常用的助滤剂有硅藻土、碳粉、纤维粉末、石棉等。助滤剂的用量通常为截留固相质量的1%～10%。使用的方法多用预涂法和掺滤法。

3. 过滤推动力和过滤阻力

（1）过滤推动力　过滤过程的推动力是滤饼和过滤介质两侧的压力差。可以是重力压差或其他压差。增加过滤推动力的方法有：增加悬浮液柱高度提高推动力，这种过滤称为重力过滤；增加悬浮液液面压力提高推动力，这种过滤称为加压过滤；在过滤介质下面抽真空提高推动力，这种过滤称为真空过滤。此外，过滤推动力还可以用离心力来增大，称为离心过滤。

（2）过滤阻力　在过滤刚开始时，滤液流动所遇到的阻力只有过滤介质一项。但随着过滤过程的进行，在过滤介质上形成滤渣以后，滤液流动所遇到的阻力是滤渣阻力和过滤介质阻力之和。介质阻力仅在过滤刚开始时较为显著，当滤饼层沉积到相当厚度时，介质阻力便可忽略不计。大多数情况下，过滤阻力主要决定于滤饼的厚度及其特性。滤渣愈厚，微粒愈细，则过滤阻力愈大。当过滤进行到一定时间后，由于滤饼形成的阻力太大，此时则应将滤饼除去，重新开始过滤。

二、板框压滤机

1. 结构和工作原理

板框压滤机是由滤板和滤框叠合组成滤室，并以压力为推动力的过滤机。

板框压滤机的滤板和滤框通常为矩形、正方形或圆形，用木材、铸铁、铸钢、不锈钢、聚丙烯和橡胶等材料制造。滤板的表面凿有规则的纹路，形成排液沟槽和凸梁，沟槽用作滤液流动通道，凸梁用以支撑滤布，将滤布覆盖在滤框两侧的滤板上并装合起来，即形成了可容纳悬浮液及滤渣的滤室。每个滤框和滤板均刻有编号，在其对角线上分别开有圆孔，滤框上角圆孔内凿有通入滤室的暗道以供料液进入滤室，滤板下角圆孔同样设计了暗道，以供滤液流出滤室，若按照固定顺序将数个滤框和滤板重叠后即构成进料通道和滤液通道。为了防止泄漏，常在滤板和滤框间用硅橡胶密封圈密封。板和框的结构如图6-9所示。

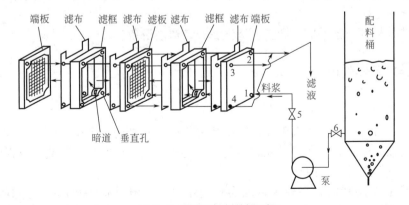

图6-9　板框压滤机的板和框
1，2—料液通道；3，4—滤液通道；5，6—进料阀门

板框压滤机支架一端固定了一个不带沟槽和暗道的板，称为终板。板框压滤机操作过程分为装合、过滤、洗涤、卸渣、整理五个步骤。装合时先将滤布覆盖在终板上，加上硅胶垫圈后安装滤框，然后用滤布覆盖滤框的另一侧后加上硅胶垫圈，再将第二块滤板紧紧压在滤框硅胶垫圈上，即完成了第一个滤室的装合，接着再安装第二个滤框，如此循环往复将板和框装合在支架上，最后用压紧装置将板和框压紧。此时，悬浮液通道与滤室相通，滤液通道与板上沟槽相通。在泵的作用下悬浮液进入滤室，滤液穿过滤布沿板上沟槽进入滤液通道流出，滤渣则被截留在滤室中，待框内充满滤饼后可通入清水洗涤滤饼，随后停止过滤，卸渣清理。装合后的板框压滤机如图6-10所示。

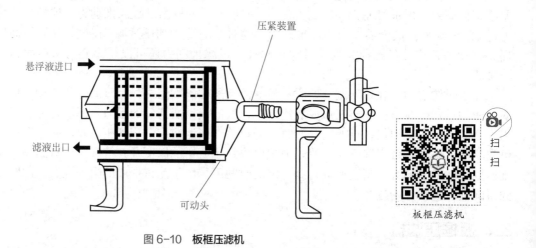

图6-10　板框压滤机

板框压滤机主要优点有构造简单，过滤压力高，过滤面积可根据生产任务调节。其主要缺点是间歇操作，劳动强度大，生产效率低。

2. 操作规程

（1）**排板**　按照滤板—框—洗板的顺序交替排列，中间放置好滤布，若滤浆量不大时，最后加上盲板，拧紧手轮。

（2）**连接离心泵及各种管道**　注意进料管道一端和离心泵相连，另一端和悬浮液进料通道相连，接收滤液的管道要和滤板的滤液通道相连，并使之和原料进口置于对角位置。

（3）**过滤**　打开滤液出口阀，关闭洗液出口阀，开启离心泵，收集滤液。

（4）**洗涤**　关闭滤液出口阀，打开洗涤溶剂出口阀，用离心泵泵入洗涤溶剂进行洗涤，收集洗液。

（5）**卸渣**　松开压紧手柄，卸渣，清洗滤布，清洁设备。

三、三足离心过滤机

1. 结构和工作原理

三足式离心过滤机是一种人工卸料间歇式离心机，其结构如图6-11所示。其主要部件为篮式转鼓，转鼓内壁开有小孔，过滤时内壁上盖滤布。整个机座、外罩通过三根弹簧悬挂在三个足上，以减轻运转时的振动。

三足式离心机的转鼓直径较大，因而转速不高，一般只有800r/min，过滤面积为0.6～2.5m^2。与其他离心机相比，具有构造简单、灵活掌握运转周期等优点。一般可用于间歇生产小批量物料的处理，尤其是用于晶体过滤和脱水时，晶体较少受到破损。其缺点是劳动强度大，传动机械位于机座下部，检修不方便。

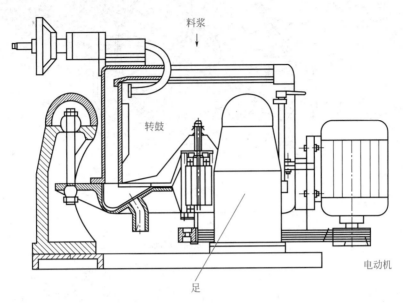

图 6-11　人工卸料三足式离心过滤机

2. 人工卸料三足式离心过滤机的操作规程

① 检查转鼓的灵活性及支座的稳定性，刹车系统是否灵活，必要时可开启电源空转检测。
② 放置好滤布、接滤液容器，封紧顶盖。
③ 通电启动后，由进料口注入滤浆，进行离心过滤。
④ 待滤液流尽，更换容器，注入洗涤溶剂进行洗涤操作。
⑤ 洗涤结束，关闭电源，小心使用刹车手柄停车。
⑥ 取出滤布，清理滤渣，用清水洗涤滤布。
⑦ 清洁设备。

四、转鼓真空过滤机

如图 6-12 所示为转鼓真空过滤机的结构和工作原理图。它有一卧式转鼓，转鼓外壁开有筛孔，转鼓外壁上铺以支承板和滤布即可构成过滤面。过滤面内转筒空间一般分成十八个扇形空腔作为滤室，各滤室分别有滤液导管和空气导管，滤液导管与转轴内真空管道连通，空气导管与转轴内热空气管道相通。转轴内的管道通过转动盘与支架上的固定盘密合接通。转动时，转动盘上的管道接口先后经过固定盘上的真空接口和热空气接口。当转动盘接口经过固定盘真空接口时，滤室成真空，滤液从过滤面进入滤室沿真空管道流出；当转动盘接口经过固定盘热空气接口时，热空气进入滤室从过滤面吹出，起着干燥滤饼和吹松滤饼的作用。转鼓每旋转一周，各滤室通过分配阀轮流接通真空系统和热空气系统，顺序完成过滤、洗渣、吸干、卸渣和滤布再生等操作。在转鼓的整个过滤面上，过滤区约占圆周的 1/3，洗渣和吸干区占 1/2，卸渣区占 1/6，各区之间有过渡段。

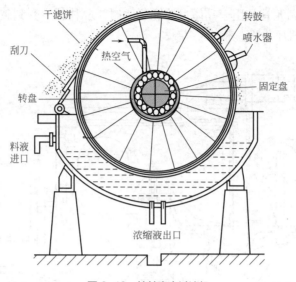

图 6-12 转鼓真空过滤机

过滤时加入待过滤料液使转鼓下部沉浸在悬浮液中，对应的滤室与真空系统连通，滤液被吸入滤室，固体颗粒则被吸附在过滤面上形成滤渣。当转鼓旋转离开悬浮液后，过滤面上的滤渣液体以及洗涤滤渣的洗液吸入滤室，随着转鼓转动滤渣被吸干后又被吹出的热空气干燥和吹松，松动的滤渣由刮刀刮下。压缩空气或蒸汽继续反吹滤布，可疏通孔隙，使之再生。

单元三　膜分离设备

在发酵法制青霉素的传统工艺中，采用转鼓真空过滤机分离青霉菌体，但因工艺烦琐、有效成分收率低而逐渐被膜过滤器替代。采用平板膜过滤技术后能使青霉素收率提高近5%。膜过滤已经广泛应用于生物制药生产过程中。

一、膜分离概述

1. 膜分离过程

采用天然材料或人工合成材料制成具有选择透过性的薄膜作为过滤介质，在膜两侧推动力作用下，液体或气体混合物中的某一种或多种组分穿过膜的过程叫膜过滤。膜过滤可应用于混合物的分离纯化和富集。

目前膜分离技术在制药领域主要用于纯水制备、物料的浓缩、分离纯化等。选用不同种类和规格的膜可以得到单一成分产物，也可以是某一分子量区段的多种成分。比如在中药煎煮液中存在大量的鞣质、蛋白质、淀粉、树脂等大分子物质及许多微粒及絮状物等，这些大分子一般没有药效作用且影响产品质量，用水提醇沉或醇提水沉工艺不仅难以将它们除尽，而且容易损耗有效成分并消耗大量的有机溶剂，用膜分离技术可很好地实现上述目的。

膜分离过程与其他传统分离方法相比具有分离效率高、能耗较低、操作方便、分离范围广等优势，不仅适用于热敏性有机物的分离、分级、浓缩与富集，而且适用于从病毒、细菌到微粒等生物大分子及其聚集体混合物的分离。图6-13给出了膜分离的应用范围。表6-1所列为常用膜分离过程的分类和基本特征。

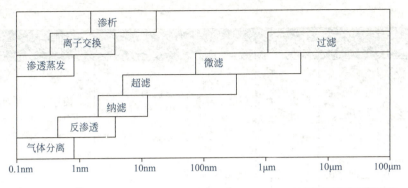

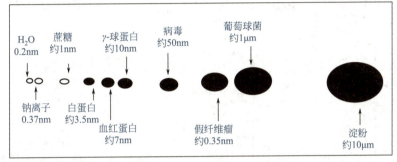

图 6-13 膜分离的应用范围

2. 膜的分类

膜的种类按材质可分为天然膜、有机膜、无机膜;按照截留颗粒直径或质量的大小,又可分为微孔膜、超滤膜、纳滤膜、反渗透膜等。

(1) 有机高分子膜材料及特性 有机高分子膜材料有:①纤维素类,这类材料中硝酸纤维素价格便宜,广泛用作微孔膜材料,可以在120℃、30min 进行热压灭菌;醋酸纤维素亲水性好、成孔性好、成本低,可承受120℃高温,但耐酸碱和有机溶剂能力差,应用受到一定的限制,醋酸纤维素广泛用作微滤膜、超滤膜材料;②聚酰胺类材料制成的膜具有高强度、耐高温等优点,可在弱酸、稀酸、碱类和有机溶剂中使用;③聚四氟乙烯制成的膜具有抗酸性、碱性、有机溶剂的作用,可耐200℃高温,常用于超滤过程;④聚氯乙烯制成的膜不受低分子量的醇类和中等强度的酸碱的侵蚀,但耐热性差,不能加热灭菌;⑤除了上述膜材料之外,还有聚砜、聚碳酸酯、聚酯、聚丙烯腈、聚乙烯醇醛等多种滤膜材料。

(2) 无机膜材料 无机膜可分为金属膜材料和陶瓷膜材料。陶瓷膜材料包括 Al_2O_3、TiO_2、ZrO_2、SiO_2 等氧化物,以及氮化硅、碳化硅等非氧化物。

表6-1 常用膜分离过程的分类和基本特征

过程	分离目的	透过组分	截流组分	料液组分	推动力	传递机制	膜类型	进料状态
微滤	溶液、气体脱粒子	溶液、气体	0.02~10μm 粒子	大量溶剂及少量小分子溶质和大分子溶质	压力差约100kPa	筛分	多孔膜	液气

续表

过程	分离目的	透过组分	截流组分	料液组分	推动力	传递机制	膜类型	进料状态
超滤	溶液脱大分子，大分子溶液脱小分子，大分子分级	小分子溶液	1~20nm大分子溶质	大量溶剂，少量小分子溶质	压力差为100~1000kPa	筛分	非对称膜	液
纳滤	溶剂脱有机组分、高价离子，软化、脱色、浓缩分离	溶剂、低价小分子溶质	1nm以上溶质	大量溶剂，低价小分子溶质	压力差500~1500kPa	溶解扩散	非对称膜	液
反渗透	溶剂脱溶质、含小分子溶质溶液浓缩	溶剂	0.1~1nm小分子溶质	大量溶剂	压力差100~10000kPa	优先吸附毛细孔流动，溶解-扩散	非对称膜	液
渗析	大分子溶质脱小分子	小分子溶质或较小的溶质	大于0.02μm截留	较小组分或溶剂	浓度差	筛分微孔膜内的受阻扩散	非对称膜或离子交换膜	液
电渗析	溶液脱小离子，小离子溶质浓缩，小离子分级	小离子组分	大离子和水	少量离子组分，少量水	电化学势	反粒子经离子交换膜的迁移	离子交换膜	液
气体分离	气体混合物分离，富集或特殊组分脱除	气体、较小组分或膜中易溶组分	较大组分（除非膜中溶解度高）	两者都有少量组分	压力差100~1000kPa，浓度差（分压差）	溶解-扩散，分子筛分，努森扩散	均质膜、不对称膜、多孔膜	气
渗透	挥发性液体混合物分离	膜内易溶或易挥发组分	难溶或难挥发组分	少量组分	分压差	溶解-扩散	均质膜、不对称膜	液
乳化液膜	液体或气体混合物分离、富集	高溶解度组分或能反应组分	难溶解组分	少量组分、大量组分	浓度差，pH差	促进传递和溶解扩散	液膜	液、气

二、膜的结构

1. 微孔膜

（1）**微滤的基本原理** 微滤是利用微孔膜孔的筛分作用，在静压差推动下，将滤液中大于膜孔径的微粒、细菌及悬浮物质等截留下来，达到除去滤液中微粒与澄清溶液的目的。通常，微孔膜的孔径在 0.05~10μm 范围内，一般认为微滤过程用于分离或纯化含有直径为 0.02~10μm 的微粒、细菌等物质。微孔膜每平方厘米滤膜中包含 0.11 亿~1 亿个小孔，孔隙率占总体积的70%～80%，故阻力很小，过滤速度较快。由于微滤所分离的粒子较大，与反渗透、纳滤和超滤分离过程有所差别，常常将其归入滤饼过滤，可看成是精细过滤。微孔膜截留微粒和絮状物等主要靠筛分、架桥和吸附作用完成：①筛分作用，即膜孔能截留比其孔径大或相当的微粒；②架桥作用；③吸附作用，包括物理、化学吸附，吸附作用可将粒子截留于膜表面甚至于膜内部。

微滤过程有两种操作方式，即无流动操作和错流操作。在无流动操作中，原料液置于膜的上游，在压差推动下，溶剂和小于膜孔的颗粒透过膜，大于膜孔的粒子则被截留，该压差可通过原料液侧加压或透过液侧抽真空产生。随着时间的增长，被截留颗粒在膜表面形成污染层，使过滤阻力增加，在操作压力不变的情况下，透过率随之下降，因此无流动操作是间歇性操作，必须周期性地停下来清除膜表面的污染层或更换膜。

无流动操作简便易行，适合实验室等小规模场合。对于固含量低于0.1%的料液通常采用这种形式；固含量在0.1%～0.5%的料液则需进行预处理；而对固含量高于0.5%的料液通常采用错流操作。

微滤的错流操作发展很快，这种操作类似于超滤和反渗透。原料液以切线方向流过膜表面，在压力作用下通过膜，料液中的颗粒则被膜截留而停留在膜表面形成滤饼层。与无流动操作不同的是，料液流经膜表面时产生的高剪切力可使沉淀在膜表面的颗粒扩散回原料液中，从而被带出微滤膜，使该滤饼层不再无限增厚而保持在一个较薄的稳定水平，从而减少阻塞机会。微孔膜滤饼层厚度稳定后，膜过滤速度将较长时间维持在较高水平上。

（2）微滤在分离纯化中药提取液中的应用　中药水提液中含有较多的杂质，如极细药渣、泥沙、纤维、淀粉、树脂、糖类及油脂等，这些成分使药液色深而浑浊，用常规的过滤方法难以除去。中药醇沉工艺有总固体和有效成分损失严重的缺点，且乙醇用量大、回收率低、周期长、生产成本高，已逐渐被其他分离精制方法所替代。高速离心技术通过离心力的作用，使中药水提液中悬浮的较大颗粒杂质如药渣、泥沙等得以沉淀分离，但对药液中非固体的大分子物质，高速离心法的去除效果并不理想，同样存在一定的适应性和局限性。采用微滤技术利用筛分原理分离大小为0.05～10μm的粒子，不仅能除去中药提取液中较小的固体颗粒，还可以截留多糖、蛋白质等大分子物质，具有较好的澄清除杂效果，并为以后的超滤或更精细的分离操作创造条件。

2. 超滤膜

超滤（UF）是一种膜滤法，能从悬浮液中分离出1～10nm的微粒。这个尺寸范围内的微粒通常是流体的溶质，超滤既可分离溶液中的某些溶质，又可应用于某些用其他过滤方法难以分离的胶体悬浮体。

（1）超滤的基本原理　悬浮液流过滤膜时，分子体积较大的溶质可以被滤膜截留，而分子体积较小的溶质不能被滤膜截留。在滤膜上侧聚集的是较大溶质的悬浮液，而滤膜下侧则是小分子溶质的溶液。

在超滤过程中，被截留的大分子在膜表面上不断积累，浓度越来越高。当膜面溶质浓度达到某一极限时即形成一层近于固体的凝胶层，其阻力大于超滤膜本身，同时将分子量小于截留值的溶质也被截留，起到次级膜的作用，因而使液体透过速度与截留性能均受影响，这种现象即所谓浓差极化。

由于超滤膜形成的凝胶层与其余溶液形成了一个浓度梯度，因而膜表面高浓度处的溶质会同时向低浓度溶液方向扩散，直至平衡。这时，如果再增加压力，虽不再增加凝胶层的浓度，但能使凝胶层增厚，过滤阻力增大，因而滤速不会因压力升高而加快。为改善浓差极化现象，必须采用增加膜面搅拌程度的方法，加速溶液中的溶质向外扩散，使凝胶层减薄到最低限度，才能提高滤速。因此，超滤过程与微滤过程有所不同，超滤时使液体在系统中不断地循环流动，利用流体的动力作用将膜面上的截留物冲洗掉，既能保持滤速，又可使截留物呈液体浓缩物而被回收。这是超滤与其他滤过方法不同的显著特点之一。

（2）**超滤膜的选择** 超滤膜是超滤系统的核心装置，选择适宜的超滤膜是提高超滤质量的关键。超滤膜材质国内常用的有醋酸纤维素类、聚砜、聚丙烯肽，以及使用较少的聚四氟乙烯、尼龙等，其中醋酸纤维素滤膜常用，它具有通量大、无毒性、便于制备等优点。由于聚砜耐热、耐酸碱，近年来发展较快。

了解和选择适宜的膜材质可以保证所滤药液的稳定性，同时也可避免药液对膜的腐蚀。超滤膜的分离特性与膜的孔径有关，超滤膜的孔径常以截留（95%）特定物质的相对分子质量来表示，例如，分子量截留值为1万的膜，应能将溶液中相对分子质量1万的溶质90%以上截留在膜前。常用评估超滤膜孔径的特定物质有牛血清蛋白、卵蛋白、细胞色素。在实际工作中应根据悬浮液的特点，以及待滤物质相对分子质量大小确定超滤膜的孔径及截留值，再通过实验最后确定超滤膜型号，这样可保证超滤的顺利进行。表6-2列出了几种常用超滤膜的结构及其特性。

表6-2 超滤膜的结构及其特性

	结构	活性层	支撑层	pH 范围	T_{max}/℃	截留分子量 /kDa
有机的	不对称/复合	PS	PP/聚酯	1～13	90	1～500
	不对称/复合	PES	PP/聚酯	1～14	95	1～300
	复合	PAN	聚酯	2～10	45	10～400
	复合	PA	PP	6～8	80	1～50
	不对称/复合	CA	CA/PP	3～7	30	1～50
	复合	PVDF	PP	2～11	70	50～200
	复合	PE	聚酯	2～12	40	20～100
	复合	FP	—	1～12	65	5～100
无机的	复合	氧化锆	碳	0～14	350	10～300
	复合	Al_2O_3/TiO_2	改性的 Al_2O_3/TiO_2	0～14	400	10～300
	不对称	Al_2O_3	Al_2O_3	1～10	300	0.001～0.1m
	复合	Al_2O_3	Al_2O_3	1～10	150	0.004～0.1m

3. 陶瓷膜

陶瓷膜是应用最成功和最广泛的无机膜。制备陶瓷膜的材料主要是 Al_2O_3、TiO_2、ZrO_2、SiO_2 等，通过烧制而成，其孔径范围较宽，可分为微孔膜、超滤膜和纳滤膜。与有机膜相比，陶瓷膜具有许多优点，它坚硬、承受力强、耐用、不易阻塞，具有良好的化学稳定性，耐酸、耐碱、耐有机溶剂，其机械强度大，可反向冲洗。除此之外，陶瓷膜还具有抗微生物能力强、耐高温、孔径分布窄、分离效率高等优点，在食品工业、生物工程、环境工程、化学工业、石油化工、冶金工业等领域得到了广泛的应用。陶瓷膜的主要缺点是价格昂贵，制造过程复杂。

（1）**陶瓷膜的结构及分类** 无机陶瓷膜的主要制备技术有：采用固态粒子烧结法制备载体及微滤膜；采用溶胶-凝胶法制备各种超滤膜；采用分相法制备玻璃膜；采用专门技术（如

化学气相沉积、无电镀等）制备微孔膜或致密膜。其基本理论涉及材料学科的胶体与表面化学、材料化学、固态离子学、材料加工等。

装填陶瓷膜的膜组件称为陶瓷膜组件或者无机膜组件。陶瓷膜组件主要包括不锈钢外壳和密封两部分。陶瓷膜组件的结构主要有平板、管式和多通道三种。平板陶瓷膜主要用于小规模的工业生产和实验室研究中。管式陶瓷膜与列管换热器的结构相似，具有自由选择膜装填面积的优点，但由于强度差而逐步退出工业应用。规模化生产采用的陶瓷膜通常为多通道结构，即在一圆截面上分布着多个通道，一般通道数为7、19和37，这种结构增强了陶瓷膜的耐压特性。

（2）陶瓷膜的特点

① 膜过滤性能稳定　陶瓷膜管是在高温下经过特殊工艺制备而成，长期处在高温状态下或者是酸、碱体系下陶瓷膜不会发生膜本体或者膜孔的溶胀，由此可维持高通量下的长期稳定运行，处理效果非常稳定，长期运行截留性能无变化，还具有抗污染能力强、分离过程中无二次溶出物产生、产品品质有保障等优点，一改传统过滤方式过滤的澄明度低、除菌不彻底、无法连续生产、劳动强度大、产品品质低等缺点。

② 陶瓷膜具有较好的物理化学性质　陶瓷膜机械强度大，pH适用范围广，耐酸、耐碱、耐有机溶剂及强氧化剂性能好，而其他有些无机膜材质尤其不耐酸腐蚀，因而在酸体系内就很难长期工业化使用，即使工业化使用，其使用寿命和截留性能将无法长期得到保证。另外，陶瓷膜耐高温性能好，可处理高温液体，并用蒸汽反冲再生和高温原位消毒灭菌。

③ 陶瓷膜维护简单　陶瓷膜采用的是不同于传统错流过滤的新型错流过滤方式，此种过滤方式在膜面不易形成污染，可有效减轻膜领域浓差极化这一普遍存在现象，保持系统长期稳定的高处理通量。陶瓷膜系统通过简便的清洗，即可在短时间内完全恢复膜性能，膜再生性能极强，且清洗成本低。陶瓷膜使用寿命长，是有机膜材质制作的膜元件使用寿命的几倍甚至几十倍。

（3）陶瓷膜的发展趋势　从发展趋势来看，陶瓷膜制备技术的发展主要在以下两方面：一是在多孔膜研究方面，进一步完善已商品化的无机超滤和微滤膜，发展具有分子筛功能的纳滤膜、气体分离膜和渗透汽化膜；二是在致密膜研究中，超薄金属及其合金膜及具有离子混合传导能力的固体电解质膜是研究的热点。已经商品化的多孔膜主要是超滤和微滤膜，其制备方法以粒子烧结法和溶胶-凝胶法为主。前者主要用于制备微孔滤膜，应用广泛的商品化 Al_2O_3 膜即是由粒子烧结法制备的。

当前，国内外在食品工业、石化工业、环境保护、生化制药等许多领域对膜技术的应用越来越广泛，而用无机材料制成的过滤膜的发展前景有可能比有机过滤膜更好。对于面临抗生素政策性降价和抗菌药限售双重压力的国内众多抗生素生产企业而言，通过创新工艺提高产品收率和质量，不失为降低成本的明智选择，而以陶瓷膜技术改进现行抗生素分离提纯工艺有可能成为降低成本、提高效益的突破口。

三、有机膜组件

1. 中空纤维管式膜组件

中空纤维膜组件由醋酸纤维素膜或尼龙膜构成。首先将这两种膜作成U形空心纤维管，其外径是50～100μm、内径为25～42μm，然后将若干根U形空心纤维管集中装在圆形耐压容器中，再用环氧树脂管板将两管口固定，即构成一支中空纤维膜组件。在中空纤维膜组件中，浓溶液在壳程中流动，滤液则透过膜进入管程从管板出口流出。如图6-14所示。

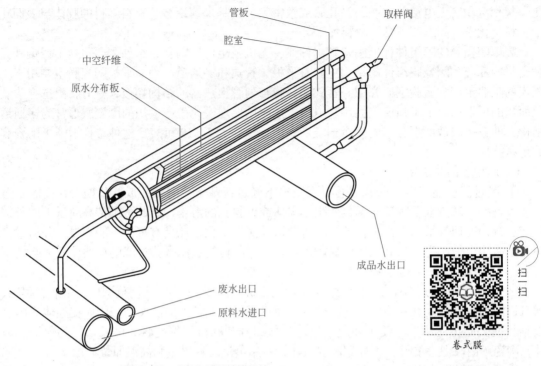

图 6-14　中空纤维管式膜组件

2. 螺旋卷式膜组件

螺旋卷式（简称卷式）膜组件在结构上与螺旋板式换热器类似，如图 6-15 所示。在两片膜中夹入一层多孔支撑材料，将两片膜的三个边密封而黏结成膜袋，另一个开放的边缘与一根多孔中空管连接，在膜袋外部的原料液侧再垫一层隔网，使得膜-多孔支撑体-原料液侧隔网依次叠合，绕中空管紧密地卷在一起，形成一个膜卷，再装进圆柱形压力容器内，构成一个螺旋卷式膜组件。

使用时，原料液沿着与中心管平行的方向在隔网中流动，与膜接触，穿过膜的透过液则沿着螺旋方向在膜袋内的多孔支撑体中流动，最后汇集到中空管而被导出，浓缩液由压力容器的另一端引出。

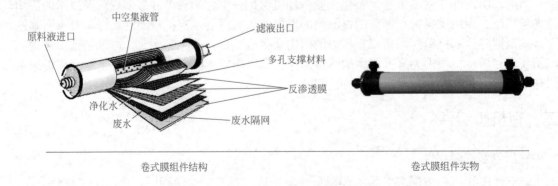

卷式膜组件结构　　　　　　　　　卷式膜组件实物

图 6-15　卷式膜组件

3. 平板膜组件

平板膜组件由有机膜、引水布、内衬板、抽吸孔构成，如图6-16所示。内衬板上成波纹结构，有互通间隙孔槽，在内衬板两面各覆盖一张有机膜，有机膜的背面（透过液侧）对着内衬板，形成透过液流道；有机膜的正面与引水布相对，构成原料液流道。采用周边框、加强块、密封圈将覆盖有膜的内衬板和抽吸孔固定成一张平板膜元件。若干只平板膜元件重叠组合，用两块端板固定后即构成平板膜组件。

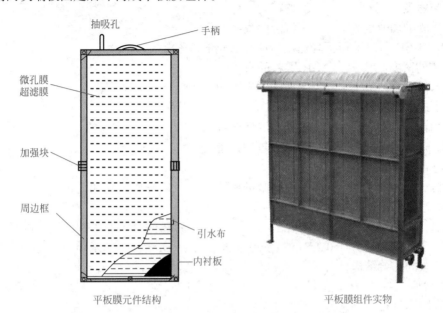

图 6-16 平板膜组件

操作时，原料液在引水布导流下流过有机膜面，透过液穿过有机膜面进入透过液流道，从抽吸孔排出。

平板膜所采用的膜种类多，可通过增减膜板、膜片来调整处理量，结构简单，对压力变动和现场作业的可靠性大，易于操作。因采用开放式流道，堵塞后可拆下膜板、膜片清洗，膜的更换和维护较容易。另外，平板膜原液流道截面积大，压力损失小，预处理要求低，处理对象范围广，主要用于高价值、低处理量的生物制药品领域。

平板膜的缺点是对膜的机械强度要求高，组件中需要个别密封的数目太多，密封边界线长，拆后复装易泄漏；装填密度低，仅能达到30～500m²/m³，组件的流程比较短，进料流道截面积大，单程回收率较低，以及难以使用高温杀菌等，因而限制了其使用范围。

【学习小结】

本模块主要学习重力沉降、离心沉降基本原理，熟悉流体类型、黏度、流速、温度、颗粒类型以及大小和形状对固液分离的影响，掌握板框压滤机、碟片离心机、管式离心机、真空冷冻离心机、膜过滤器等设备的结构、工作原理和操作规程。

固液分离是速度限制性过程，在絮凝、沉降分离和过滤分离过程中，要耐心细致，仔细观察过程现象，把控工艺指标，精益求精，高质量做好分离工作。

【目标检测】

一、单项选择题

1. 属于可压缩性的颗粒是（   ）。
   A. 非金属颗粒　　　　B. 金属颗粒　　　　C. 矿石颗粒　　　　D. 酵母
2. 对颗粒沉降速度起重要影响作用的因素是（   ）。
   A. 颗粒密度　　　　　B. 颗粒的直径
   C. 所承受的加速度　　D. 沉降距离
3. 在重力场中，对颗粒沉降速度有明显影响的因素是（   ）。
   A. 流体的密度　　　　B. 颗粒的直径
   C. 颗粒的密度　　　　D. 颗粒的表面积
4. 碟片式离心机属于（   ）。
   A. 重力沉降设备　　　B. 离心沉降设备
   C. 离心过滤设备　　　D. 压力过滤设备
5. 高速管式离心机主要用于（   ）。
   A. 过滤大量颗粒　　　B. 过滤微量颗粒　　　C. 分离重相和轻相　　　D. 过滤杂质
6. 板框过滤机（   ）。
   A. 适合于中粗颗粒的过滤　　　　　　　　B. 适合于非牛顿性流体过滤
   C. 适合于过滤直径大于 0.25μm 颗粒的过滤　D. 适合于纳米颗粒的过滤
7. 微孔膜的孔道结构具有（   ）。
   A. 疏水性　　　　B. 亲水性　　　　C. 各向同性　　　　D. 各向异性
8. 陶瓷膜不具有的特性是（   ）。
   A. 耐高温　　　　B. 耐高压　　　　C. 不耐酸碱　　　　D. 无极性选择

二、简答题

1. 球形颗粒在静止流体中作重力沉降时都受到哪些力的作用？它们的作用方向如何？
2. 简述评价旋风分离器性能的主要指标。
3. 简述何谓饼层过滤？其适用何种悬浮液？
4. 简述工业上对过滤介质的要求及常用的过滤介质种类。
5. 何谓膜过滤？它又可分为哪几类？

三、实例分析

请分析下列情况下使用各分离设备的理论根据和使用效果。
1. 在动态中药提取浓缩生产流程中，采用碟片式离心机和高速管式离心机代替沉淀罐。
2. 在罐装注射剂之前，注射液都要进行终端过滤，现在都采用精密过滤器代替 G3 玻璃漏斗。
3. 超滤器使用后都要用氢氧化钠、乙醇和甲醛处理。

模块七 萃取与设备

【知识目标】
　　掌握萃取分离设备的结构和性能；熟悉各种萃取设备的工作过程；了解萃取基本原理。

【能力目标】
　　熟练应用萃取技术进行混合物的分离纯化操作；学会液液萃取设备的操作技术。

【素质目标】
　　结合萃取知识的学习，查阅青蒿素的发现、分离和应用，学习屠呦呦研究员的科研精神，增强民族自豪感，树立科技报国的情怀。

　　发酵液经固液分离后去除了大颗粒组织，如淀粉颗粒、细胞、细胞碎片、亚细胞器、亚细胞器碎片等，发酵液的密度、黏稠度降低，具有药物活性的目标产物浓度仍然较低，需要进一步富集纯化。通常可利用物质在不同溶剂中溶解度的差异采取萃取方法进行富集和纯化。

单元一　萃取基本知识

　　萃取是指利用物质在两种互不相溶的溶剂中溶解度或分配系数的不同，使其从一种溶剂转移到另外一种溶剂的过程。在抗生素、有机酸、生物碱等生物药物的分离纯化中广泛采用了萃取技术。

一、萃取过程

1. 萃取

　　如图 7-1 所示，现有两种互不相溶的溶剂 A 和 S，目标产物在 S 溶剂中的溶解度大于在 A 溶剂中的溶解度。在含有目标产物的 A 溶液中加入 S 溶剂，经充分振摇后静置分层，大部分目标产物将转移到溶剂 S 中，在两种溶剂中产生了目标产物被转移的传质过程，将目标产物萃取到了 S 溶剂中。
　　在萃取过程中，溶剂 S 起转移目标组分的作用，称为萃取剂，由萃取剂和目标产物组成的溶液叫萃取液，被萃取后的溶液称为萃余液。经萃取后，发酵液中的目标产物进行了重新分配，但总量不变。

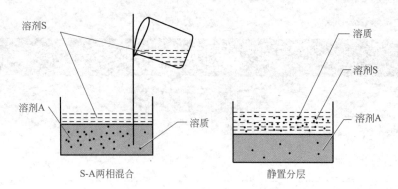

图 7-1 萃取过程

2. 萃取原理

目标产物从溶剂 A 转移到溶剂 S 中的推动力是溶解度之差。萃取过程遵守"相似相溶"原理，即当目标产物与溶剂分子极性相当则其溶解度最大，在萃取体系中两种溶剂分子极性相差较大，目标产物势必要从分子极性差大的溶剂中扩散到分子极性差小的溶剂中。如中药的水提取液中含有挥发油，当加入石油醚后，挥发油几乎都转移到石油醚中，这是因为水分子极性大，挥发油分子极性小，石油醚分子极性小，所以当两种溶剂混合时，挥发油从水溶液中转移到石油醚溶剂中。

3. 分配定律

在萃取过程目标产物总量不变，但在两种溶剂中进行了重新分配，目标产物在萃取液中的数量远远大于在萃余液中的数量。组分在两种溶剂中的数量分配遵守一定的规律。

如图 7-2 所示，将溶剂 S 加入到溶液 A 中，在混合器中接触传质达平衡后静置分层，并用分离器分离得到萃取液 L 和萃余液 R，此时目标产物进行一次重新分配，设目标产物在萃取液中的浓度为 c_1、在萃余液中的浓度为 c_2，则：

$$K = \frac{c_1}{c_2} \qquad (7\text{-}1)$$

K 称为分配常数，是萃取液中溶质浓度与萃余液中溶质浓度的比值。经研究发现，在其他条件不变的情况下，每次萃取过程达到平衡后，萃取液中溶质浓度与萃余液中溶质浓度的比值是常数，这个规律叫分配定律。

在多次萃取过程中，可将每次萃取看成一个完整的单级萃取，若干次单级萃取构成多级萃取，且每次萃取过程的分配系数都相同。

即 $K = K_1 = K_2 = \cdots = K_n$

根据分配定律，随着萃取次数的增加，原料液中的目标产物越来越少，但无论进行多少次萃取，都不可能将原料液中的目标产物彻底萃取出来。分配定律是客观的科学规律，在实际生产过程中要按照分配定律进行萃取级数的设计，不能无限制性地萃取目标产物，因为萃取次数越多获得的萃取液体积越大，目标产物浓度越低，后续溶剂蒸发的工作量增大，能耗成本升高，所以在生物制药生产过程中只对原

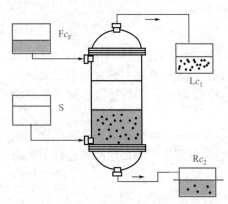

图 7-2 组分在萃取液和萃余液中的分配

料液进行有限次的萃取操作。如从中药材中提取中药成分时,一般经过三次萃取后即完成了萃取工作。

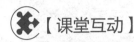【课堂互动】

> 在250mL 分液漏斗中加入茶叶浸渍液100mL,再加入80mL 三氯甲烷,振荡静置分层,观察两相颜色改变情况,阐明原因。

二、萃取工艺

在生物药品生产过程中,按照原材料物理状态可分为液液萃取和固液萃取;按萃取原理可分为溶剂萃取、双水相萃取和双胶束萃取;按是否重复可分为单级萃取和多级萃取,多级萃取又分为错流萃取和逆流萃取。

1. 单级萃取

对原料液只进行一次萃取操作的过程叫单级萃取。实现单级萃取的设备是一个混合器和一个分离器,如图7-3所示。

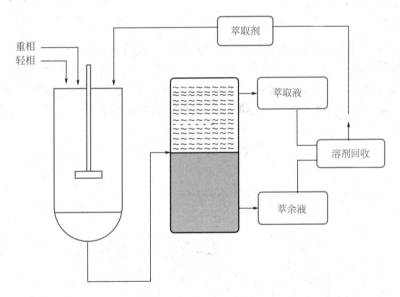

图7-3 单级萃取流程

单级萃取的具体操作过程是:将原料液和萃取剂都加入到混合器中,用搅拌器充分搅拌,促使溶质从原料液中转移到萃取剂中,静置分层后用分离器把萃取液和萃余液分离,整个操作过程由一次混合与一次分离两个环节组成。

2. 多级错流萃取

第一级得到的萃取液再次与空白萃取剂接触,反复进行多次萃取操作的过程叫多级错流萃取。如图7-4所示为三级错流萃取过程,第一级的萃余液作为料液进入第二级,并加入新鲜萃取剂进行萃取。第二级的萃余液再作为第三级的原料液,也同样用新鲜萃取剂进行萃取,将三级萃取液合并送入贮存罐贮存备用。

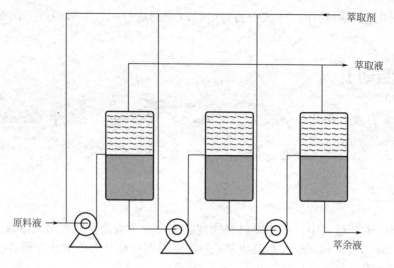

图 7-4　三级错流萃取工艺流程

在三级错流萃取中，随着萃取的级数增加，萃取液中目标产物总量增多，萃取液体积增大，目标产物浓度逐级降低。多级错流萃取法特点在于每级中都加溶剂，故溶剂消耗量大，后续蒸发浓缩量大，但萃取较完全。

3. 多级逆流萃取

如图 7-5 所示，在多级逆流萃取中，原料液从第一级进入，萃余液经过第二级、第三级萃取得到终端萃余液；空白萃取剂从第三级加入，在第三级萃取器中完成萃取后所得萃取液作为萃取剂进入第二级，与第一级的萃余液混合萃取，所得萃取液作为萃取剂进入第一级，在第一级萃取器中与原料液充分混合萃取，所得萃取液为终端萃取液，被送入贮罐贮存备用。

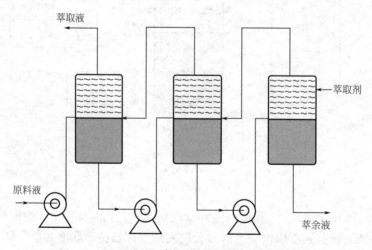

图 7-5　多级逆流萃取工艺流程

在上述萃取过程中，原料液移动的方向和萃取剂移动的方向相反，故称为逆流萃取。在三级逆流萃取中，只在最后一级中加入萃取剂，故和三级错流萃取相比，萃取剂的消耗量较少。随着级数的增加，萃取液中组分的浓度逐级升高。

【案例分析】

实例：采用发酵法生产青霉素时，原采用单级萃取工艺萃取发酵液中青霉素的制药企业，都进行了工艺改造，采用了三级逆流萃取工艺流程。

分析：发酵液中青霉素浓度很低，采用单级萃取工艺，青霉素回收率低。采用三级逆流萃取操作，原料液要经过三次萃取，萃取后原料液中的青霉素含量已经很低，可认为萃取完毕，而萃取液中青霉素总量达到最高。因而在不增加萃取剂用量的前提下最大限度地提取了青霉素。

4. 双水相萃取

（1）双水相萃取的原理　由于有机溶剂容易造成蛋白质分子失活，因而采用溶剂萃取法提取生物大分子时，常常采用双水相萃取法萃取。

在双水相萃取法中常常采用亲水性有机高分子聚合物作为萃取剂。亲水性有机高分子聚合物在水中形成均相，当两种亲水性有机高分子聚合物的水溶液混合时，在一定条件下会形成上下两相而分层，由于不同相的密度有差异，因而可用来进行萃取操作。这种萃取叫双水相萃取。在双水相萃取体系中，水分在两相中的比例为85%～95%，蛋白质等生物大分子在这种溶液体系中保持自然活性。

用于双水相萃取的聚合物有聚乙二醇（PEG）、葡聚糖（DEX）、聚乙烯醇、聚丙二醇、羧甲基纤维素以及甲氧基聚乙二醇等。此外，还有葡萄糖、磷酸盐和硫酸盐等。双水相萃取体系通常有聚合物-聚合物和聚合物-无机盐两大类型，聚合物-聚合物双水相体系有聚乙二醇与葡聚糖、聚乙二醇与聚乙烯醇、聚乙烯醇与羧甲基纤维素、聚丙二醇与甲氧基聚乙二醇等溶液。聚合物-无机盐体系有聚乙二醇与磷酸钾、聚乙二醇与磷酸铵、聚乙二醇与硫酸钠、聚乙二醇与葡萄糖等体系。在这类双水相体系中，上相富含聚乙二醇，下相富含无机盐或葡萄糖。

由于双水相体系不损伤生物大分子的活性，因而可应用于蛋白质、酶、核酸、人生长激素、干扰素等的分离纯化。

（2）双水相萃取法的应用　目前双水相萃取工艺主要用于酶的生产过程中，该工艺流程由两级萃取组成，如图7-6所示。

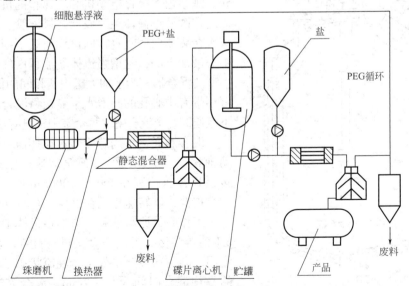

图 7-6　两级双水相萃取酶工艺流程

① 第一级萃取　细胞悬浮液经高压均质机破碎后冷至低温，经泵输送到管式混合器中与 PEG 的盐液混合，再用碟片离心机或管式离心机分离得萃取液，将萃取液输送到中间罐暂存，萃余液进入废渣贮罐贮存待用。

② 第二级萃取　将进入中间罐的萃取液与无机盐溶液送入管式混合器中混合均匀，混合液再次经过碟片式离心机或管式离心机分离得萃取液，将萃取液打入贮存罐中贮存备用，萃余液进入废渣贮罐贮存待用。

在双水相萃取中，要回收再生 PEG 和无机盐类。PEG 的回收采用盐溶蛋白质和离子交换法，无机盐的回收采用结晶沉淀法进行。

单元二　萃取设备

工业上萃取工艺由三个工序完成：①原料液和萃取剂充分混合形成乳浊液；②将乳浊液分成萃取相和萃余相；③将萃取相进行蒸馏浓缩回收萃取剂。工艺操作分为混合与分离两个环节，对应的设备有混合设备和分离设备，也可采用兼具混合和分离两种功能的设备。

一、混合设备

在生物制药生产过程中，萃取用混合设备以机械搅拌式混合罐为主，有时也用管式和喷射式混合器进行萃取混合操作。

1. 混合罐

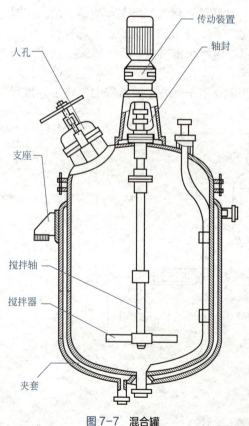

图 7-7　混合罐

该设备的结构类似于带机械搅拌的密闭式反应罐，由罐体、搅拌器和挡板等组成，如图 7-7 所示。

混合罐呈圆柱形，上下两底为椭圆形或圆形封头。上封头设计安装有萃取剂、料液、调节 pH 的酸（碱）液及去乳化剂的进口管，还设计了排气孔、观察窗、搅拌电动机和减速箱的机座。下封头固定在圆柱形筒体上，设计有排液管、污水排放管等。在罐体内壁竖直方向设计安装了挡板，以防止中心液面下凹，起增强流体湍流程度的作用。对于大型的混合器，为了加大罐内两相间的传质推动力，可用带有中心孔的圆形水平隔板将混合罐分隔成上下连通的几个混合室，每个室中都设有搅拌器。

混合罐通常采用螺旋桨式搅拌器，搅拌器与传动轴相连，电动机经减速箱减速后驱动搅拌器旋转，其转速控制在 400～1000r/min，若采用涡轮式搅拌器，其转速控制在 300～600r/min。

工作时，原料液和萃取剂在罐体中混合并调节 pH 值等参数，开动电动机进行搅拌。由于有搅拌作用，罐内料液几乎处于全混流状态，料液在罐内的平均混合时间为 1～2min，混合完毕从罐底部放出料液并输送到分离器中。

萃取混合用设备除机械搅拌混合罐外，尚有气流搅拌混合罐。气流搅拌混合罐的操作过程是，将压缩空气通入料液中，借鼓泡作用进行搅拌。气流搅拌混合罐特别适用于化学腐蚀性强的料液，但不适用于搅拌挥发性强的料液。

2. 喷射式混合器

喷射式混合器工作原理与水力喷射泵相同，结构上相似，但体积小得多，最小型号的扩大管公称直径只有10mm。喷射式混合器结构简单，使用方便。但由于其产生的压力差小，功率低，还有会使液体稀释等缺点，所以在应用方面受到一定限制。如图7-8所示。

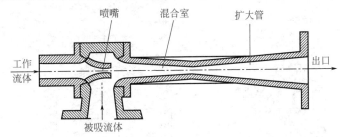

图 7-8　喷射式混合器

3. 管式混合器

管式混合器是一种没有运动部件的高效混合设备。管式混合器由分布器、直管和混合单元组成，如图7-9所示。

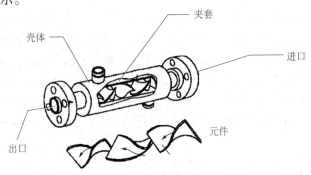

图 7-9　管式混合器

分布器是一个三通管，其两个孔分别用于原料液和萃取剂的进口，第三孔为混合液的出口。分布器出口与直管相连，起着将两股或多股流体汇集合并成一股的作用。

管式混合器的关键元件是一个固定在直管中的混合单元，这是一组精心设计的金属波纹片，它能使不同流体在三维空间内作Z字形流动，各自分散后彼此混合，依据混合液的组成不同，混合单元结构也不相同。通过管式混合器波纹片使液体在管道中形成平方湍流，因为液体在管道中湍流时各质点运动方向具有偶然性，因而混合速度快、效率高、均匀度高。

在各种型号的静态混合器中，管式混合器混合效果最好，用于乳化过程时能使液体分散成 $0.5 \sim 2\mu m$ 的液滴，用于一般的混合过程不均匀度系数≤1%，而且没有放大效应。

管道萃取的效率比搅拌罐萃取效率高，且操作过程可连续进行。

二、分离设备

工业上溶剂萃取分离过程一般都采用离心沉降法。

离心沉降分离设备有高速离心机和超速离心机两大类。高速离心机是指碟片式离心机,超速离心机有管式离心机。它们不仅用于固液分离,而且还广泛应用于液液萃取分离。

1. 逆流离心萃取机

逆流离心萃取机是专用于萃取的特殊碟片离心机,其组成部件有转鼓、圆筒、中心管、传动轴、轻相进口和出口、重相进出口等。在转鼓中设置有11个同心圆筒,从中心往外排列的顺序为:1、2、3…11同心圆筒,每个圆筒均是一端开孔、另一端封闭。单数筒的孔在下端,双数筒的孔在上端。如图7-10所示。

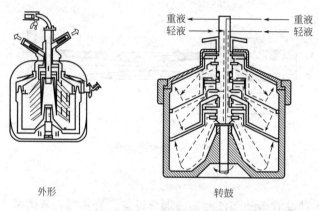

图 7-10 逆流离心萃取机

第1、2、3筒的外圆柱上各焊有8条钢筋,第4～11筒的外圆柱上均焊有螺旋形的钢带,将筒与筒之间的环形空间分隔成螺旋形通道。第4～10筒的螺旋形钢带上开有不同大小的缺口,使螺旋形长通道中形成很多短路。在转鼓的两端各有轻重液的进出口。重液进入转鼓后,经第4筒上端开孔进入第5筒,沿螺旋形通道往外顺次流经各筒,最后由第11筒经溢流环到向心泵室,被向心泵排出转鼓。轻液由装于主轴端部的离心泵吸入,从中心管进入转鼓,流至第10筒,从其下端进入螺旋形通道,向内顺次流过各筒,最后从第1筒经出口排出转鼓。如图7-11所示。

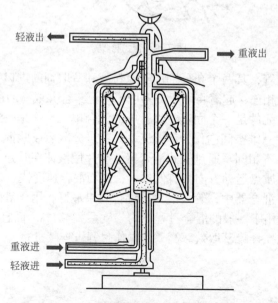

图 7-11 逆流离心萃取机重液流动线路

> **【知识拓展】**
>
> 咖啡中含有的咖啡因，多饮对人体有害，因此必须从咖啡中除去。原联邦德国Zesst博士开发的从咖啡豆中用超临界二氧化碳萃取咖啡因的专利技术，现已实现了工业化生产，并被世界各国普遍采用。这一技术的最大优点是取代了对人体有害的卤代烃溶剂，使咖啡因的含量可从原来的1%左右降低至0.02%，而且CO_2良好的选择性可以保留咖啡中的芳香物质。

2. 三相倾析离心机

原联邦德国于20世纪80年代研制生产出最早的三相倾析离心机，随后英国、日本将其用于青霉素生产。在我国，三相倾析离心机又叫三相卧式螺旋卸料沉降离心机，典型的机型有LWS320×1280等，目前主要应用于青霉素、蛋白质的生产中。

（1）结构与特点　三相倾析离心机是具有圆锥形转鼓的高速离心萃取分离机，它由圆柱-圆锥形转鼓及螺旋输送器、差速驱动装置、进料系统、润滑系统及底座组成，重相和轻相相对流动为逆流流动方式，如图7-12所示。

作为萃取机与通常卧式螺旋离心机的不同点是，该机在螺旋转子柱的两端分别设计配置有调节环和分离盘，以调节轻重相界面，并在轻相出口处配有向心泵，在泵的压力作用下，将轻液排出。进料系统上设有中心套管式复合进料口，使轻重两相均由中心进入。且在中心管和外套管出口端分别配置了轻相分布器和重相布料孔，其位置是可调的，通过两者位置的调节可把转鼓柱端分为重相澄清区、逆流萃取区和轻相澄清区。

倾析离心机运转过程中监测手段较齐全，自动控制程度较高：倾析离心机转鼓前后轴承温度系用数字温度显示；料液pH的控制靠玻璃电极，发酵液流量的控制靠电磁流量变送器；破乳剂、新鲜乙酸正丁酯、低单位乙酸正丁酯等料液流量的变化靠控制器控制气动薄膜阀等，从而达到要求的流量。

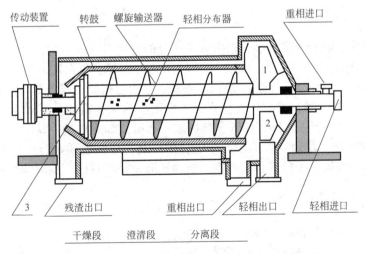

图7-12　三相倾析离心机结构示意图
1—向心泵；2—调节环；3—分离盘

（2）三相倾析离心机的工作原理　图7-13为三相倾析离心机工艺流程示意图。

转鼓与螺旋输送器在摆线针轮行星转动带动下，以一定的转速同时高速旋转，形成一个大于重力场数千倍的离心力场。料液从重相进料管进入转鼓的逆流萃取区后受到离心场的作用，在此与中心管进入的轻相相接触，迅速完成相之间的物质转移和液-液-固分离，固体渣子沉积于转鼓内壁，借助于螺旋转子缓慢推向转鼓锥端，并连续地排出转鼓。而萃取液则由转鼓柱端经调节环进入向心泵室，借助离心泵的压力排出。

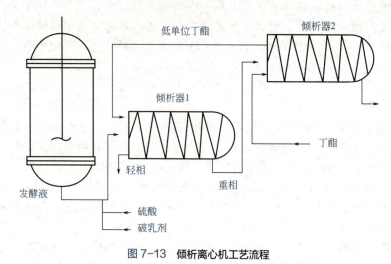

图 7-13　倾析离心机工艺流程

单元三　固液萃取及其设备

动植物是天然产物的来源，也是中药原材料。本课程所指的天然产物是植物中各类有机化合物。

一、药用植物化学成分

1. 植物中的化学成分

组成植物的化学成分非常复杂，根据各类成分的结构组成和功能，可分为生物物质、天然有机化合物和金属盐等三大类。属于生物物质的有糖类、蛋白质、酶、核酸、脂类、多肽、氨基酸、果胶、纤维素、半纤维素、木质素、淀粉、树脂、鞣质等；属于天然有机化合物的有生物碱、苷类、醌、黄酮、香豆素、木脂素、萜类、甾体及其苷类、挥发油、色素等；属于金属盐的有钾、钠、钙、镁等金属形成的有机盐和无机盐。其中，天然有机化合物大多都具有药理活性，是药物提取生产中的目的产物，生物物质和金属盐多数没有药理活性，所以是天然药物提取中的非目的产物。植物提取就是将目的产物同非目的产物分离开来的操作过程。

2. 天然产物的溶解性

植物中的天然有机化合物一般都具有药理活性，是天然药物的有效化学成分。从理化性质来看，这些成分的分子极性分布范围宽，且从强极性到非极性都有相应的物质存在，因而其溶解性比较复杂，多数不溶于水但能溶于有机溶剂，特别是乙醇溶液可溶解大多数天然化合物，因此在萃取时常采用乙醇作提取溶剂。

【知识拓展】

1963年，美国化学家 Wani 和 Wall 发现紫杉醇粗提物对离体培养的鼠肿瘤细胞有很高活性，并开始分离这种活性成分，1971年分析确定了该活性成分的化学结构是一种四环二萜化合物，并把它命名为紫杉醇。紫杉醇是红豆杉属植物中的一种复杂的次生代谢产物，主要适用于卵巢癌和乳腺癌疾病的治疗，对肺癌、大肠癌、黑色素瘤、头颈部癌、淋巴瘤、脑瘤也都有一定疗效。

二、天然产物的萃取剂

1. 溶剂极性

植物提取的产品主要用于医药或食品原料，所以在提取过程中所使用的溶剂必须满足安全、高效、价廉的原则，对人体无毒理作用，对有效成分应是化学惰性，能最大限度地溶解目的产物而最小限度地溶解非目的产物。在实际生产过程中，可以采用多种溶剂混配的方法，使所用溶剂的理化性质符合植物提取工艺的要求。

采用溶剂进行植物提取的理论依据是相似相溶原理，如果溶剂的分子极性与目的产物相近，则所使用的溶剂能够将目的产物最大限度地提取出来。

植物提取常见溶剂的极性大小排列顺序为：

水＞乙醇＞丙酮＞乙酸乙酯＞三氯甲烷＞乙醚＞苯＞甲苯＞石油醚

（1）水　极性大，溶解范围广，植物中多种成分都能被水溶解浸出。优点是无毒理作用，价格便宜。其缺点是选择性差，非目的产物被浸出量大，给纯化操作带来困难。

（2）乙醇　中强极性，能与水以任意比例混溶，乙醇浓度越高则极性越低。各种活性成分在乙醇中的溶解度随乙醇浓度的变化而变化。90%的乙醇用来浸取挥发油、有机酸、树脂、叶绿素等弱极性成分，50%～70%的乙醇可用来浸取生物碱、苷类等，50%以下的乙醇用来浸取苦味物质、蒽醌类等亲水性化合物。

（3）乙醚　乙醚是非极性溶剂，微溶于水，可与乙醇及其他有机溶剂混溶。乙醚可溶解生物碱、树脂、挥发油、某些苷类。大部分溶解于水的成分在乙醚中不溶解。乙醚的缺点是有药理副反应，易燃易爆，价格高。在提取过程中主要用于粗品的精制。

（4）三氯甲烷　是非极性溶剂，在水中微溶，与乙醇、乙醚能任意混溶。可溶解生物碱、苷类、挥发油、树脂等，不能溶解蛋白质、鞣质等极性物质。三氯甲烷有强烈的药理作用，应在浸出液中尽量除去。

除此之外，丙酮和石油醚也是常用溶剂，可以用于脱水脱脂和提取。丙酮和石油醚有较强挥发性，且易燃易爆，并具有一定的毒性，主要应用于提取过程中粗品的精制。

2. 常用萃取辅助剂

为提高目的产物的溶解度，增加制剂的稳定性，除去或减少某些物质，常在提取溶剂中加入辅助剂。常用的辅助剂有酸、碱和表面活性剂。

酸类如硫酸、盐酸、乙酸、酒石酸、枸橼酸等，可与生物碱等天然有机化合物反应生成盐，从而提高了在水溶液中的溶解度，同时还可使植物中的有机酸游离后，再用溶剂萃取除去。

碱类如氨水、碳酸钙、碳酸钠、碳酸氢钠等，可与蒽醌等天然有机化合物发生中和反应生成盐,从而提高这些化合物在水溶液中的溶解度和稳定性,有利于目的产物的提取。在生物碱的酸提取液中加碱可使生物碱游离,便于萃取。

加入表面活性剂可降低植物材料与溶剂间的界面张力,使润湿角变小,促使溶剂和材料之间的润湿渗透。常用表面活性剂有非离子、阴离子和阳离子型,根据植物材料和溶剂性质确定使用表面活性剂的型号。

三、天然产物萃取过程

植物提取的过程本质上是固液萃取过程,是用溶剂将目的产物从细胞中萃取出来的过程,萃取液又叫提取液,提取液经浓缩干燥后的提取物称为浸膏。

在植物提取过程中,当固体材料与溶剂经过长时间接触后,材料内部空隙中液体的浓度与材料周围液体的浓度相等,液体的组成不再随时间而改变,我们称固液萃取达到平衡状态。

一个完整的提取过程有以下几个阶段。

(1)**浸润渗透** 由于液体静压力和植物材料毛细孔作用,溶剂被吸附在植物材料表面,并慢慢渗透到植物细胞内部,这个过程叫浸润渗透。

溶剂渗透到植物细胞后使干瘪的细胞膨胀,恢复细胞壁的通透性,形成了可让活性成分从细胞中扩散出来的通道。

(2)**解吸与溶解** 在植物细胞中,各种成分相互之间有吸附作用,溶剂进入细胞后,破坏了吸附力,解除吸附作用,活性成分顺利进入溶剂形成溶液。

(3)**扩散** 活性成分从细胞中转移到提取溶剂中是通过扩散过程完成的。扩散过程可分为内扩散和外扩散两个阶段。

① 溶剂溶解了细胞中活性成分后形成了浓度较高的溶液,在细胞内外产生了溶质浓度差,从而产生了渗透压,细胞内的活性成分在渗透压推动下穿过细胞膜和细胞壁,逐渐扩散到细胞壁外侧,并在细胞壁外侧积聚,这个过程称为内扩散过程。

② 细胞壁外侧的活性成分浓度在逐渐升高,新鲜溶剂进入浓度已升高的液层中,将细胞壁外侧的活性成分从高浓度部位转移到低浓度部位,这个过程叫外扩散过程。

研究表明,溶剂在细胞内的溶解速度很大,但内扩散和外扩散速度较低。扩散速度是提取生产效率的制约因素。在提取液中进行搅拌产生湍流,使低浓度的溶剂置换固液界面上的浓溶液,始终保持细胞内外高浓度差,促使溶质不断转移到细胞壁外侧,并被扩散到低浓度部位,这是提高提取生产效率的途径。

【知识拓展】

植物细胞的细胞壁是具有一定硬度和弹性的固体结构。其主要成分是纤维素,在初生壁上还有半纤维素和果胶质,它们形成了细胞壁的网状框架。在萃取天然产物之前常常要将细胞进行适当的破碎。

四、天然产物萃取设备

目前植物提取方法有煎煮法、浸渍法、渗漉法、回流法等,由于提取原理上的差异,相应地所使用的设备也互不相同。现分别介绍如下。

1. 煎煮提取工艺及设备

将植物材料在水中加热煮沸提取目的产物的方法称为煎煮法，可分为常压煎煮、加压煎煮、减压煎煮等方法。煎煮法适合于在水中能够溶解、对热不敏感的目的产物的提取。常压煎煮法设备为夹层锅，如图7-14所示。

煎煮提取操作过程是：将中药材装入煎煮锅中，用水浸没中药，待中药软化润胀后用蒸汽加热至沸腾，然后控制蒸汽流量保持微沸状态，经过一定时间后将药渣和煎煮液一起倒入筛网过滤，煎煮液转入中间罐贮存，药渣再用自来水重复煎煮两次，合并煎煮液，静置过夜，沉淀过滤，所得滤液就是中药提取液，经浓缩干燥即得中药浸膏。

2. 浸渍提取工艺及设备

浸渍法属于静态提取，是将中药装入密闭容器中，在常温或加热条件下萃取目的产物的操作过程。

图7-14　煎煮锅

（1）冷浸法　在室温或更低温度下进行的浸渍操作。一般是将中药装入密闭容器中，加入溶剂后密闭，于室温下浸泡，在浸泡过程中适时振动或搅拌，提高目的产物的溶出速率。浸泡时间一般为3～5日或更长，到规定时间后过滤，压榨残渣，使残液析出，将压榨液与滤液合并，静置过夜，滤去沉淀得浸出液，浸出液贮存备用。

（2）热浸法　在高于室温下进行的浸渍操作为热浸法。将中药装入密闭容器中，通入蒸汽加热，保温浸渍一定时间后趁热过滤，静置过夜，过滤沉淀，其他操作与冷浸法相似。

如使用乙醇作溶剂进行热浸萃取，浸渍温度应控制在40～60℃，如果是用水作溶剂，浸渍温度可以控制在60～80℃。

热浸法可大幅度缩短浸渍时间，提高浸取效率，但提取出的杂质多，浸取液澄清度差，冷却后有沉淀析出，需要精制。

（3）浸渍设备　浸渍法的主要设备有浸渍器和压榨器。各种陶瓷缸、陶瓷罐、玻璃瓶、搪瓷玻璃罐、不锈钢多功能提取罐等都可以作浸渍器使用。

3. 渗漉提取工艺及设备

将中药装入渗漉筒中，溶剂一边进入渗漉筒浸取目的产物一边流出提取液，这种浸取方法称为渗漉。

进行渗漉操作的设备叫渗漉筒或渗漉罐，由筒体、锥体、椭圆形封头、气动出渣门、气动操作台等组成，如图7-15所示。

首先将中药粉碎成中粗粉；其次用0.7～1倍量的溶剂浸润中药4h左右，待中药材组织润胀后将其装入渗漉罐中，将中药层压平均匀，用滤纸或纱布盖料，再覆盖盖板，以免中药浮起；随后打开底部阀门，从罐上方加入溶剂，将中药颗粒之间的空气向下排出，待空气排完后关闭底部阀门，继续加溶剂至超过盖板板面5～8cm，将渗漉筒顶盖盖好并放置24～48h，将溶剂从罐上方连续加入罐中，打开底部阀门，调整流速，进行渗漉浸取。

在进行渗漉操作时，溶剂从上方加入，连续流过中药而不断溶出溶质，溶剂中溶质浓度从小增大，到最后以高浓度溶液流出。

需要注意的是，中药颗粒不能太细，否则溶剂难以通过，浸取过程受到影响，或者不能进行。

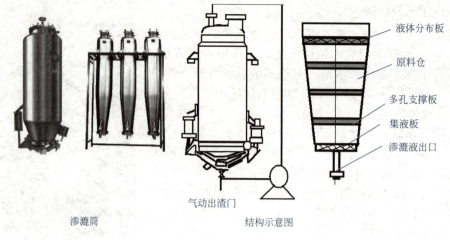

图 7-15　渗漉罐

渗漉过程不需加热，溶剂用量少，过滤要求低，适用于热敏性、易挥发和剧毒物质的提取。渗漉提取法类似于连续萃取过程，浸出液可以达到较高的浓度，适用于目标产物含量低但要求提取液浓度高的植物提取，不适用于黏度高、流动性差的物料的提取。

【案例分析】

实例：生产藿香正气液时采用渗漉罐提取，所得原料液配制成口服液后治疗效果比热提取法好。

分析：生产藿香正气液的原料是由十多种中药复方配制而成，其有效成分多数为挥发油，可溶于高浓度的乙醇溶液中。由于挥发油受热后挥发，采用热回流和热浸提取都会损失有效成分，使得成药质量差，治疗效果不好。如果采用乙醇渗漉法提取，有效成分无损失且全面，制得的口服液治疗效果好。

4. 回流提取工艺及设备

（1）**回流提取过程**　在中药提取生产中，多数采取加热提取法。在加热提取中作为萃取剂的溶剂汽化成蒸气，为减少溶剂损失，常将溶剂蒸气引入到冷凝器中冷凝成液体，并再次返回到容器中浸取目标产物，这种提取法称为回流提取法。

回流提取法本质上是浸渍法，其工艺特点是溶剂循环使用，萃取速度快，萃取程度高；缺点是加热时间长，不适于热敏性物料和挥发性物料的提取。

（2）**回流提取设备**　回流提取设备包括提取罐、冷凝器、冷却器、油水分离器、过滤筛等。

① 进行回流提取的容器叫提取罐。通常提取罐由罐体、上封头、出渣门、夹套、气室等部件构成，如图7-16所示。

提取罐有直筒、蘑菇、正锥、斜锥等结构形式。提取罐的上封头设计有投料口、清洗旋转球、蒸汽出口、回流口、观察窗等，部分提取罐的上封头还设计有电动机的支架，支架上安装有减速箱，电动机的传动轴通过减速箱减速后带动罐体内搅拌器转动。提取罐的夹套是用来加热或冷却物料的换热器，可通入蒸汽、有机油、冷却盐水进行换热。

② 冷凝器是列管式换热器，安装在提取罐的上方。溶剂蒸气在冷凝器中冷凝成液体。冷凝器的下方有冷却器，是沉浸式蛇管换热器。冷凝液在冷却器中进一步冷却至常温。

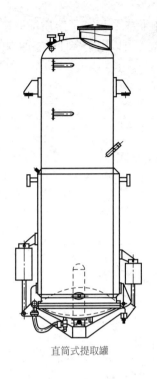
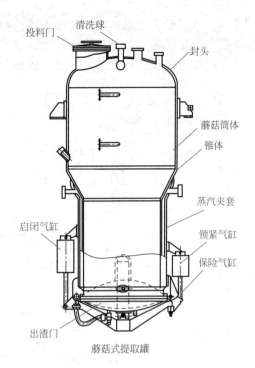

图 7-16 提取罐的结构

③ 油水分离器是专门用来分离挥发油和水分的装置，水与挥发油之间存在密度差，且互不相溶，因此而分层，水的密度大在下层、挥发油的密度小在上层。当挥发油液层积累到一定高度后，就从侧边的溢流口流出，从而实现油水分离操作。

④ 罐体的下封头是残渣出口，出渣门设计有启闭梁、加热鼓等部件。出渣门通过不锈钢软管与启闭气缸连接，启闭气缸是出渣门的开启和关闭装置，通过压缩空气进行控制。为了保证出渣门关闭后不至于松脱，在罐体底部还设计有锁紧气缸。当出渣门关闭后，锁紧气缸通过压缩空气将出渣门牢牢地锁住，保证提取操作的正常进行。

（3）常见的几种提取罐　图7-17是几种常见的提取罐。

① 直筒式提取罐　直筒式提取罐的罐体上下同径，采用夹套和底部加热方式。直筒式提取罐阻力小出料顺畅，结构简单，造价低廉。为了提高生产效率，普遍采用小直径圆筒。

② 蘑菇式提取罐　蘑菇式提取罐筒体上大下小，上部空间大可防止提取液暴沸。顶部配有清洗球可进行全方位清洗，采用夹套加热方式。溶剂回流采取切线循环，因而动态效果好，传热速率快。缺点是制造难度大，价格高。

图 7-17　几种常见的提取罐

③ 正锥式提取罐　筒体直径大，底部直径小，出料口密封性好，采用夹套加热方式。正锥式提取罐可用于小颗粒原材料的提取，如采用蚕沙提取叶绿色等。正锥式提取罐出渣时往往需要人工辅助出料。

斜锥式提取罐与正锥式提取罐结构和性能基本相同，出料阻力小于正锥式提取罐，出料更容易。

④ 搅拌式提取罐　搅拌式提取罐是在提取罐的顶部安装了搅拌器，通过搅拌器的搅动

促使溶剂流动，形成动态提取，这样改善了物料和溶剂接触状态，提高了溶质浸取速度。

搅拌式提取罐可完成多种提取操作，又称为多功能提取罐，可以用于多种形态原料的提取。

单罐回流提取设备操作控制节点如图7-18所示。

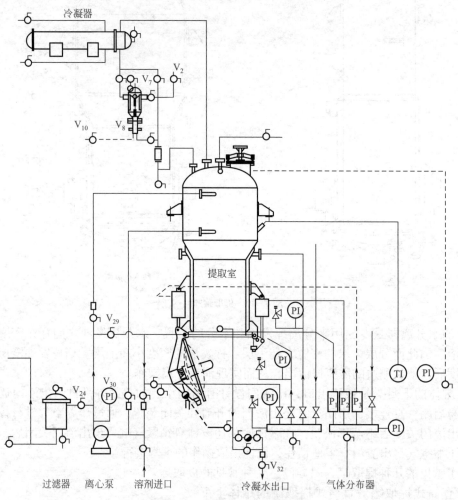

图7-18 单罐回流提取控制节点
V—阀门；P—压力表；T—温度计

【学习小结】

相似相容是萃取的基本原理，极性相似的化合物在极性相似的溶剂中有最大的溶解度，采用互不相溶的溶剂可将目的产物从复杂混合物中分离出来。萃取相中溶质的浓度与萃余相中溶质浓度的比值为常数，采用多级萃取可最大程度地获得目的产物。

萃取操作类型分为溶剂萃取、固液萃取、双水相萃取等，也可按照工艺特点分为单级萃取、多级逆流萃取、多级并流萃取、多级平流萃取、连续逆流萃取等工艺。

【目标检测】

一、单项选择题

1. 在萃取过程中起转移溶质作用的溶剂称为（　　　　）。

A.萃取剂　　　B.萃取液　　　C.萃余液　　　D.溶剂

2.萃取反应中萃取剂为一弱酸性有机化合物，溶质在水相中以络离子形式存在，萃取时，水相中溶质的阳离子取代出萃取剂中的氢离子，称为（　　）。

A.阳离子交换反应萃取　　B.物理萃取　　C.络合反应萃取　　D.加和反应萃取

3.下列对传统的混合设备描述错误的是（　　）。

A.间歇操作　　B.停留时间较长　　C.传质效率较高　　D.装置简单，操作方便

4.下列对多级逆流萃取的描述错误的是（　　）。

A.在第一级中加入料液，萃余液顺序作为后一级的料液
B.在最后一级加入萃取剂，萃取液顺序作为前一级的萃取剂
C.料液的流动方向与萃取剂的流动方向相反
D.溶剂耗量大，萃取液浓度高

5.下列对多级错流萃取描述错误的是（　　）。

A.每级中都加新鲜溶剂，耗量大　　B.得到的萃取液浓度低
C.得到的萃取液浓度高　　D.萃取完全

6.咖啡因属于（　　）。

A.苷类化合物　　B.黄酮化合物　　C.生物碱　　D.醌类化合物

7.醌类化合物易溶解于（　　）。

A.中性水溶液　　B.酸性水溶液　　C.碱性水溶液　　D.石油醚

8.萜类化合物易溶解于（　　）。

A.中性水溶液　　B.酸性水溶液　　C.碱性水溶液　　D.石油醚

9.提取生物碱时常用（　　）提取。

A.中性水溶液　　B.酸性水溶液　　C.三氯甲烷　　D.石油醚

10.热提法中只能用水作溶剂的方法是（　　）。

A.浸渍法　　B.渗漉法　　C.煎煮法　　D.回流法

11.热提法中有机溶剂用量最省的方法是（　　）。

A.浸渍法　　B.渗漉法　　C.煎煮法　　D.回流法

12.提取易挥发成分的方法是（　　）。

A.温浸法　　B.渗透法　　C.索氏提取法　　D.压榨提取法

13.在植物提取过程中，控制提取速度的步骤是（　　）。

A.浸润渗透　　B.解吸与溶解　　C.内扩散　　D.外扩散

14.蘑菇式提取罐系统没有的部件是（　　）。

A.冷凝器　　B.冷却器　　C.油水分离器　　D.搅拌器

15.动态提取罐罐体上安装有（　　）。

A.搅拌器　　B.气液分离器　　C.油水分离器　　D.冷凝器

16.水提醇沉法所得沉淀主要是（　　）。

A.黄酮　　B.木脂素　　C.多糖　　D.生物碱

二、简答题

动态提取浓缩工艺流程有哪些优缺点？

三、实例分析

在发酵法生产青霉素的过程中，以乙酸戊酯作萃取剂，采用了三级逆流萃取工艺流程。试分析其合理性。

模块八
色谱分离与设备

【知识目标】
掌握色谱分离设备的结构和性能；熟悉色谱分离设备的工作过程；了解色谱分离基本原理。

【能力目标】
熟练应用色谱分离技术进行混合物的分离纯化操作；学会色谱分离设备的操作技术。

【素质目标】
结合色谱知识和技能的学习，树立"德技共修"的思想。"德"是根本，是个人全面发展的底蕴，是未来职业发展与获得人生价值的保障，同时也是技能学习的激发器，是正确使用技能的定盘星。"技"是学生发展的明显标志，是胜任工作的硬核本领，也是未来安身立命不可或缺的保证，同时也是养成职业道德的基本途径。"德""技"应互融互动。

色谱分离技术起源于20世纪初，1950年后得到飞速发展，形成了一个独立的三级学科——色谱学。目前，色谱分离法已广泛应用于各类制药生产活动中。

单元一　色谱分离基本知识

色谱法采用了固定相和流动相，固定相是不流动的载体，往往具有吸附、离子交换、筛分、溶解等功能；流动相是液体或气体，是混合物的载体。流动相中各组分在固定相中分配比例有差异，当流动相流过固定相时各成分流出速度不同，从而得到分离，这就是色谱分离的基本原理。色谱分离设备可分为管式和釜式，常根据分离对象选择不同的分离设备。

一、色谱分离法概述

1. 色谱分离原理

各种物质都有特定的物理化学性质，如分子极性、分子之间的作用力、分子形状、分子直径大小等。根据"相似相溶"原理，如固定相物理化学性质与组分性质相当或者相近，则该组分在固定相中的分配比例大，在流动相中分配比例小，反之则疏远固定相而分配到流动相中。当流动相流过固定相时，在固定相中分配比例大的组分整体移动速度慢，在流动相中分配比例大的组分将随流动相快速流出，经过一定时间后，各组分在固定相上移动了不同的距离，从而分离开来。这种利用各组分物理化学性质的差异，使各组分在固定相和流动相中的分布程度有差别，导致各组分移动速度不同而被分离的过程，称为色谱分离法。如图8-1所示。

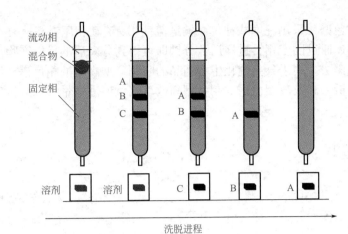

图 8-1　色谱分离过程

2. 色谱分离固定相

色谱分离的固定相有多种，如活性炭、硅胶、三氧化二铝、离子交换树脂、大孔树脂、羧甲基纤维素、凝胶等，同种固定相又有多种型号。根据物理化学性质又将固定相分为非极性固定相和极性固定相两大类。

二、色谱分离法分类

根据固定相的构成、流动相的状态以及分配原理，可分为多种色谱分离法。

1. 按流动相划分

（1）**气相色谱**　气相多数情况下采用氮气作载体，样品通过高温汽化成复杂混合气体后进入氮气流动，这种分离法叫气相色谱。

（2）**液相色谱**　流动相是液体的叫液相色谱。液相色谱的流动相分为水相和有机相两大类。水相即是水溶液作流动相，有机相则是用有机溶剂作流动相。在生物药物分离纯化过程中，主要采用液相色谱分离法。

2. 按作用原理划分

（1）**吸附色谱**　利用吸附剂表面对不同组分吸附性能的差异，达到分离鉴定的目的。如硅胶色谱、三氧化二铝色谱、活性炭色谱等。

（2）**分配色谱**　利用不同组分在流动相和固定相之间的分配系数不同，使之分离的方法。如三氧化二铝分配色谱等。

（3）**离子交换色谱**　利用不同组分对离子交换剂亲和力不同的分离方法。如阳离子交换树脂法、阴离子交换树脂法等。

（4）**凝胶色谱**　利用不同组分分子大小的不同进行分离的方法。

（5）**亲和色谱**　利用生物分子之间特异的亲和力进行分离的方法。

色谱分离法是纯化生物药物的主要方法，通过色谱分离可将生物药物精制到要求的纯度。

3. 按流动相流速划分

（1）**低压色谱**　采用低压输送泵输送流动相，流动相压力小于 0.3MPa，在色谱柱中流速缓慢。因流动阻力大，低压色谱分离过程耗时长，目前主要用于部分常规药品的分离纯化。

（2）高效液相色谱 采用柱塞式往复泵输送流动相，流动相压力高达15～30MPa左右，在高压下流动相快速通过固定相，进样后数分钟即可得到分离后的目标产物洗脱液，这种分离法叫高效液相色谱法。用于分离纯化生物药品的叫制备型高效液相色谱，用于分析检验药物理化指标的叫分析型高效液相色谱。制备型高效液相色谱进样量大，分析型高效液相色谱进样量小。

【课堂互动】

> 取装有 AB-8 大孔树脂的色谱柱 2 支，分别用手动上样和蠕动泵上样 20mL 胭脂萝卜汁，再用蒸馏水平衡。观察比较两支色谱柱流出萝卜红色素的快慢，分析原因。

三、色谱柱的结构

进行色谱分离的设备叫色谱柱，各种色谱分离法所采用的色谱柱结构上大同小异，现以分配色谱柱为代表介绍有关结构和操作过程。

1. 色谱柱材料

制造色谱柱的材料可以是玻璃、有机玻璃、金属和高分子塑料。其中，金属材料可分为碳钢和奥氏不锈钢，用作离子交换柱时需在内壁上用橡胶衬里；塑料材料可分为聚乙烯、聚丙烯、聚丙烯酸酯等。

2. 色谱柱的尺寸特性

通常将色谱柱制成管式和罐式两种，管式色谱柱分离过程叫静态分离法，罐式色谱柱因有搅拌器转动而称为动态色谱分离法。

管式色谱柱的尺寸对分离效果有较大的影响，影响大的指标是色谱柱的高度 L 与其内径 D 的比值，称为高径比。一般要求是 $L/D=10\sim 30$，如果高径比大，则分离效果更好，但过长的色谱柱会产生较大的流动阻力，且带来"壁面效应"，导致色带不清晰，容易产生返混。在进行分离时要根据具体组成确定高径比。

3. 典型结构

常见的色谱柱有玻璃色谱柱、夹套色谱柱、翻转式色谱柱等，如图 8-2 所示。大型色谱柱的关键零部件是液体分布器，料液经分布器均匀地分散后飘洒到色谱柱中，以免扰乱固定相上方液体的层流状态。

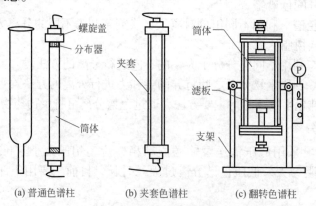

图 8-2 常见色谱柱的结构

（1）**玻璃色谱柱** 玻璃色谱柱用得非常广泛，如图8-2所示。玻璃色谱柱的优点是直观，可以观察柱内情况。另一个优点是玻璃材料化学性质稳定，一般不发生化学反应，能抵抗酸碱氧化腐蚀，因此不会污染组分，所以玻璃柱既可以作离子交换又可以作吸附筛分等色谱分离使用。但有机玻璃柱只用于离子柱，因有机玻璃可溶于有机溶剂，如作硅胶柱长时间使用后透明度降低且污染组分。

（2）**夹套色谱柱** 在进行恒温分离过程中，常采用夹套玻璃柱。在普通玻璃柱外壁制作一个夹套，即构成夹套玻璃柱。通常夹套玻璃柱采用耐高温的硼玻璃制成，可耐受中等强度的压力。

（3）**翻转式色谱柱** 翻转式色谱柱可以是玻璃柱，也可以是不锈钢柱或聚丙烯酸酯柱。其主体结构与普通玻璃柱相同，不同的是在支柱上设计有转轴，将转轴安装在支撑架的轴承中，用手柄控制转轴的转动。当装柱或更换固定相时，可将柱体倒转，以便于操作。

（4）**高效液相色谱分离系统** 高效液相色谱分离系统包含色谱分离柱、进样管路、高压泵、检测器、接受容器和色谱工作站。色谱分离柱采用耐高压、耐腐蚀的316L不锈钢管制成，按照装填固定相的类别可分为若干品种；高压泵一般采用柱塞式往复泵，按照泵数量可分为单泵系统、二元泵系统和四元泵系统，单泵系统常用于制备型高效色谱仪，四元泵系统流量均匀、准确度高，常用于精确分析高效液相色谱仪；检测器有紫外吸收检测器、电子捕获检测器等类型，用于流出组分的定性和定量检测；色谱工作站是将检测器形成的电流信号转换成数字信号的数据处理中心，由计算机显示数据，通过人机对话进行数据处理。图8-3为高效液相色谱分离系统组成示意图。

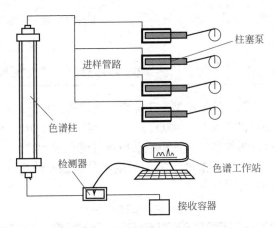

图8-3 高效液相色谱分离系统组成

单元二 吸附色谱

利用吸附剂作固定相进行分离的方法叫吸附色谱法。吸附色谱采用的吸附剂分为非极性和极性吸附剂两大类，所用的设备有管式色谱柱和釜式色谱柱。

一、吸附剂

1. 活性炭

药用活性炭通常是由椰壳、果壳、核桃壳、花生壳、棉籽壳等坚果材料制成。制炭材料在高温高压下脱水，经热解后留下碳原子构成的骨架而成活性炭，因大量氢氧原子脱落形成的水蒸气升腾至外表面，所以在活性炭内部形成了复杂的孔隙结构，产生了数量繁多的毛细管，构成巨大表面积而产生了强大的吸附力。活性炭中毛细管的大小确定了吸附样品颗粒直径的大小，对混合物中各组分具有选择吸附的作用，因而具有分离纯化作用。

活性炭是由碳原子形成的分子结构而成为非极性吸附剂，不溶于水和有机溶剂，可用于吸附水溶液中的有机化合物和重金属离子，还可用于溶液的脱色。

2. 硅胶

硅胶主要成分是二氧化硅，分子式：$m\mathrm{SiO}_2 \cdot n\mathrm{H}_2\mathrm{O}$，属非晶态物质，不溶于水和任何溶剂，无毒无味，化学性质稳定，除强碱、氢氟酸外不与任何物质发生反应，有较高的机械强度，由于硅胶颗粒内部具有大量的毛细孔因而具有强烈的吸附性能。

硅胶吸附性能的大小与其内部毛细孔数量的多少相关，毛细孔越多吸附性能越强。随孔隙大小不同硅胶可分为大孔硅胶、粗孔硅胶、B 型硅胶、细孔硅胶。粗孔硅胶在相对湿度高的情况下有较高的吸附量，细孔硅胶则在相对湿度较低的情况下吸附量高于粗孔硅胶，而 B 型硅胶由于孔结构介于粗、细孔之间，其吸附量也介于粗、细孔之间。

在生物制药分离纯化中所使用的硅胶有薄层硅胶和柱色谱硅胶两大类。薄层硅胶颗粒非常均匀且微小，其直径以微米计量，一般为 10～40μm。薄层色谱硅胶有四种类型，如表8-1所示。

表8-1　薄层硅胶及性能

名称	黏结剂	性能特点
硅胶 H	无黏合剂	与多种黏合剂合用，机械强度高，不易脱落
硅胶 G	煅石膏作黏合剂	机械强度差，易脱落
硅胶 HF	无黏合剂，含荧光物质	在特定波长下显示样品成分
硅胶 GF	含煅石膏和荧光物质	制作成石膏薄层板，特定波长显示样品成分

柱色谱硅胶不添加黏结剂，都是 H 型。工业级柱色谱硅胶的规格有：20～40目、20～60目、60～80目、100～200目、200～300目、300～400目、500～800目等，最常用的是100～200目和200～300目两种型号。柱色谱硅胶的性能见表8-2。

硅胶是极性吸附剂，在空气和溶液中强烈吸附水分，因而使用环境是非水溶剂，主要用于有机溶剂中极性化合物的吸附分离。

表8-2　柱色谱硅胶的性能

型号指标	粗孔柱色谱硅胶	细孔柱色谱硅胶	大孔柱色谱硅胶	B 型柱色谱硅胶
平均孔径 /Å[①]	80～100	20～30	120～180	40～70
孔容 /(mL/g)	0.75～1.0	0.35～0.4	1.05～1.25	0.6～0.8
比表面积 /(m²/g)	300～450	650～800	240～300	450～600
常用规格	20～40目、20～60目、60～80目、100～200目、200～300目、300～400目、500～800目			

① 1Å=0.1nm。

3. 大孔树脂

大孔树脂是由聚合单体、交联剂、致孔剂和分散剂等物质经聚合反应制备而成的高分子树脂。常用苯乙烯和丙酸酯作聚合单体，二乙烯苯作交联剂，甲苯和二甲苯作致孔剂。在聚合反应中聚合单体交联成立体网状结构，当除去致孔剂后，在树脂中留下了大大小小、形状各异、互相贯通的孔穴，孔穴直径一般在100～1000nm 之间，因其孔径较大，故称为大孔树脂。图8-4是大孔树脂在电子显微镜下的影像。

结构中无极性基团的树脂称为非极性大孔树脂，限用于非极性化合物的分离。结构中含有极性基团的树脂则称为极性大孔树脂，可用于极性化合物的分离。常用大孔树脂组成和极性见表8-3。

表8-3　大孔树脂的分类

大孔树脂名称	聚合单体	交联剂	接枝基团	典型代表
非极性大孔树脂	苯乙烯	二乙烯苯	无	D101、X-5
弱极性大孔树脂	苯乙烯或甲基丙烯酸酯	甲基丙烯酸酯	硫氧、酰胺、氮氧和吡啶	D201、AB-8
极性大孔树脂	乙烯、丙烯酰胺或亚砜			GDX-402

大孔树脂一般为白色的球状颗粒，粒度为20～60目，密度小，不溶于水，耐酸和有机溶剂，不受无机盐类及强极性低分子化合物的影响，对低浓度碱具有一定的稳定性。

（1）**大孔树脂工作原理**　大孔树脂分离原理之一是筛分作用：大孔树脂的毛细孔直径可按照需要设计制造，实际上有多种规格的大孔树脂在使用。当流动相流过大孔树脂时，小于树脂孔径的颗粒进入到树脂内部狭长的管道中，大于树脂孔径的颗粒从树脂颗粒间缝隙中流出，由此形成了流速差，不同组分流出大孔树脂的时间不同，因而将不同组分分离。

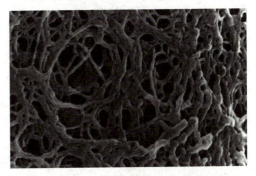

图8-4　大孔树脂的网状结构

大孔树脂分离原理之二是吸附：进入树脂毛细孔的分子，根据其分子结构和极性，在孔道内受到大小不同的范德华引力。由于不同分子所受的吸附力不同，因而存在移动速度差，从而达到分离目的。

（2）**大孔树脂的适用范围**　国内外使用的树脂种类众多、型号各异，性能差异较大。目前，最常使用的树脂有D系列、H系列、AB-8（弱极性）和SIP系列等。不同系列的树脂吸附效果不同，如DM-130吸附树脂对黄酮类化合物具有优良吸附性能；D-型及DA-型树脂对多糖吸附作用大于单糖和双糖；AB-8树脂对皂苷的吸附容量大于蛋白质和糖。

一般来讲，非极性物质在极性介质（水）内被非极性吸附剂吸附，极性物质在非极性介质中被极性吸附剂吸附，带强极性基团的吸附剂在非极性溶剂里能很好地吸附极性化合物；聚苯乙烯树脂一般适用于非极性和弱极性物质的化合物，如皂苷类和黄酮类；聚丙烯酸类树脂，一般带有酯基或酰胺基，对中极性和极性化合物如黄酮醇和酚类的吸附较好。

因大孔树脂具有多种优秀的分离性能，所以大孔树脂广泛应用于天然化合物的分离纯化过程中。

二、吸附色谱柱

吸附色谱柱有管式和釜式两类。管式色谱柱与普通色谱柱结构相同，釜式吸附色谱柱结构如图8-5所示。

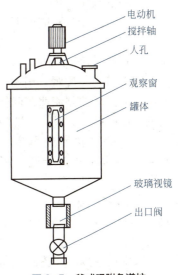

图8-5　釜式吸附色谱柱

釜式色谱柱内置搅拌器是为了搅动吸附剂和流动相。在搅拌过程中吸附剂完成了目标产物的吸附和洗脱分离，故又称为动态吸附色谱柱。

【知识拓展】

色谱法起源于20世纪初俄国植物学家米哈伊尔·茨维特用碳酸钙填充竖立的玻璃管。以石油醚洗脱植物色素的提取液，经过一段时间洗脱之后，植物色素在碳酸钙柱由一条色带分散为数条平行的色带。由于这一实验将混合的植物色素分离为不同的色带，后来人们将这种分离法叫色谱法。

三、大孔树脂色谱柱

（1）**新树脂的预处理** 大孔树脂是一类将有机单体与交联剂、致孔剂、分散剂等聚合而成的高分子材料，工业化产品中残存多种杂质，因而新购置的树脂要除去有机残留物。采用的方法是，首先使用2倍树脂体积的饱和食盐水浸泡18～20h，然后放尽食盐水，用清水漂洗净，使排出的水不显黄色，再用2倍树脂体积的2%～4%氢氧化钠（或5%盐酸）溶液浸泡2～4h，放尽碱或酸液后冲洗树脂至中性，再用大于95%的乙醇洗涤至洗涤液加水无沉淀即可。

（2）**使用条件选择** 组分能否被吸附和吸附了的组分能不能脱落下来，是吸附分离法工艺控制中的两个关键因素。吸附条件和解吸附条件的选择直接影响着大孔吸附树脂吸附工艺的好坏，要综合考虑各种因素，确定最佳吸附解吸条件。

影响树脂吸附效果的因素很多，主要有被分离成分的性质（极性和分子大小等）、上样溶剂的性质（溶剂对成分的溶解性、盐浓度和pH值）、上样浓度及吸附流速等。通常，极性较大分子使用中极性树脂分离，极性小的分子使用非极性树脂分离；体积较大分子选择较大孔径树脂分离；上样浓度越低越利于吸附，上样液中加入适量无机盐可以增大树脂吸附量；酸性化合物在酸性液中易于吸附，碱性化合物在碱性液中易于吸附，中性化合物在中性液中吸附。流速的选择以保证树脂可以与上样液充分接触吸附为准。

影响解吸条件的因素有洗脱剂的种类、浓度、pH值、流速等。洗脱剂可用甲醇、乙醇、丙酮、乙酸乙酯等，应根据不同物质在树脂上吸附力的强弱，选择不同的洗脱剂及浓度进行洗脱，调节洗脱剂的pH值可使吸附物改变分子形态有利于洗脱；通过实验确定合适的洗脱流速将提高洗脱效果。

（3）**吸附与洗脱** 用预先处理了的大孔树脂装柱制成树脂柱，再用去离子水平衡后即可上样，上样时控制流速，确保样品吸附。平衡后用去离子水洗脱水溶性杂质，再用有机溶剂洗脱目标产物，分段接受洗脱液，储存待用。

（4）**大孔树脂的再生** 树脂柱经反复使用后，树脂表面及内部残留许多非吸附性成分或杂质使柱效降低，因而需要再生，一般用95%乙醇洗至无色后再用大量水洗去乙醇即可。如树脂颜色变深可用稀酸或稀碱洗涤后水洗平衡。如柱上方有悬浮物可用水、醇从柱下进行反冲将悬浮物冲洗出，长期使用的柱床因挤压过紧或树脂颗粒破碎而影响流速，可从柱中取出树脂，盛入容器中用水漂洗除去小颗粒或悬浮物再重新装柱使用。

吸附色谱分离工艺流程如图8-6所示。

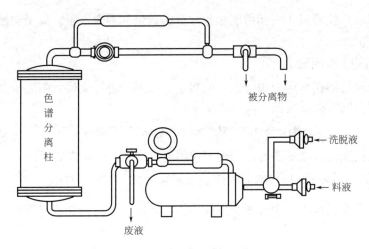

图 8-6 吸附色谱分离工艺流程

单元三 离子交换色谱

离子交换树脂法被广泛地应用于氨基酸、抗生素以及其他生物制剂的分离纯化中，是生物制药分离纯化的重要方法之一。

一、离子交换树脂概述

具有交换阴阳离子性能的高分子树脂称为离子交换树脂。离子交换树脂有多种型号，不同的型号用于不同成分的交换分离。

1. 离子交换树脂的组成

常用的离子交换树脂是由聚苯乙烯与二乙烯苯交联而成的高分子有机化合物，其分子结构为多孔网状骨架结构，如图8-7所示。

在离子交换树脂的分子结构上连接有酸性基团或碱性基团，连接酸性基团的树脂称为阳离子交换树脂，连接碱性基团的树脂称为阴离子交换树脂。常用酸性活性基团有磺酸基、碱性活性基团有季铵盐等。如732强酸型阳离子交换树脂结构式为 $R—CH_2—SO_3H^+$，717强碱型阴离子交换树脂结构式为 $R—NR_3^+OH^-$。离子交换树脂的型号很多，可根据使用目的选择相应型号的树脂使用。

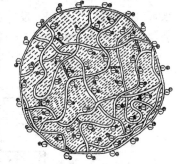

图 8-7 离子交换树脂的网状结构

2. 离子交换树脂的性能参数

评价离子交换树脂性能的参数有颗粒度、交换容量和含水量等。

（1）**颗粒度** 多数离子交换树脂为球形颗粒，如果树脂粒度过小，堆积密度增大，容易堵塞；如果树脂颗粒直径过大，则机械强度下降，装填量小，内扩散时间延长，不利于快速分离。颗粒度是颗粒不均匀性的客观量度，颗粒的大小称为颗粒的粒度，常用离子交换树脂的粒径在0.2～1.2mm之间。

（2）**交换容量** 单位数量离子交换树脂所交换离子的数量称为交换容量。交换容量分为质量交换容量和体积交换容量，常用体积交换容量。单位体积树脂可交换的物质的量（mmol）就是树脂的体积交换容量，单位为 mmol/mL。

（3）含水量 单位质量干树脂所能吸收水分的数量称为含水量。离子交换树脂的含水量一般为 0.3～0.7g/g。

3. 离子交换树脂的工作原理

阴阳离子交换树脂在水溶液中分别与阴离子、阳离子进行交换。阳离子交换树脂的活性基团将与流动相中的阳离子交换，反应式如下：

$$R-CH_2-SO_3^-H^+ + Me^+ \longrightarrow R-CH_2-SO_3Me^+ + H^+$$

阴离子交换树脂的活性基团与流动相中的阴离子交换，反应式如下：

$$R-CH_2-NR_3^+OH^- + X^- \longrightarrow R-CH_2-NR_3^+X^- + OH^-$$

如果将阳离子交换树脂和阴离子交换树脂混合使用，则两种交换过程同时发生，其反应式为：

$$RCH_2SO_3^-H^+ + RCH_2NR_3^+OH^- + Me^+X^- \longrightarrow RCH_2SO_3^-Me^+ + RCH_2NR_3^+X^- + H_2O$$
$$H^+ + OH^- \longrightarrow H_2O$$

如果制备去离子水，通过混合柱使交换进行得十分彻底，其出水水质优于阴、阳离子串联柱，出水电阻率可达 1～18MΩ·cm，获得高纯度的成品水。

二、离子交换树脂柱

离子交换法所使用的设备是离子交换柱。常用离子交换柱可分为单柱、混合柱等类型，如图 8-8 所示。

1. 单树脂柱

常规阴阳离子交换树脂单柱的结构比较简单，由圆柱形壳体、承重板、水帽、分布器、进水管、出水管、进气口、反冲水进口管等部件组成。在壳体中装填阳离子交换树脂的称"阳柱"，装填阴离子交换树脂的叫"阴柱"，在同一壳体中装填有阴、阳离子交换树脂的叫"混合柱"。

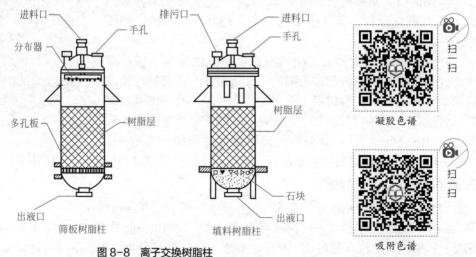

图 8-8 离子交换树脂柱

2. 混合柱

混合柱是指装填有阴阳离子树脂的柱，常用于制备去离子水。混合柱的结构与单柱有所不同，如图 8-9 所示，在圆筒形壳体上有上下两个封头，上封头设置有酸碱液进口和反洗水及空气排出口，中上部设置有纯化水进口，中下部开有中排孔。下封头设计安装了酸碱液进口、反冲洗水及空气进口，以及去离子水出口。

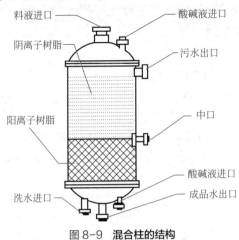

图 8-9 混合柱的结构

在制备去离子水时，混合柱内阴离子交换树脂和阳离子交换树脂装填量是不相等的，阴离子交换树脂用量大于阳离子交换树脂的用量，以此平衡酸碱度。

3. 反吸附柱

其主体结构和工作过程与单树脂柱相似，只是进料管延长到树脂柱底部，料液从底部的分布管中均匀进入树脂层，故称为反吸附柱。

三、离子交换树脂柱的操作

离子交换树脂柱的操作包括树脂预处理、装柱、上样和洗脱、再生四个环节。

1. 树脂预处理

新树脂常含有溶剂、聚合反应的引发剂和少量低聚物，还可能吸附有铁、铜、铝等金属离子。当树脂与溶液接触时，可溶性杂质会转入溶液中污染料液，所以新树脂使用前要进行预处理。阴阳离子交换新树脂的预处理过程相似，所使用的处理试剂有所差别。

（1）**阳离子交换树脂的预处理** 用3倍树脂体积的2mol/L的氯化钠水溶液浸泡新树脂2～4h，放净氯化钠溶液，用蒸馏水漂洗至排出水不带黄色后，再用3倍树脂体积2mol/L氢氧化钠溶液浸泡树脂2～4h，放尽碱液后，用蒸馏水冲洗至排出水接近中性为止，最后用3倍树脂体积浓度为2mol/L的盐酸溶液浸泡4～8h，放尽酸液，用蒸馏水漂洗至中性后即可使用。

（2）**阴离子树脂的预处理** 第一步与阳离子交换树脂的预处理相同，第二步用2mol/L的盐酸溶液浸泡4～8h，然后放尽酸液，用蒸馏水漂洗至中性，最后用浓度为2mol/L的氢氧化钠溶液浸泡4～8h后，放尽碱液，用蒸馏水洗至中性后即可使用。此时，阴离子交换树脂已转变为Na型。

2. 装柱

离子交换树脂装柱可分为湿法装柱和干法装柱两种。

（1）**干法装柱** 将含水量45%的离子交换树脂缓缓加入柱中，同时轻轻振动色谱柱，使离子交换树脂松紧一致，树脂高度一般约为柱内径的8～10倍。随后将色谱柱用洗脱剂小心沿壁加入，至刚好覆盖离子交换树脂顶部平面。

（2）**湿法装柱** 将离子交换树脂加入适量洗脱剂调成稀糊状，然后徐徐灌入色谱柱中，让离子交换树脂自然沉降。沉降后，树脂高度一般应在柱内径的8～10倍范围内。

无论是阳离子交换树脂还是阴离子交换树脂，装柱时应防止树脂层中存留气泡，以免交换时试液与树脂无法充分接触，还应注意不能使树脂露出水面，因为树脂露于空气中，当加入溶液时会产生气泡，而使交换不完全。

3. 上样和洗脱

（1）上样　分为湿法上样和干法上样两种。

① 湿法上样　把被分离的组分溶解在少量洗脱剂中，小心加在离子交换树脂顶部，注意保持离子交换树脂表面为水平面，上面的液体无湍动现象。

② 干法上样　当被分离物质难溶于洗脱剂，这时可选用一种对其溶解度大而且沸点低的溶剂，取尽可能少的溶剂将其溶解。在溶液中加入适量离子交换树脂，搅拌交换一定时间，收集树脂装入树脂柱。

干法上样在吸附分离中用得比较多，在离子交换分离法中应用得少。

（2）洗脱　在色谱柱中缓缓加入洗脱剂进行洗脱，各组分则先后被洗出。洗脱液合并后，回收溶剂，得到某单一组分。整个操作过程必须保持树脂表面的溶液无湍动现象，液面恒定，不流干。

4. 树脂的再生

当离子交换树脂使用到一定期限后，其交换容量达到终点，需再生处理后才可继续使用。离子交换树脂的再生分为同时再生和适时再生两种方式。所有树脂都同时达到交换终点则可同时进行再生。但生产过程中离子交换柱一般不会同时失效，再生工作随时都有可能进行，因而进行适时再生。阴、阳离子树脂的再生操作过程有反洗、排除积液、进再生液、置换清洗、正洗等步骤。

（1）反洗　用自来水逆流反冲洗离子交换树脂，将覆盖在树脂上的污物冲洗掉，直到排出清晰透明的水为止。

（2）排除积液　打开排气阀和下排阀，将柱内积液排除干净，以免再生液被稀释和污染。

（3）进再生液　关闭下排阀，打开酸阀或碱阀，将酸或碱输入到离子交换柱内浸泡。再生液的用量以树脂刚好均匀吸收完为度。

（4）置换清洗　当再生液被树脂吸收后，可用蒸馏水冲去管道内及柱体内残留的再生液，直至阳离子柱的流出液 $pH \approx 2.30 \sim 2.52$、阴离子柱流出液 $pH \approx 10 \sim 11$ 时为止。

（5）正洗　关闭酸碱阀，打开进水阀，待排气阀出水，打开污水阀，关闭排气阀，控制流速进行冲洗，以出水质量达到控制指标即可转入正常运行。

柱体正常出水时，阳柱的出水呈酸性，其 $pH < 3 \sim 4$，阴柱的出水呈微碱性，其 $pH \approx 7 \sim 8$。

5. 混合柱的再生

混合柱的再生与单柱操作不同的是增加了反洗分层和混合过程，有反洗分层、排除积液、进再生液、置换清洗、混合、正洗等操作步骤。

（1）反洗分层　先从底部向柱内通入压缩空气将树脂吹松，然后再逆向通入清水进行冲洗，清水的流量要大，能够将树脂层冲散并悬浮在水中。反冲一段时间后即可停止进水，让树脂自由沉降。由于阳离子交换树脂的密度大于阴离子交换树脂的密度，因而沉降后将会自然分层，阳离子交换树脂在下层、阴离子交换树脂在上层。反冲分层后应有清晰的分界面，否则需重新反冲，直至分层清楚。

（2）排除积液　将柱内积液排除到树脂层面以上，避免再稀释。

（3）**进再生液** 关闭下排阀，同时打开进酸阀、进碱阀、中排阀，以同样的流量分别从上部进碱、下部进酸，待树脂均匀吸收酸碱后，控制中排阀，以保持柱内液面恒定。

（4）**置换清洗** 当树脂吸满再生液后，关闭进酸、进碱阀，以同样的流量从上下部通入蒸馏水，并从中排阀排出，以冲去管道中的残留再生液。以出水的酸碱度确定冲洗终点。

（5）**混合** 待清洗合格后通入蒸馏水反冲使树脂层松动，让树脂充分运动，然后再从底部通入氮气使树脂呈沸腾状以达到充分混合。当混合均匀后立即从进水阀进水，从排出阀排水，使树脂迅速沉降，防止树脂分层和产生气泡。

（6）**正洗** 用蒸馏水正洗，以排出符合水质指标的水为终点，然后转入运行生产去离子水。

【学习小结】

色谱分离法是建立在目的产物分子结构和分子极性有差异基础之上的高度分离纯化方法，包括吸附色谱法、离子交换色谱法、凝胶色谱法等。色谱分离设备结构简单，操作过程具有相似性，分为装柱、上样、洗脱、再生等步骤。操作关键点是加样时液体要均匀地分布到树脂面上的液层中，不能扰乱液层，其次是要控制好流动相速度，通过流速控制达到更好的分离。

【目标检测】

一、单项选择题

1. 利用混合物中各组分的物理、化学性质的不同，使各组分以不同的程度分布在两相中，而达到分离的技术称为（　　）技术。
  A.沉淀分离技术 B.电泳分离技术 C.分光光度技术 D.色谱分离技术
2. 原理为分子筛的色谱分离法是（　　）。
  A.离子交换树脂法   B.硅胶吸附分离法
  C.聚酰胺色谱法   D.氧化铝色谱法
3. 在吸附色谱分离中，样品各组分的分离基于（　　）。
  A.样品组分的电性不同   B.溶解度的不同
  C.吸附剂吸附能力的不同   D.极性的不同
4. 硅胶吸附柱色谱常用的洗脱方式是（　　）。
  A. 乙醇水溶液洗脱   B. 极性梯度洗脱
  C. 极性溶剂梯度洗脱   D.pH 梯度洗脱
5. 在吸附色谱中，首先流出色谱柱的组分是（　　）。
  A.吸附能力小的 B.吸附能力大的 C.溶解能力大的 D.溶解能力小的
6. 判断大孔树脂预处理结束的标准是（　　）。
  A.乙醇洗脱液无色   B.乙醇洗脱液无沉淀
  C.乙醇洗脱液遇水为澄清液   D.乙醇洗脱液遇水呈乳白色
7. 将大孔树脂装柱后，常用（　　）柱床体积的去离子水进行平衡。
  A.0.5倍   B.1倍   C.2.5倍   D.5.0倍
8. 在酸性条件下用下列哪种树脂吸附氨基酸有较大的交换容量（　　）？

A. 羟型阴　　　　　B. 氯型阴　　　　　C. 氢型阳　　　　　D. 钠型阳

9. 混合离子交换树脂柱的成品水出口在（　　）。

A. 柱顶　　　　　B. 柱底　　　　　C. 柱高中间　　　　　D. 污水出口

10. 对高效液相色谱分离法不正确的描述是（　　）。

A. 对植物色素的分离　　　　　　　B. 采用了高效固定相
C. 固定相的毛细孔面积大　　　　　D. 使用高压流动相

二、简答题

1. 简述强酸性阳离子交换树脂732的再生过程。
2. 简要说明大孔树脂的工作原理。
3. 凝胶色谱柱与离子交换树脂柱有什么异同？

三、实例分析

在研究毛发水解液中混合氨基酸分离方法时发现，采用离子交换法分离所得成品纯度大于99%，回收率为54.21%。试分析其理论依据。

模块九
蒸发浓缩与设备

【知识目标】
　　了解蒸发概念；了解中央循环蒸发器的结构和工作原理；熟悉外加热式蒸发器、膜蒸发器的结构和工作原理；掌握刮板蒸发器的结构和工作原理。

【能力目标】
　　学会外加热式蒸发器的操作技术；掌握薄膜蒸发器、刮板蒸发器的操作与维护技术。

【素质目标】
　　通过蒸发与浓缩的实践，培养精益求精的品质精神，养成严谨细致的工作作风、认真负责的工作态度。

　　发酵液经预处理、固液分离、溶剂萃取和色谱分离后，含目标产物的液体体积大于原有体积，目标产物浓度降低不利于干燥，需要将大量的溶剂移出。加热汽化以蒸汽形式移出溶剂的过程叫蒸发。

　　蒸发是发生在液体表面的汽化过程，是溶剂从液相转变为气相的一种方式，是一个动态的过程。在蒸发过程中，一方面液体以蒸汽形式逸出，另一方面蒸汽分子冷凝返回到液体中，当逸出速度与冷凝返回速度相等时，蒸发过程达到动态平衡，此时各组分在气液两相中的分数不改变。

　　蒸发速度决定于液体性质、液体温度、蒸发面积、表面污染物和大气压力。当加热至沸腾时料液大量汽化，蒸发速度最快。料液沸腾温度受大气压力的影响显著，大气压力越高沸点越高，大气压力越低沸点越低。为了使溶液在低温下即可沸腾，采取抽真空减压的方法即可。此即为蒸发操作的理论基础。

　　进行液体蒸发的设备叫蒸发器。蒸发器的种类很多，按料液流动情况可分为循环蒸发器和单程蒸发器；按加热方式可分为内加热蒸发器和外加热蒸发器。

单元一　循环型蒸发器

　　在蒸发过程中，原料液溶剂减少形成浓缩液，浓缩液再蒸发再浓缩的过程称为循环蒸发。进行循环蒸发的设备叫作循环型蒸发器。按产生循环的动力类型划分，循环蒸发器又可分为自然循环蒸发器和强制循环蒸发器，前者是因料液受热后产生了密度差而引起的循环流动，后者是外在动力推动下的循环流动。

一、中央循环管式蒸发器

　　中央循环管式蒸发器由蒸发室和气液分离室组成，在两块多孔管板间，焊接若干根直径为25~75mm、长度为1~2m的金属列管,列管与管板上小孔相通,其中央管道孔径大于其余列管的孔径,这样就构成一个加热器,将加热器焊接到蒸发器的下部即构成密闭的蒸发室。在蒸发室外壁上下方各开一小口并焊接一段金属管道,即构成加热蒸汽的进出口。在蒸发室中直径较小的列管叫加热管,直径大的称中央循环管,又叫降液管。降液管既是回流通道,又是原料液进入加热室的进口管道。

分离室顶部安装有除沫器,蒸发器的下底采用封头密封,封头上设计有浓缩液出口和冷凝液出口。中央循环管式蒸发器的结构如图9-1所示。

在进行蒸发操作时,原料液从中央循环管进入到蒸发器底部,再从底部上升进入加热管。加热用的工业蒸汽从上方进入加热室的夹套,加热管内温度很高,原料液进入后即被迅速汽化,产生了饱和蒸汽。饱和蒸汽夹带泡沫和部分液体上升进入分离室,受重力作用液体沉降下来并经降液管回流到加热室,泡沫被除沫器粉碎后消除,蒸汽则继续上升离开分离室进入冷凝器,在冷凝器中大多数蒸汽冷凝成液体,未冷凝的少量蒸汽与冷水直接混合而冷凝。浓缩液集中贮存在加热室底部,当浓度符合要求后即可停止蒸发,从浓缩液出口放出。

由于直径大,液体受热不均匀,因而中央循环管内料液密度大,受重力作用而自然下沉;加热管直径小、温度高,其中的料液受热汽化后密度减小,与中央循环管中的料液形成密度差,从而产生了循环流动,循环速度一般为0.4~0.5m/s。

由于加热管束直径小、表面积大,所以中央循环蒸发器传热面积可达几百平方米,传热系数可达600~3000W/(m^2·℃),缺点是管内结垢后清洗困难,因此中央循环管式蒸发器适用于结垢不严重、结晶少、腐蚀性小的原料液的蒸发浓缩。

二、悬框式循环蒸发器

悬框式循环蒸发器与中央循环管式蒸发器的结构相似,但加热器的结构不同。

如图9-2所示,用金属薄板将加热器两管板之间的空间密封,即构成列管式换热器。在此换热器下端的管板边缘处开一圆孔,用金属管道引出则形成加热蒸汽冷凝液出口,上端管

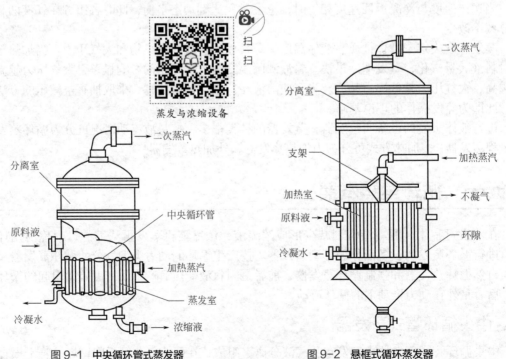

图9-1 中央循环管式蒸发器　　图9-2 悬框式循环蒸发器

板中央循环管为加热蒸汽进口。将中央循环管管壁开孔与壳程相通，底部密封，则构成加热蒸汽通道。由于加热器管板直径小于蒸发器的内径，形成的环隙就构成了料液下降循环通道，起着降液管的作用。

用吊车将加热器安装到蒸发器中，将加热工业蒸汽管道与中央循环管孔对接，将料液管连接到加热器料液进口，即构成一台悬框式循环蒸发器。

在蒸发操作时，工业蒸汽经中央循环管进入壳程，释放热量后从冷凝液出口流出，原料液从加热室上方进入后沿环隙向下流动。由于存在密度差的影响，下降到底部的料液沿加热管束上升，被加热后蒸发成饱和蒸汽。上升的气液经除沫器除沫后进入分离室，液体沉降到蒸发器底部，再次进入加热管受热蒸发。浓缩液集中贮存在加热室底部，当浓度符合要求后即可停止蒸发，从浓缩液出口放出。

悬框式中央循环蒸发器环隙截面积大，料液循环速度可达 1～1.5m/s。加热室可调换，可用备用加热器替换污染了的加热器，因而不仅有利于污垢的清洗，同时缩短了等待时间，提高了生产效率。

三、外加热式循环蒸发器

外加热式循环蒸发器是在悬框式中央循环管蒸发器基础上改进的，由独立的加热室、分离室和循环管组成，加热室和分离室之间用循环管连接。加热室采用列管式换热器加热，无中央循环管，列管直径相同，可根据需要延长列管长度。加热蒸汽进口和冷凝水出口都设置在列管式换热器的壳体上，料液进口和浓缩液出口都设置在加热室底部，如图9-3所示。

将原料液输送进入加热室和分离室中，关闭进料阀后通入加热蒸汽，料液在加热室中受热后形成过热料液，过热料液沿加热管上升进入分离室，因分离室空间大，过热料液突然减压而产生瞬时汽化，产生的二次蒸汽进入冷却器与冷水直接混合形成冷凝液，部分过热料液放热后降温形成浓缩液，由于循环管内浓缩液温度低、密度大，在重力作用下沿循环管下降，再次进入加热室受热汽化，形成循环流动，循环速率可达1.5m/s。浓缩液集中贮存在加热室底部，当浓度符合要求后即可停止蒸发，从浓缩液出口放出。

由于加热室的大小不受限制，所以外加热式蒸发器的加热面积很大，有的可达几千平方米。同时，因加热管束的清洗和维修方便，所以外加热式蒸发器广泛地应用于易结垢和易结晶料液的蒸发浓缩过程。

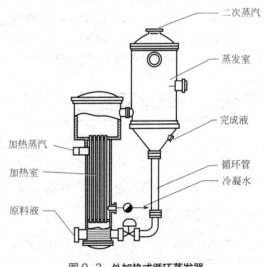

图9-3　外加热式循环蒸发器

四、强制循环蒸发器

稀溶液的蒸发浓缩过程是一个渐次提高浓度的过程，从稀溶液到浓溶液需要反复的蒸发才能实现，反复的次数可根据料液和蒸发器性能而定。在药物生产过程中，有时要浓缩黏度较大、浓度较低的溶液，如果采用自然循环，其蒸发速率不高，甚至循环过程难以进行，必须施加外力推动料液流动才能进行循环蒸发。强制循环蒸发器可适用于这类料液的蒸发浓缩。

强制循环蒸发器结构与外加热蒸发器类似。如图9-4所示，在加热室和循环管之间安装一台循环泵，将浓缩液出口设置在分离室底部，如此就构成了强制循环蒸发器。

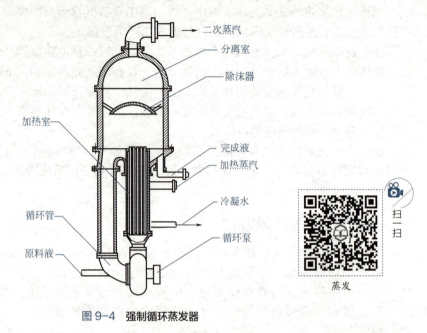

图9-4 强制循环蒸发器

料液蒸发过程与外加热循环蒸发器相同，浓缩液回流过程主要靠循环泵推动，通过循环泵输送实现料液循环。由于有动力输送，强制循环蒸发器中浓缩液的循环速度快，一般为2～3.5m/s，可将循环速率调节在适宜的范围。

强制循环蒸发器传热面积大，能量消耗大，每平方米加热面积消耗的功率为0.4～0.8kW，强制循环蒸发器仅用于黏度大和易结晶结垢料液的蒸发。

单元二　单程蒸发器

原料液在蒸发器中只加热蒸发一次即达到所需浓度，不作循环蒸发，这种蒸发过程叫单程蒸发。进行单程蒸发的设备又叫膜式蒸发器。根据液膜的形成过程和流动状态，膜式蒸发器又可分为升膜式蒸发器、降膜式蒸发器、刮板式薄膜蒸发器等。

一、升膜式蒸发器

如图9-5所示，升膜式蒸发器由加热室、除沫器、分离室等部件构成。加热室是一组列管式换热器，列管直径为25～50mm，管长3～10m，管径比为100～150，无中央循环管设置。该蒸发器的加热蒸汽进口设计在加热室上部，原料液进口设置在加热室底部，浓缩液出口设置在分离室的底部。

原料液预热到沸点或接近沸点后，从蒸发器底部进入列管受热后迅速沸腾汽化，生成的蒸汽快速上升，同时带动原料液沿管内壁成膜状上升，在上升过程中原料液形成的液膜不断汽化成蒸汽。形成的过热料液经初步除沫后进入分离室并分离成二次蒸汽和浓缩液，二次蒸汽从顶部导出，浓缩液从底部排出。

升膜式蒸发器操作关键是要使料液成膜状上升。为了使料液成膜，要注意控制好三个操作要点：一是列管的长径配置一定要严格遵守比例；二是要将原料液预热到沸点或接近沸点；三是控制加热蒸汽流量，使得列管内蒸汽冲出管口时的速度在加压下大于10m/s、常压下为20～50m/s、减压下为100～160m/s。

升膜式蒸发器适用于蒸发量大、热敏性及易产生泡沫的料液，不适用于处理浓度较大、易结晶、易结垢和黏度大于0.06Pa·s的料液。

二、降膜式蒸发器

如图9-6所示，降膜式蒸发器由加热室、分离室、分布器组成，其加热室和分离室的结构与升膜式蒸发器相似，但加热蒸汽进口和原料进口不同。在该蒸发器中，原料液和加热蒸汽进口均设置在加热器顶部，且原料液进口设计了专门的液体分布器，浓缩液出口设置在分离室的下部。

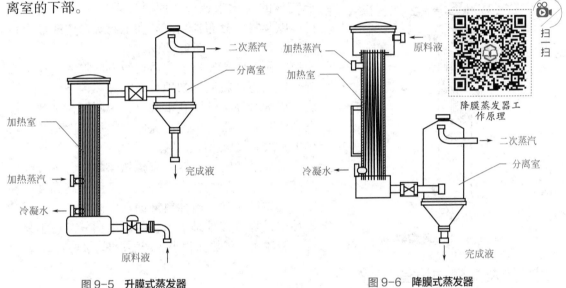

图9-5　升膜式蒸发器　　　　　　图9-6　降膜式蒸发器

分布器有多种结构形式，常见的分布器结构如图9-7所示。分布器起着在加热列管间均匀分布原料液的作用，可促进液膜的形成，并具有防止蒸汽从加热管上部窜出的液封作用。

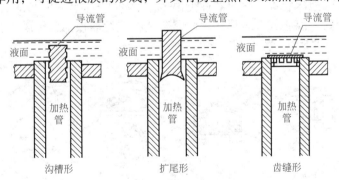

图9-7　降膜式蒸发器分布器结构

原料液从蒸发器顶部加入均匀地分布到加热管内壁，在重力作用下沿管壁成膜状下降。在下降过程中被加热管加热而不断蒸发，产生的蒸汽和料液都从加热室底部进入气液分离室，并分离成二次蒸汽和浓缩液。二次蒸汽从上部引出，浓缩液从底部排出。

降膜式蒸发器传热系数比升膜式蒸发器的小，适用于浓度高、黏度大、热敏性物料的蒸发浓缩，但不适用于易结晶、易结垢的料液。

三、刮板式薄膜蒸发器

在生物制药生产中常采用刮板薄膜蒸发器进行蒸发浓缩，部分企业还用于有机溶剂的回收操作。

刮板薄膜蒸发器由加热夹套、刮板、分布器等部件组成。加热夹套是加热蒸汽的流道，从下向上采用分段式加热，通过夹套内壁对料液加热。由电动机驱动的传动轴顺壳体中轴线安装，传动轴上安装有3～8列轴向分布的刮板，刮板边沿与夹套内壁之间有一定距离的缝隙，缝隙的大小可根据需要调节。一般地，固定式刮板与夹套内壁的间隙为0.75～1.5mm，转子式刮板与夹套内壁的间隙由转子转数的变化来调节。原料液进口和二次蒸汽出口，以及料液分布器均安装在上封头，浓缩液出口设置在下封头，如图9-8所示。

原料液由蒸发器上部沿切线方向加入，在刮板旋转带动下，料液均匀地分布在壳体内壁上，并形成下旋的液膜。液膜在下降过程中不断被加热、蒸发和浓缩，产生的蒸汽沿壳体向上从二次蒸汽出口排出，浓缩液从底部排出。

刮板式薄膜蒸发器具有传热速率快、溶液停留时间短、适应的物料广等优点，可用于高黏度、易结晶、易结垢和热敏性料液的蒸发浓缩，尤其对热敏性中药提取液处理效果良好。结构复杂、不易维修、能耗大、传热面积小、产能低是其缺点。

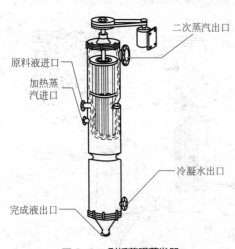

图9-8　刮板薄膜蒸发器

四、蒸发器辅助设备

蒸发器的附属设备有除沫器、冷凝器和形成真空的装置。

（1）**除沫器**　蒸发过程中易产生大量泡沫，容易导致产品损失和设备污染，必须在蒸发器内部或外部设置除泡沫装置。除沫器种类很多，如图9-9所示的为经常采用的几种除沫器，其中折流式、丝网式、离心式、球形式除沫器安装在蒸发器顶部，旋风式、隔板式除沫器安装在蒸发器的外部，是附属设备。

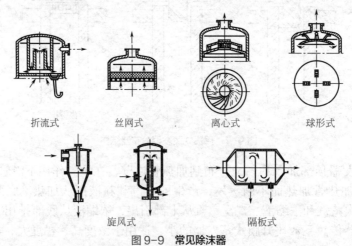

图9-9　常见除沫器

（2）冷凝器　蒸发过程产生的二次蒸汽含有热量需要回收。如果二次蒸汽具有再利用价值，或者直接排放会造成空气污染，则需要冷凝回收。回收器一般采用列管式换热器，还可用高位逆流混合冷凝器直接冷凝。

（3）真空泵　为了提高蒸发速度、降低能耗常需要减压蒸发，采用真空泵将蒸发产生的气体抽出形成真空，降低沸点加快蒸发速度。常用真空泵有水力喷射器、旋片真空泵和水循环真空泵等，这些设备已在第二章作了介绍，此处不再重述。

【知识拓展】

旋转蒸发器是实验室常用膜式蒸发器，主要用于生物制药、化工等行业的浓缩、结晶、干燥、分离及溶剂回收等。其原理为：在真空条件下，恒温加热，使旋转瓶恒速旋转，物料在瓶壁形成大面积薄膜，高效蒸发。溶剂蒸汽经高效玻璃冷凝器冷却，回收于收集瓶中，大大提高了蒸发效率，适用于天然药物稀溶液的浓缩。

单元三　蒸发工艺流程

蒸发操作一般是在萃取或色谱分离后进行。根据生产过程中萃取液或洗脱液形成的数量，可选择连续蒸发操作或间歇蒸发操作。根据溶剂沸点和目标产物对热的敏感程度，可选择常压蒸发、加压蒸发或减压蒸发。如果二次蒸汽不作为加热蒸汽使用，这种蒸发工艺流程叫单效蒸发。将多个单效蒸发器组合起来，并把二次蒸汽作加热载体利用，这种蒸发工艺流程叫多效蒸发。在制药工业上最常见的是两效或三效蒸发。

一、单效蒸发工艺流程

单效蒸发流程比较简单，加热蒸汽在蒸发器壳程管间冷凝并放热，热量通过管壁传给管程的料液，放热后的蒸汽冷凝成液体水经气液分离器排出。原料液蒸发后成为浓缩液从蒸发器排出，产生的二次蒸汽，经除沫器分离出液沫后，进入冷凝器内与冷却水直接混合成冷凝液。

单效蒸发工艺条件易于控制，适合于蒸发黏度较高的溶液，也可以用于易结垢和易结晶料液的蒸发。其缺点是加热蒸汽耗用量大，能量利用率低，需要反复蒸发浓缩才能达到预定浓缩指标。

【案例分析】

实例：在天然色素提取过程中采用刮板薄膜蒸发器蒸发浓缩。

分析：天然色素热稳定性不高，如果采用循环蒸发器蒸发浓缩，由于温度高且加热时间长，所以部分色素在蒸发段就被氧化分解，最后回收率不高。由于刮板薄膜蒸发器是单程蒸发器，料液受热时间短，易氧化变质的成分来不及反应就离开了加热器，因而保质效果好。而且刮板薄膜蒸发器能耗低、回收率高，生产成本降低。

二、多效蒸发工艺流程

依据原料液物理化学性质，可按照原料液和加热蒸汽流动方式进行并流、逆流和平流三种相对流动方式的组合，形成三种蒸发工艺流程。由于在药物生产中最常用的是三效蒸发，故本节只讨论三效蒸发器的组合问题。

1. 并流三效蒸发工艺流程

如图9-10所示，在并流三效蒸发流程中，原料液进入第一效蒸发器中加热蒸发，浓缩液被输送进入第二效蒸发器中加热蒸发，第二效浓缩液进入第三效蒸发器中加热蒸发，最后所得浓缩液称为完成液，从蒸发器底部放出，进入贮存罐贮存备用。

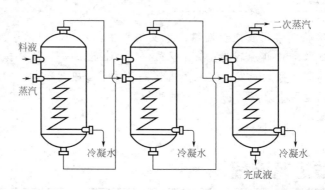

图9-10　并流三效蒸发工艺流程

加热蒸汽的流动方向与原料液相似，加热蒸汽进入第一效蒸发器中释放潜热后以冷凝水排出，第一效产生的二次蒸汽温度很高，用管道引入到第二效蒸发器的加热室，在对来自第一效蒸发器的浓缩液加热后以冷凝水从底部排出，第二效蒸发器中生成的二次蒸汽温度仍然很高，被导入第三效加热室对第二效浓缩液加热，以冷凝水排出。第三效蒸发器产生的二次蒸汽需回收废热，可用来预热原料液或生活用水，降低能源成本。

在并流三效蒸发流程中，前效料液温度和罐内蒸汽压力高于后效，因此压力差可将原料液输送到下一效，无需安装流体输送设备。另外，第三效产生的二次蒸汽温度较高，也可用来对原料液进行预热，所以不设预热器。

并流多效蒸发流程辅助设备少，温度损失小，操作简便，工艺稳定，设备维修量小。其缺点是：后效温度低，浓缩液的黏度逐效增大，降低了传热系数，因此需要增加较大的传热面积进行换热。

2. 逆流三效蒸发工艺流程

如图9-11所示，在逆流三效蒸发流程中，原料液与蒸汽走向相反。原料液先进入末效蒸发后，浓缩液用泵送入第二效蒸发器的加热室受热蒸发，第二效浓缩液用泵输送到第一效蒸发器加热室受热蒸发，此时所得浓缩液浓度很高，称为完成液，输送到贮罐保存备用。

与原料液走向相反，加热蒸汽进入第一效蒸发器加热室放热后冷凝成液体，从底部排出。将第一效产生的二次蒸汽引入第二效蒸发器加热室，对第一效浓缩液加热后冷凝成液体排出。第二效产生的二次蒸汽进入第三效蒸发器中对第二效浓缩液加热，释放热量后冷凝成液体排出蒸发器。

在逆流三效蒸发流程中，因浓缩液浓度和温度都逐渐升高，所以各效的黏度相差较小，传热系数大致相同。由于第一效是采用高温工业蒸汽加热，所以浓缩液排出温度较高，可在减压下闪蒸浓缩。整个工艺流程充分利用了各效二次蒸汽的余热，故需要的工业蒸汽量不大，降低了能源成本。为了便于浓缩液的输送需安装流体输送设备。另外，由于各效进料温度低于沸点，故必须设置预热器。

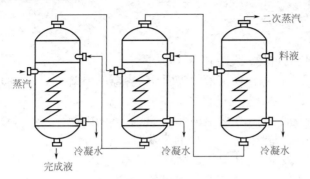

图 9-11　逆流三效蒸发工艺流程

3. 平流三效蒸发工艺流程

如图 9-12 所示，在平流蒸发流程中，原料液分别加入到各效蒸发器中，浓缩液分别从各效蒸发器中引出并汇集到贮存罐。加热蒸汽从第一效蒸发器进入，放热后形成冷凝液从底部排出，产生的二次蒸汽进入第二效蒸发器加热室，释放热量后形成冷凝液排出，第二效产生的二次蒸汽进入第三效蒸发器加热室，在第三效蒸发器中释放热量后形成冷凝液排出。

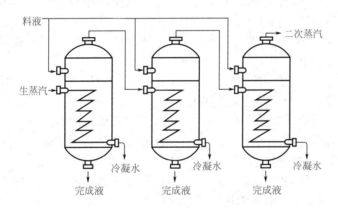

图 9-12　平流三效蒸发工艺流程

平流三效蒸发流程主要用于黏度大、易结晶的料液，也可以用于两种或两种以上不同原料液的同时蒸发过程。

总的来看，多效蒸发工艺流程只有第一效使用了工业蒸汽，有效地利用了二次蒸汽中的热量，故节约了工业蒸汽的消耗量，降低了生产成本，提高了经济效益。

【学习小结】

蒸发是液相转变为气相的过程，蒸发过程发生在液体表面，空气压强越小和液体温度越高，蒸发速度越快。液体蒸发过程有常压蒸发和减压蒸发两种基本方式，循环蒸发设备主要是外加热循环蒸发器，加热时间长。单程蒸发器有降膜蒸发器、升膜蒸发器和刮板薄膜蒸发器，加热时间短。蒸发工艺有单级蒸发、多级逆流蒸发、多级平流蒸发、多级错流蒸发流程。

【目标检测】

一、单项选择题

1. 蒸发是溶剂汽化的过程,发生在( )。
   A.溶液的内部　　　　　B.溶液的表面　C.容器的内壁　　　　D.容器的底部
2. 沸腾时溶剂大量汽化,蒸发过程发生在( )。
   A.溶液的内部和表面　　B.溶液内部　　C.容器的内壁　　　　D.容器的底部
3. 浓缩高黏度的中药提取液,常采用的蒸发器是( )。
   A.中央循环管式蒸发器　　B.悬框式循环蒸发器
   C.文氏蒸发器　　　　　　D.强制外加热循环蒸发器
4. 中央循环管式蒸发器推动料液循环运动的是( )。
   A.二次蒸汽　　　　B.原料液的出口压力
   C.料液密度差　　　D.蒸汽快速运动
5. 在悬框式循环蒸发器的加热室中,加热蒸汽( )。
   A.在管程流动　　B.在壳程流动　　　C.在中央管中流动　　D.在蒸发器底部流动
6. 强制循环蒸发器中推动料液循环运动的主要作用力是( )。
   A.泵　　　　　B.料液密度差　　　C.二次蒸汽压　　　D.万有引力
7. 外加热循环蒸发器的料液( )。
   A.不参加循环　　B.要预热　　　　C.不预热　　　　D.沿加热管降落
8. 循环型蒸发器的缺点是( )。
   A.处理量不大　　B.循环速度慢　　C.加热时间长　　D.体积庞大
9. 降膜式蒸发器液体分布器的关键作用是( )。
   A.将料液平均分布到各加热管中　　B.将加热管内的蒸汽导出
   C.增加料液的湍流程度　　　　　　D.增加料液进入加热管的压力
10. 刮板式薄膜蒸发器的料液( )。
    A.从下部进入　　B.从上部进入　　C.从中下部进入　　D.在露点进入
11. 用刮板式薄膜蒸发器蒸发酒精溶液时,在( )。
    A.真空下进行　　B.常压下进行　　C.76.5℃下进行　　D.蒸汽蛇管中冷却
12. 最浪费能源的蒸发工艺是( )。
    A.单效蒸发　　B.三效并流蒸发　　C.三效逆流蒸发　　D.三效平流蒸发

二、简答题

1. 简述降膜式蒸发器的蒸发工艺过程。
2. 简述刮板式薄膜蒸发器的工艺过程。
3. 比较三效逆流蒸发工艺流程与三效平流工艺流程的使用范围。

三、实例分析

在天然植物有效药用成分的提取分离研究过程中,经常采用旋转蒸发器进行溶剂回收,请分析旋转蒸发器的工作原理。

模块十
蒸馏与设备

【知识目标】
了解蒸馏基本原理，双组分理想混合体系的气液平衡原理及意义；掌握酒精回收塔的结构和工作原理；熟悉板式塔的结构和工作原理。

【能力目标】
熟练应用酒精回收塔的操作技术回收有机溶剂；学会板式塔的基本操作技术。

【素质目标】
通过蒸馏实践，强化安全生产意识，深刻理解生产过程必须在符合规定的条件下进行，才能保证工作人员的人身安全与健康、设备和设施免受损坏、环境免遭破坏，保证生产经营活动得以顺利进行。安全生产是促进社会生产力发展的基本保证，也是保证社会主义经济发展、进一步实行改革开放的基本条件。

生物制药过程中的料液，是多种组分体系，从中可提取原药或中间体。在提取时，有效成分从复杂的混合体系转移到组成比较单一的新体系中，发生了相际间的宏观位移。通常把物质在相际间的宏观位移称为传质过程。使物质发生传质过程所采用的方法有吸收、干燥、蒸馏、萃取等单元操作。本章将介绍有关蒸馏传质的一般原理及蒸馏设备基本知识。

单元一 蒸馏

蒸馏是将不同挥发度的多组分溶液加热至沸腾，并收集易挥发组分蒸汽冷凝液的过程。在制药工业中蒸馏操作广泛用于有机溶剂的回收中。

一、蒸馏基本知识

1. 基本概念

蒸发是液体物质在任何温度下都能发生的汽化现象，化合物的蒸发能力强弱由物质本身物理化学性质所决定，蒸发能力强的叫易挥发成分，蒸发能力弱的称为难挥发成分。物质的蒸发能力可用挥发度和相对挥发度来衡量。

（1）**挥发度** 纯净物质在一定温度下的饱和蒸气压称为挥发度，用 v 表示。对于双组分体系，易挥发组分 A 和难挥发组分 B 的挥发度分别为：

$$v_A = p_A^0 \qquad v_B = p_B^0 \tag{10-1}$$

（2）**相对挥发度** 对于由易挥发组分 A 和难挥发组分 B 组成的双组分体系，两个组分挥发度的比值称为相对挥发度，用 α 表示。相对挥发度定义式为：

$$\alpha = \frac{v_A}{v_B} = \frac{p_A^0}{p_B^0} \tag{10-2}$$

α值差距越大表示分离两组分的效果越好。当相对挥发度α=1时，表明两组分蒸发能力相当，不能通过蒸发将两组分分离开。

当α≠1时，表明两组分的蒸发能力有差别，可以用蒸发的方法将易挥发组分A同难挥发组分B分离开来。

（3）饱和蒸气压　由于分子无规则的热运动，易挥发成分的分子更容易从液体表面逸出汽化成蒸气，逸出速度随着温度的升高而增大。经研究发现，在双组分液体蒸发过程中，液面上方的蒸气中部分汽化分子会冷凝到液体中，当逸出速度与冷凝速度相等时，液面上的蒸气数量不再增加，达到饱和状态时蒸气的压力大小称为饱和蒸气压。

当外界压力一定，液体在不同温度下有不同的蒸气压，温度越高，蒸气压越大。如常压下水在温度为293K时的蒸气压为2.338kPa、在温度为353K时的蒸气压为47.343kPa。

（4）汽化热　液体蒸发过程需要从环境吸收热量，单位质量液体物质汽化成同温度蒸气所吸收的热量叫汽化热，常用r表示，单位是J/kg。

环境给液体提供的热量越多，则蒸发速度越快，产生的蒸气压力越大。如施加的压力小，则液体蒸发产生的蒸气压容易达到沸腾时的临界蒸气压，所需环境给予的温度低，沸腾温度低。反之，如果外界施加在蒸气上的压力大，则液体需要在较高的温度下才能达到临界蒸气压，因而液体的沸点升高。由此可推断，大气压越高沸点越高，大气压越低沸点越低。所以，在浓缩提取液时，为了使溶液在低温下沸腾，可以采取抽真空的方法降低沸点。

蒸发和沸腾是液体汽化的两种方式，蒸发是液体在任何温度下都能在液体表面发生的缓慢汽化现象；而沸腾是在特定温度(沸点)下，在液体表面和内部都同时发生的剧烈汽化现象。

2. 蒸馏过程

将多组分液体加热到沸腾使各组分汽化，混合蒸气在不同温度下冷凝成液体而分离的过程称为蒸馏。蒸馏过程包含了料液沸腾和蒸气冷凝两个环节。

（1）沸腾　当输入热量提高料液温度后，因受热提高了液体分子的内能，料液内部分子运动速度加快，分子之间的间隙增大。随着料液温度升高，分子之间的距离越来越长，形成了一个肉眼就能看见的空间，这个空间就是气泡。料液中产生第一个气泡时的温度称为泡点温度。液体达到泡点温度后会大量汽化，汽化过程不断加剧，液体内外翻滚，此种状态称为液体的沸腾。

（2）冷凝　随着料液的沸腾，气相中蒸气数量越来越多，部分蒸气分子将自身的热量释放给环境，由于内能降低后其运动距离缩短，分子间隙减小。当分子间空隙缩小到一定程度后，若干个蒸气分子凝聚成一滴露珠，此即表明气态开始转变成液态，此时的温度称为露点温度。我们把蒸气将热量传递给低温物质，由气态转变成液态的过程称为冷凝。

蒸气的冷凝过程是一个放热过程，所放出的热称为"潜热"，在数值上等于液体的汽化热，蒸气的冷凝过程是一个等温相变过程，即蒸气冷凝时的温度等于冷凝后液体的温度，这是能量守恒定律规定的。等温相变规律在中药生产中得到广泛应用，如在提取罐上方设计了冷凝器，还设计安装了沉浸式蛇管换热器，其目的就是将冷凝液冷却成常温液体。

蒸馏目的是将易挥发组分同难挥发成分分离，形成高纯度组分。

【知识拓展】

当液体混合物沿加热板流动时，轻、重分子会逸出液面进入气相。因轻、重分子自由程不同，分子从液面逸出后移动距离也不同，轻分子达到板式冷凝器被冷凝排出，而重分子达不到冷凝板随混合液排出。

分子蒸馏技术是一种高新分离技术，具有其他技术无法比拟的优点，如操作温度低、真空度高（空载≤1Pa）、受热时间短（以秒计）、分离效率高等，特别适宜于高沸点、热敏性、易氧化物质的分离。

二、蒸馏操作方式

在相同操作条件下，料液中各组分挥发程度和沸点有高有低，如将料液加热至沸腾，则易挥发组分首先沸腾并大量汽化，可采用管道引出，待低沸点组分汽化完后，升高温度可使高沸点组分汽化。因此，将料液温度控制在易挥发组分的沸程范围，即可将易挥发组分同难挥发组分分离开来。此即为蒸馏分离原理。

根据工作方式，蒸馏分离法可分为简单蒸馏、平衡蒸馏和精馏等类型。

1. 简单蒸馏

简单蒸馏又称微分蒸馏，是一种间歇、单级蒸馏过程。如图 10-1 所示的是简单蒸馏工艺流程。将欲分离的料液加入蒸馏釜内，然后向蒸馏釜夹套或蛇管加热装置通入蒸汽加热，料液温度逐渐升至沸点，液体沸腾并部分汽化，生成的蒸气经冷凝器冷凝成液体后，用接收器分别接收不同沸点的组分。在蒸馏过程中，接收的蒸气冷凝液称为馏出液，从蒸馏釜内排出的残液叫釜液。

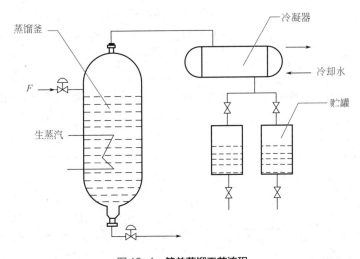

图 10-1　简单蒸馏工艺流程

在简单蒸馏过程中，易挥发组分在釜液中的浓度不断下降、在馏出液中的浓度也随之降低，易挥发组分总数量始终不改变，与原料液中的数量相等。

简单蒸馏可以在常压下，也可在减压下进行。由于受相平衡比例的限制，简单蒸馏的分离程度不高，不能彻底分离混合物。通常简单蒸馏只用于混合液的初步分离，如用于处理组分间相对挥发度很大的混合物、作为回收手段回收溶剂，还可作为精馏前的预处理等。

2. 平衡蒸馏

将料液在蒸馏釜中加热增压后，经节流减压形成过热液体，致使部分液体瞬间汽化、部分液体冷却降温,实现气液两相分离的过程,称为平衡蒸馏。

平衡蒸馏又称"闪蒸",是一个连续稳定的传质过程,操作方式有间歇操作和连续操作两种。图10-2是连续进行的平衡蒸馏流程示意。

将原料液连续输入加热釜,加热至工艺规定的温度(通常指定的温度高于分离室压力下的泡点温度),产生的蒸气夹带液体(简称气夹液),经节流阀减压后送入分离室。在分离室中因压力降低,由加热釜进来的气夹液处于过热状态,因减压导致沸点下降而大量汽化,直至气液两相达到平衡。由易挥发性组分组成的气流沿分离器上升至塔顶冷凝器,全部冷凝成塔顶产品。在分离室,过热液体大量汽化所需要的汽化热由部分气夹液降温释放显热提供,降温后的气夹液冷却成塔底产品。塔底产品主要成分是液相中未汽化的难挥发组分,因蒸发浓缩浓度升高,经再次冷却后进入贮罐贮存。

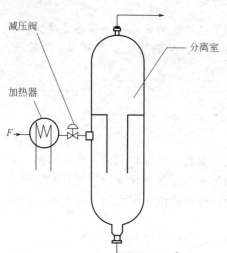

图10-2 平衡蒸馏工艺流程

平衡蒸馏分离室又叫"闪蒸罐",节流阀起减压的作用。平衡蒸馏的分离精度不高,一般用于混合原料液的初步分离。

3. 精馏

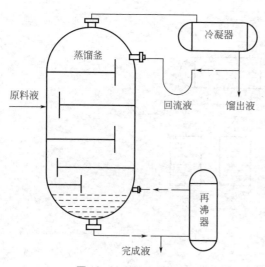

图10-3 精馏工艺流程

混合原料液有低沸点组分和高沸点组分,加热沸腾后混合料液大量汽化,分步收集不同沸点组分的冷凝液,这种操作过程称为精馏。

工业上采用精馏机组进行精馏操作,精馏机组包括精馏塔、再沸器、冷凝器等组成,如图10-3所示。原料液于再沸器中加热汽化后沿塔上升,未汽化的液体作为塔底产品。精馏塔进料口设计在塔身中部,原料液进塔后下降,在下降过程中与上升蒸汽进行热量交换,吸收蒸汽热量导致部分原料液汽化,产生的蒸气和上升蒸气合并继续沿塔上升,并在不同的塔段冷凝成液体,沸点最低的组分将一直上升到塔顶,在塔顶冷凝成液体。为了平衡塔内蒸气和液体的组成,需将部分冷凝液从塔顶回流返回塔内,其余馏出液成为塔顶产品。

在精馏加热过程中各组分都能汽化成蒸气,由于低沸点的组分在较低温度下就能沸腾并大量汽化,所以气相中的主要成分是低沸点组分。

在精馏塔中气液两相逆流接触,不仅进行相际传热,还进行相际传质。液相中的易挥发组分进入气相,气相中的难挥发组分转入液相。达到气液平衡时,低沸点组分已从高沸点混合体系中分离出来。

如果温度条件控制恰当,精馏所得馏出液低沸点组分可达99%以上的纯度。所以精馏过程是紧密分离的过程,又称分馏。由于采用多次分馏的方法把混合物中各组分进行较为彻底的分离,所以常把精馏又称为精密蒸馏。

单元二 塔设备

塔设备有多种类型，如按用途分则有萃取塔、蒸馏塔、吸收塔等，如按结构划分，可分为板式塔和填料塔。本节重点介绍作为气液传质用的塔设备。

一、板式塔

1. 板式塔结构及塔板分类

（1）**板式塔结构** 板式塔由壳体、封头、塔板、围堰、降液管、气体分布器等部件组成，如图10-4所示。

板式塔壳体是中空圆柱筒体，上下各有一个封头密封。在圆柱筒体中，从下向上每间隔一定的距离安装了塔板。塔板上开有通气小孔，根据通气小孔的构造形式，可将塔板分为筛板式、泡罩式、浮阀式等多种类型。塔板上的围堰起着阻滞液体流动的作用，使液体在塔板上保留一定的时间。在上下两塔板之间设计有降液管，上塔板液体通过降液管溢流到下塔板上，降液管的设计还具有阻挡下层塔板泡沫升到上层塔板的作用。气体分布器设计在板式塔体的下部，起均匀分布进入塔内气体的作用。

（2）**塔板的分类** 在板式塔中，原料液体进口设计在塔体上部，液体从上往下流动，气体进口设计在塔体下部，蒸汽穿过分布器从下往上流动，从而形成了气、液两相在塔内的逆流和错流两种流态。如果气、液两流体是按图10-5 (a) 所示的方向流动，则称为"逆流"，相应的塔板叫"逆流塔板"；如果是按图10-5 (b) 所示的方向流动则称为"错流"，对应的塔板称为"错流塔板"。

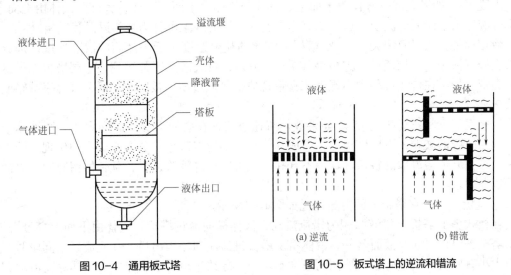

图10-4 通用板式塔　　　　图10-5 板式塔上的逆流和错流

2. 塔板上气液两相的流动

（1）**气液接触状态** 在板式塔中，气体通过筛板的速度称为孔速。不同孔速可使气液两相在塔板上呈现不同的接触状态，如图10-6所示。

① 鼓泡接触状态　当气体以很低的孔速通过筛孔后，将以鼓泡的形式穿过塔板上的液层，气液两相呈现鼓泡状态，这种气液传质过程仅发生在气泡表面，且气泡的数量较少，所以传质面积小，加上液层湍动程度不够，传质阻力较大，因而传质效率低。

| 鼓泡式 | 泡沫式 | 喷射式 |

图 10-6　板式塔中气液接触状态

② 泡沫接触状态　如果将气体孔速提高到某一数值时，塔板上气泡数量急剧增多，气泡之间存在着合并与破裂等过程，塔板液面形成连绵不断的气泡表面，传质面积增大。同时板上大部分液体均以高度湍动的泡沫形式存在，这种高度湍动的泡沫层为气液两相创造了良好的传质条件，因而在泡沫接触状态下的气液传质效率高，是比较理想的传质。

③ 喷射接触状态　实践证明，板式塔气体孔速的升高有限度，如果超过限度继续提高孔速，气体将从孔口高速喷出，板上液体将破碎成大小不等的液滴，液滴被高速气体抛至塔板上部空间，抛出的液滴返回至塔板上汇成很薄的液层，由于气体连续不断地喷射，从而再次将液层破碎并喷出，进而产生返混。在喷射接触状态传质过程中，气液两相接触的时间长，传质面积大，传质效率高，但条件控制不好，容易转化成非理想流动，导致原料液污染，分离效率降低。

板式塔中的气体由下而上，液体由上而下，在塔板上充分传质的过程叫理想流动状态。由上述分析可见，在精馏塔板上，泡沫接触模式为气液两相的理想流动方式，气液传质效果最好。

（2）塔板上气液两相的非理想流动　在板式精馏塔操作过程中，塔板上两相接触方式比较复杂，多种因素影响气液传质操作。

① 返混　如果大部分气体由下而上、少部分气体由上而下，或者大部分液体由上而下、少部分液体由下而上地流动，这种现象称为返混。返混现象可分为液相返混和气相返混。

液相返混又称"液沫夹带"。在塔板上气体的喷射速度大于小液滴的沉降速度，部分液滴被上升气流带入上层塔板，造成液沫夹带；另外，较大液滴因弹溅到达上层塔板也可造成液沫夹带。如果在传质过程中出现液沫夹带现象，可通过增大板间距、降低气速来减轻或消除液沫夹带。

气相返混又称"气沫夹带"。如果液体流速过快，在塔板上保留时间太短，则液体中所含气泡未解脱即被卷入下层塔板中，形成气沫夹带的返混现象。如果在生产中出现气沫夹带现象，可在靠近溢流堰的狭长区域上不开孔，或者减小降液管通道，延长停留时间，以消除气相返混现象。

② 乱流　气相在塔板上的分布情况如图 10-7 所示。

在板式塔的塔板上气液两相为错流流动，液体横向流过塔板，气体由下而上穿过塔板。由于塔板进出口之间有液面落差，液体将从塔板进口流向塔板出口，在此流经不同段时所受阻力大小有所差异，因此板上液体的厚度不均匀，导致进口处液层厚，对气体穿孔流动有较大阻力，液体中含气量小，而出口部位液层薄，对气体穿孔流动阻力小，液体中含气量大，气体在液体中分布不均匀，传质传热效率差。在这种情况下，气相与液相之间传质不均匀，浓度增加不足以补偿浓度的降低，不利于传质。

图 10-8 是液体沿塔板的分布示意图。液体进入塔板后再流向降液管时可看成若干层流体分向流动，由于各层流体流动的路线不同，所受的阻力不同，导致塔板上液体流速不一致，速度分布不均匀，形成了滞流区和湍流区，同时还存在小尺度的反向流动，这种现象容易形成流动死区，导致传质效率很低。

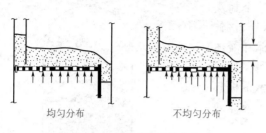
图 10-7　气体沿塔板上的分布

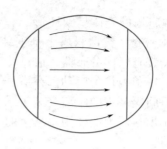
图 10-8　液体在塔板上的分布

3. 板式塔的不正常操作

（1）液泛　由于板式塔的塔板结构、降液管高度、气体流速等多种因素的影响，使得降液管中液体下降受阻，管内液体逐渐积累而使液位升高，当液位升高超越溢流堰时，上下两塔板上的液体连成一片，并依次向上，层层延伸直至全塔淹没，从而破坏了正常运行操作，这种现象称为液泛，又称"淹塔"。引起液泛的原因可以分为以下两类。

① 降液管液泛　液体流量和气体流量都过大。当液体流量过大时，降液管截面不足以使液体通过，管内液面升高。当气体流量过大时，上下两块塔板间压力差减小，使降液管内液体不能顺利下流，管内液体累积使液位升高，直至管内液体升高到越过溢流堰顶部，两板间液体相连，最终导致液泛。

② 夹带液泛　当液体流量一定时，上升气体速度过大，则气体穿过板上液层时将形成液沫夹带。在单位时间内，塔板液沫夹带量越大，液层就越厚，最终会导致液体充满全塔，造成液泛。

（2）漏液　一部分液体从筛孔直接流下，这种现象称为漏液。气速太小和塔板上气流分布不均匀是造成漏液的主要原因。

由于产生了漏液，气液两相在塔板上的接触不充分，造成塔板效率降低。当从孔道漏下的液体量占液体总流量的 10% 以上时，称为严重漏液。形成严重漏液后塔板不能积液，传质不能正常进行。实践证明，将漏液量控制在液体流量的 10% 以下，才能保证塔的正常运行。

由于气体分布不均匀，在塔板入口侧的液层较厚，气体流动阻力大，流速下降，容易出现漏液现象，所以常在塔板入口处留出一条不开孔的稳定区，以避免塔内严重漏液。

精馏操作一个重要控制参数是回流比，从塔顶回流入塔的液体量与塔顶产品量之比称为回流比。回流比数值的大小影响着精馏操作的分离效果与能耗。回流比可分为全回流、最小回流比和实际操作回流比。

全回流时由于回流比为无穷大，当分离要求相同时比其他回流比所需理论塔板数要少，故将全回流时所需的理论板数称为最小理论塔板数。对于指定的分离工作任务，如需减少回流比，则需增加理论塔板数；当回流比减小到某一值时，则需要无穷多个理论板才能达到分离要求，这一回流比称为最小回流比。可以根据平衡线作图求出最小回流比。

全回流是一种极限情况，此时精馏塔不加料也不出产品，塔顶冷凝量全部从塔顶回到塔内，这种操作有利于提高塔顶产品纯度，虽对精馏产量没有意义，但是容易达到稳定，故在精馏操作开始阶段和科学研究中常常采用。

二、填料塔

1. 填料塔结构

填料塔由壳体、封头、承重板、填料压板、分布器等部件组成，如图 10-9 所示。

填料塔的壳体呈圆柱形，上下各有一个封头将筒体密封。在填料塔上部安装有液体分布器，下部安装有气体分布器，通过分布器气体和液体分布到塔釜内均匀流动。在塔身不同釜段，从下向上每间隔一定的距离安装了承重板，承重板起着减小填料压力的作用，其上的小孔便于液体向下流动。

在填料塔的承重板之间装有形状各异的填料，有颗粒形、规整形两大类。其中，颗粒形有拉西环、鲍尔环、阶梯环、鞍马环、球形等；规整形有波纹板和波纹丝网两种。所有填料均可采用陶瓷、塑料和金属材料制造，波纹丝网由金属丝网制成，属于网体填料，其余填料属于实体填料。图10-10是常见的几种填料。图10-11为波纹填料。

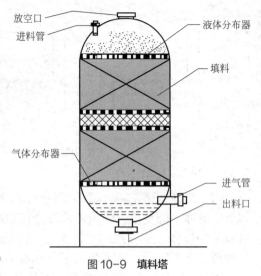

图10-9　填料塔

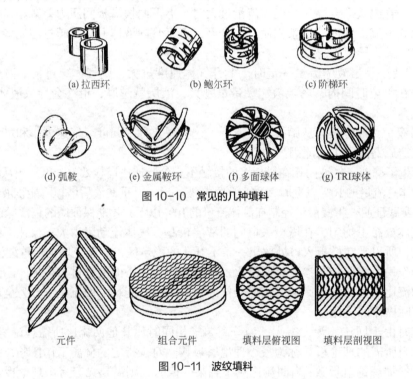

图10-10　常见的几种填料

图10-11　波纹填料

另外，在填料的上方安装有填料压板，以防填料被上升的气流吹动。

2. 填料塔的工作过程

液体从塔顶分布器进入填料层，并沿填料颗粒表面形成液膜向下流动，最后由塔底部流出；气体由塔底气体分布板进入塔填料层，靠压力差穿过填料颗粒间的空隙向上流出，在流经填料颗粒时与填料表面上的液膜进行动量、质量和热量交换，最后由塔顶部排出。

液体向下流动过程中有逐渐向塔壁集中的趋势，使得塔壁附近的液流量逐渐增大，这种现象称为壁流。壁流效应造成气液两相在填料中分布不均，使传质效率下降。为减小或避免壁流效应，当填料层较高时，常将填料进行分段，中间设置再分布装置。再分布装置包括液体收集器和液体再分布器两部分，上层填料流下的液体经液体收集器收集后，送到液体再分布器，经重新分布后喷淋到下层填料上。

填料塔属于连续接触式气液传质设备，两相组成沿塔高连续变化，在正常操作状态下，气相为连续相，液相为分散相。填料塔具有生产能力大、分离效率高、压降小、持液量小、操作弹性大等优点。当液体负荷较小时不能有效地润湿填料表面，从而使传质效率降低；不能直接用于有悬浮物或容易聚合的物料；对侧线进料和出料等复杂精馏不太适合，以及填料造价高等是填料塔的不足之处。

三、酒精回收塔

1. 酒精回收塔的结构

如图10-12所示，酒精回收塔由塔釜、塔身、冷凝器、冷却器、缓冲罐、高位贮槽、稳压罐、比重测定器等组成。塔内填装高效不锈钢波纹填料，因此属于填料塔。

2. 酒精回收塔的工作过程

在酒精回收塔的再沸器中安装有蒸汽加热盘管，将稀酒精溶液送入再沸器加热，因标准大气压下乙醇沸点为78.4℃，水醇混合液沸点更低，所以在较低温度下稀酒精溶液即达到沸腾，乙醇大量汽化，且少量水分蒸发，形成以乙醇蒸气为主要组分的混合蒸气。产生的混合蒸气从塔底上升，因塔体温度随塔身增高而下降，所以水蒸气在较低塔体部位就冷凝成液体，而乙醇蒸气和少量的水蒸气继续上升至塔顶，经连通管道进入冷凝器冷凝成乙醇液体，一部分冷凝液作为塔顶回流液回流至精馏塔；另一部分作为产品经冷却器冷却后贮存。塔顶回流液在塔体内与上升的混合蒸气充分接触传热，使混合蒸气中高露点的水蒸气优先放热而冷凝回流至再沸器；回流液中乙醇吸热汽化上升至塔顶冷凝器冷凝成完成液，回流工艺目的是反复洗涤冷凝混合蒸气中的水蒸气，从而提高回收酒精的纯度。

酒精回收塔回收效率高，可将浓度为30%～50%的稀酒精浓缩成95%左右的浓溶液。

酒精回收塔具有结构紧凑、运行成本低、清洗和维修方便等优点，广泛用于制药、食品、轻工、化工等行业的稀酒精回收，也适用于甲醇等其他溶剂的蒸馏。酒精回收是高危操作，车间人员要具有强烈的责任心和安全意识，严格按规程操作，确保生产过程和人员的安全。

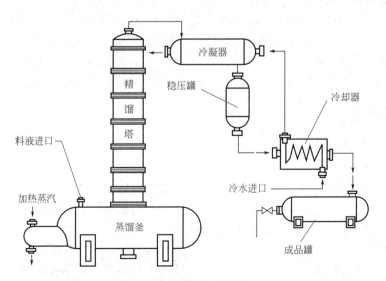

图 10-12　酒精回收塔工艺流程

【案例分析】

实例：某厂酒精回收车间人员在交接班时，上一班工人已将釜内料渣清出，并已将釜冷却；当班人员接班后开始抽料、升温，出料阀处于关闭状态。15min后酒精回收塔突然爆炸，造成伤亡事故。

分析：酒精回收塔出料阀没有开启是造成这起事故的直接原因。由于出料阀未打开，当废酒精加热蒸发后塔内压力升高，如塔内压力超过塔体耐压限度时，塔体和釜盖破裂，乙醇蒸气冲出后与空气形成爆炸混合物，遇火源瞬间燃烧爆炸。

3. 酒精回收塔操作与维护

（1）**酒精回收塔的操作规程**　酒精回收操作必须遵守相应的规程。首先检查酒精回收塔、酒精贮罐及冷却循环水装置是否正常，并通入冷却水，将稀酒精输入蒸馏釜中，打开蒸馏釜出料阀，然后调节工业蒸汽流量，将塔内温度控制在80℃左右。及时监测馏出乙醇的浓度，并做好产品名称、日期、重量、相对密度、操作人员姓名等的标示。生产结束后按要求清场，填写好生产记录及清场记录。

（2）**酒精回收塔的维护**　要定期进行气密性试验，以防止泄漏；定期对仪表、仪器、管道、法兰、阀门、管件进行检查并及时更换；当分离效果或产量明显降低时，需进行大修，将全塔拆卸，取出更换损坏填料；用适宜清洗剂定期对冷凝器、冷却器、U形管加热器、蒸馏釜内壁进行清洗，以强化传热过程。

【学习小结】

蒸发与蒸馏是不同的操作过程，蒸发过程发生在液体表面，起着浓缩液体的作用，而蒸馏过程发生在液体内部，起着分离纯化的作用。完成蒸馏操作的设备有板式塔、填料塔，酒精回收塔属于填料塔。在蒸馏操作中气流上升、液流下降，气流和液流在塔板上混合并进行质量和能量的传递，高沸点的气体逐板冷凝，最后得到纯化的塔顶产品。

在酒精回收塔操作中要将原料液预热至近沸点后再通入加热釜，并特别注意各阀门的开关顺序，注意控制好真空度，要熟练掌握转子流量计读数法，并控制好回流比，使蒸馏过程在适当的回流比下进行。

【目标检测】

一、单项选择题

1.蒸馏过程是（　　）。
A.液体表面汽化的过程　　　　　　B.发生在液体内部的汽化过程
C.分离难挥发组分的过程　　　　　D.任何时候都可进行的过程

2.双组分蒸馏时，难挥发组分和易挥发组分（　　）。
A.同等汽化　　　　　　　　　　　B.在气相中摩尔分数相同
C.在气相中组成相同　　　　　　　D.分蒸气压符合道尔顿定律

3.下列物质中,相对挥发度大的溶剂是( )。
A.乙醇　　　　　　　B.水　　　　　　　C.四氯化碳　　　　　D.丙酮
4.沸腾过程中,溶液上方的蒸气压( )。
A.等于或大于大气压　　　　　　　　B.小于大气压
C.等于标准大气压　　　　　　　　　D.是临界蒸气压
5.蒸汽等温冷凝过程所放出的热称为( )。
A.显热　　　　　B.汽化热　　　　　C.潜热　　　　　D.焓
6.泡点是( )。
A.溶液最初沸腾时的温度　　　　　　B.溶液沸点的平均值
C.溶液沸腾程　　　　　　　　　　　D.产生第一个气泡时的温度
7.冷凝是( )。
A.气体分子之间距离缩小的过程　　　B.蒸气温度降低的过程
C.放出潜热的过程　　　　　　　　　D.放出显热的过程
8.形成闪蒸的原因是( )。
A.蒸汽所受压力突然减小　　　　　　B.饱和蒸气压突然减小
C.形成过热蒸气　　　　　　　　　　D.连续气液传质
9.精馏过程是一个( )。
A.提高塔顶产品纯度的过程　　　　　B.连续冷凝的过程
C.蒸发的过程　　　　　　　　　　　D.连续汽化的过程
10.板式精馏塔的塔板是( )。
A.气液传质区域　　　B.承重板　　　C.重要的反应场所　　　D.主要用于分布气体
11.塔板上最佳的气液接触状态是( )。
A.鼓泡式　　　　　　B.泡沫式　　　C.喷射式　　　　　　D.淹没式
12.常用酒精回收塔的填料是( )。
A.拉西环　　　　　　B.鞍马环　　　C.金属丝网　　　　　D.波纹板

二、简答题

1.简要说明精馏操作时气相中各组分的分离过程。
2.简要说明塔板上的气液接触状态和传质过程。
3.简要说明酒精回收塔的操作规程。

模块十一　干燥与设备

【知识目标】

掌握各种干燥器的结构，了解物料中水分存在的状态和性质；熟悉物料通用干燥器的工作原理；了解物料的干燥过程。

【能力目标】

熟练应用喷雾干燥技术进行天然产物干燥；学会干燥器的操作技术。

【素质目标】

通过实践，培养爱岗敬业的职业精神，热爱生物制药工作，安心于本职岗位，恪尽职守地做好本职工作；充分认识生物制药工作在社会经济活动中的地位和作用，认识生物制药工作的社会意义和道德价值，树立职业的荣誉感和自豪感，在工作中具有高度的劳动热情和创造性，以强烈的事业心、责任感，从事生物制药工作。

除去固体、半固体物料中湿分的过程叫干燥。干燥的方法有机械干燥和热能干燥，机械干燥可去除大多数湿分；热能干燥是通过提升物料中湿分内能汽化成蒸气而移除的过程，可分为加热干燥和冷冻干燥，是比较彻底的干燥法。按照压力增减情况，干燥过程又可分为常压干燥和真空干燥。一般来讲，干燥工作中常常采用空气作为干燥介质。

单元一　固体物料干燥

因固体物料与水分子间的结合力有强弱之分，所以不同固体物料中的水分移除速度有差异，亦即各种物料干燥速度、干燥时间有差别。

一、物料中的水分

1. 结合水分与非结合水分

按固体物料与水分子之间的作用力大小，物料中的水分可分为结合水分和非结合水分。以化学或物理方法结合的水分称为结合水分，如物料中的结晶水分、吸附水分、毛细管结构水分以及溶胀水分等。

（1）**结晶水分**　与固体物料通过化学键结合的水分称为结晶水。结晶水分有结合力强，有定量组成关系以及不能用普通干燥法去除等特点。

（2）**吸附水分**　与固体物料以范德华力结合的水分称为吸附水分。吸附水分结合力中等，无定量组成关系，采用一般的干燥方法就能去除。

（3）**毛细管结构水分**　在多孔固体物料中，由于毛细管吸附作用吸附的水分称为毛细管结构水分。毛细管结构水分受吸附力小，可用普通干燥法除去。

（4）溶胀水分　以溶液形式存在于固体物料中的水分，如细胞水分。

机械地附着于物料固体表面、存积于大空隙内和固体颗粒堆积层中的水分称为非结合水分。非结合水分与物料分子之间的结合力很弱小，其蒸气压力与同温度下纯水的蒸气压力相同，用普通干燥法即可除去。

2. 自由水分与平衡水分

物料中的水分包括自由水分与平衡水分。在恒定的干燥条件下，用湿空气做干燥介质干燥固体物料，当固体物料中的水分蒸发与冷凝达到平衡后，物料中仍保留的水分称为平衡水分。平衡水分是干燥过程中物料残留的最低极限水分，这部分水分属于结合水分，不能用普通干燥方法去除。除平衡水分之外的水分称为自由水分。自由水分是相对概念，包括物料中的全部非结合水分和部分结合水分。

【知识拓展】

设液体分子的分子力作用半径为r、固体分子的分子力作用半径为l，当液体与固体接触时，在界面处液体一侧厚度等于r（当$r>l$时）或等于l（当$r<l$时）的液体层，叫作液体的附着层。

如果附着层中的分子所受合力与附着层垂直，则分子在附着层内的势能小于液体内的势能，液体分子挤入附着层，使附着层扩展。如果附着层中液体分子越多，系统能量越低，状态越稳定，则附着层沿固体表面延展而将固体润湿。

二、固体湿物料的干燥

1. 固体湿物料的干燥过程

湿物料的干燥可分为两个大的阶段，第一个阶段湿物料内能升高加速运动，第二阶段湿物料内外水分扩散、汽化移除，如图11-1所示。

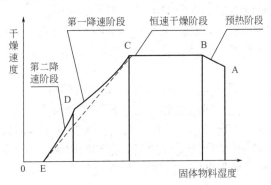

图 11-1　固体物料的干燥过程

进一步分析，在恒定干燥条件下，干燥过程可细分成预热段、恒速段、第一降速段、第二降速段。各阶段湿物料中水分含量随时间变化的趋势以及各段干燥速度都互不相同。

（1）预热阶段　当物料受热后，其内部空隙中的水分因内能升高而由内向外移动，积累在固体物料的表面上形成表面自由水分。热能加快了内部水分的移出速度，由于水分渗出到表面，所以受热后有更多的水分蒸发到空气中。

在图中的A点表示湿物料进入干燥器受热的起点，随着固体物料温度的升高，物料中的水分蒸发速度加快，总含水量降低，预热阶段物料加速失水。

（2）**恒速干燥阶段**　随着加热的进行，固体物料表面同时存在着蒸发与冷凝两个过程。一方面物料表面非结合水分蒸发到空气中；另一方面空气中的蒸汽返回到固体物料表面上冷凝成液体。当将物料加热到某一温度时，固体表面上的水分受热后蒸发到空气中的速度，以及空气中的蒸汽冷凝到固体物料表面的速度都保持恒定不变，表现为物料恒速失水，此阶段称为恒速干燥阶段。

在恒速干燥阶段，空气不再将热量用于提升固体湿物料的温度，而是给物料内部水分提供能量，加快内部水分的移动速度，维持固体物料表面布满水分的状态。图11-1中的B点是恒速干燥的起始点。

（3）**第一降速干燥阶段**　当物料表面水分持续蒸发时非结合水分数量减少，当物料内部水分减少到无法补充外表面水分时，物料外表面不能继续维持全部润湿的状态，亦即固体物料表面局部缺水，恒速干燥结束，第一降速干燥开始。图11-1中的C点即是第一降速干燥起始点，所对应的物料含水量称为临界含水量。

在第一降速干燥阶段，物料内部的含水量降低，物料表面水分汽化量减少，干燥速度逐渐减小，物料表面温度略有上升。当固体物料表面再没有非结合水分时干燥速度急剧减小，干燥过程将进入第二降速干燥阶段。图11-1中的D点表示第一降速干燥阶段结束，第二降速干燥阶段开始。

（4）**第二降速干燥阶段**　物料表面温度开始升高，内部水分向外表面移动速度极小，汽化过程从物料表面逐渐转移到物料内部，空气提供的热量要深入到物料内部才能使水分汽化。干燥过程的热量传递方式增多，水分汽化的方式也在增加，汽化阻力逐渐增强，干燥速度急剧下降直至为零。此时物料含水量降至为该空气状态下的平衡含水量，湿物料的干燥过程完结。

第二降速干燥过程速度缓慢耗时较长，所以在实际生产中，只要物料含水量降低到一定指标即终止干燥过程，所得干燥物料含水量约为平衡含水量。

2. 恒速阶段的干燥速度和干燥时间

（1）**干燥速度**　单位时间单位面积上水分的蒸发量叫干燥速度。

不同物料的干燥速度视物料与水分结合情况不同而不同，对指定物料而言，在恒速干燥阶段蒸发的是非结合水分，故干燥速度的大小取决于物料表面水分的汽化速度。研究表明，恒速干燥速度与湿球温度成正比。

（2）**干燥时间**　固体物料从干燥开始到干燥完毕所需的时间称为干燥时间。严格地讲，固体物料的干燥时间是四个阶段所耗时间之总和，由于预热阶段时间较短，所以可并入恒速干燥阶段计算，第一降速干燥阶段和第二降速干燥阶段合并为降速干燥阶段计算。

在恒速干燥阶段，水分从内向外扩散所受到的阻力是制约因素，因此降低外扩散阻力提高外扩散速率，能提高干燥速率。外扩散阻力主要发生在边界层，可采取增大空气流速、减薄边界层厚度、提高对流传热系数和对流传质系数、降低空气的水蒸气浓度以及增加传质面积等措施提高干燥速度。

单元二　干燥过程物料衡算

在干燥车间常进行物料衡算和能量衡算，以确定蒸汽、空气的消耗量，以及干燥所需要的时间。正确掌握干燥条件有利于提高干燥岗位工作效率。

一、湿物料含水量表示法

1. 湿基含水量 W

水分在湿物料中的质量分数或质量百分数称为湿基含水量。

$$W = \frac{\text{湿物料中水分的质量}}{\text{湿物料的总质量}} \times 100\% \tag{11-1}$$

2. 干基含水量 X

不含水分的物料叫绝干物料。湿物料中的水分与湿物料中绝干物料的质量比,称为干基含水量。

$$X = \frac{\text{湿物料中水分的质量}}{\text{湿物料中绝干物料的质量}} \tag{11-2}$$

3. 湿基含水量与干基含水量的关系

在干燥过程中,湿物料的质量是变化的,而绝干物料的质量是不变的。因此,用干基含水量进行计算较为方便。

$$W = \frac{X}{1+X} \qquad X = \frac{W}{1-W} \tag{11-3}$$

二、干燥过程物料衡算

药物的干燥过程一般是间歇进行的,采用的干燥介质为热空气,热空气离开干燥器的湿度高于进入干燥器时的湿度。

物料与干燥介质在干燥器中的流动状态可看成是错流或逆流,如图 11-2 所示。

进料速度可按每小时进料总量计算,根据质量守恒定律可推导出物料衡算方程式。

1. 水分蒸发速度 D

以湿基含水量表示湿物料的水分时,水分蒸发速度为:

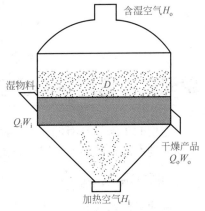

图 11-2 **干燥过程物料衡算示意图**

$$D = Q_i \frac{W_i - W_o}{1 - W_o} = Q_o \frac{W_i - W_o}{1 - W_i} \tag{11-4}$$

式中,D 为湿物料的水分蒸发量,kg/s;Q_i、Q_o 分别为进料速度和出料速度,kg/s;W_i 为进料湿基含水量,kg/kg;W_o 为出料湿基含水量,kg/kg。

2. 绝干空气用量 D_J

热空气在干燥过程中绝干质量保持不变,当湿物料水分进入热空气后,离开干燥器的热空气总质量增大,增加的质量就是湿物料的水分蒸发量。由此可得绝对干燥空气的需要量。

$$D_J = \frac{1}{H_o - H_i} \tag{11-5}$$

式中，D_J 为蒸发 1kg 水分所消耗的绝干空气的质量，kg/kg；H_i 为热空气进口湿度，kg/kg；H_o 为热空气出口湿度，kg/kg。

3. 干燥产品流量 Q_o

$$Q_o = Q_i \frac{1-W_i}{1-W_o} \qquad Q_i = Q_o + D \tag{11-6}$$

【例】 常压下用连续干燥器干燥某物料，物料含水量为 25%，进料速度为每小时 1000kg，物料出口含水量为 3%，热空气的进口湿度为 0.0085kg/kg，经预热后进入干燥器，出干燥器的湿度为 0.058kg/kg，试求：① 水分蒸发量；② 空气消耗量；③ 干燥产品流量。

解：已知 $W_i = 25\%$，$W_o = 3\%$，$H_i = 0.0085$ kg/kg，$H_o = 0.058$ kg/kg，则

① 水分蒸发量

$$D = Q_i \frac{W_i - W_o}{1 - W_o} = 1000 \times \frac{0.25 - 0.03}{1 - 0.03} = 226.8 \text{kg/h}$$

② 空气消耗量

$$D_J = \frac{1}{H_o - H_i} = \frac{1}{0.058 - 0.0085} = 20.20 \text{kg/kg}$$

③ 干燥产品流量

$$Q_o = Q_i \frac{1 - W_i}{1 - W_o} = 1000 \times \frac{1 - 0.25}{1 - 0.03} = 773.2 \text{kg/h}$$

单元三 通用干燥设备

通用的干燥设备有厢式干燥器、洞道式干燥器、流化床干燥器、喷雾干燥器等。干燥器工作原理不同，其结构和操作方式也不相同。

一、厢式干燥器

厢式干燥器又称为盘式干燥器或室式干燥器，是典型的间歇式干燥设备。

1. 厢式干燥器的一般结构

如图 11-3 所示，厢式干燥器由箱体、加热器和温度控制器三部分组成。

(1) **箱体**

① 箱壁 箱壁由外壳、填料和内壳组成。外壳和内壳都采用钢板制造，在两壳体形成的夹层中，充填有绝热材料，如玻璃纤维或石棉板，内壳围绕的空间作为热空气对流层。

② 干燥室 内壳所围绕的空间叫作干燥室，室内有若干层网状搁物架用于放置干燥盘等容器，温度控制器的感温探头从左侧壁伸入干燥室内。

③ 箱门 通常采用双重式。内门是玻璃

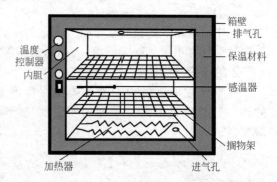

图 11-3 干燥箱的一般结构

门，用于在减少热量散失的情况下观察所烘烤的物品，外门用隔热材料保温。

④ 进、排气孔　底部或侧面有一进气孔，干燥空气由此进入。箱顶设计有抽风机，是用来将湿热空气抽出干燥室，起着促使空气流动的作用。

⑤ 侧室　一般设在箱体左边，与干燥室绝热隔开，为控制室。其内安装有开关、指示灯、温度控制器以及鼓风机等电气元件。打开侧室门，可以检修电热丝之外的电路系统。

（2）加热器　加热器是一组电炉箱或管式加热器，管式加热器采用的传热介质有热空气或蒸汽，起着提高加热空气温度的作用。

（3）温度控制器　温度控制器是用来自动控制加热通断的温控元件。加热方式不同则温度控制器的结构和工作原理不同。早期的温度控制器有差动棒式和螺旋管式温度控制器，现在普遍采用电子线路自动控温装置，图11-4所示为电加热温度控制电路工作过程。

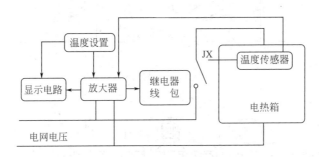

图11-4　电加热温度控制电路工作流程示意图

电加热温度控制电路通常由温度设定装置、温度传感器、放大器、继电器及显示器等组成。温度设定电路用来设置需要加热的温度，温度传感器用来感测加热室内温度，继电器是一个利用电磁原理工作的电子元件，由缠绕在电磁铁上的线圈及能承受大电流的接点组成，接点可以是一组也可以是多组。当线圈通电时电磁铁产生磁性，继电器的接点被电磁铁吸合；不通电时，两个接点开路。显示器可以是单个，也可以是两个。用两个显示器时，其中一个用来显示所设置的温度，另一个用来显示干燥室内的温度。早期电热箱所用的放大器多为电子管或晶体管，现在多采用集成电路。

当温度传感器感测到的温度低于设定温度时，放大器导通，继电器线圈带电，其接点JX吸合给加热室升温。反之，当传感器感测的温度和设置的温度相同或高于设定值时，放大器截止，继电器线圈中无电流通过，其接点断开停止加热。

总体来看，厢式干燥器结构简单、操作方便，在药物生产行业应用广泛。

2. 典型的厢式干燥器

在厢式干燥器干燥过程中，所采用的干燥介质主要有热空气。根据干燥气流在干燥器中的流动状态，可分为穿流厢式干燥器、水平气流厢式干燥器和厢式真空干燥器三种。

（1）穿流厢式干燥器　如图11-5所示，加热空气直接穿过湿物料层进行干燥的设备叫穿流厢式干燥器。在穿流厢式干燥器中，盛装物料的浅盘设计有微小的气孔，也可采用丝网作搁物浅盘。

在上下两层浅盘之间设计有倾斜的挡板，以阻挡从下层物料中吹出的湿空气进入上一层物料，并起着导流的作用。干燥时，热空气从下往上穿过浅盘，与物料直接接触传热，并快速带走物料中的水分。

穿流厢式干燥器具有干燥速度快、热利用效率高等优点。

（2）水平气流厢式干燥器　水平气流厢式干燥器结构如图11-6所示。其干燥室内设计有

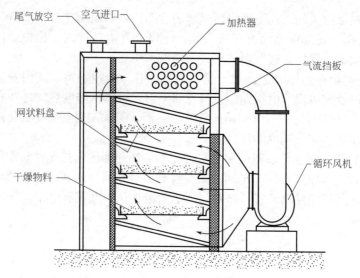

图 11-5 穿流厢式干燥器

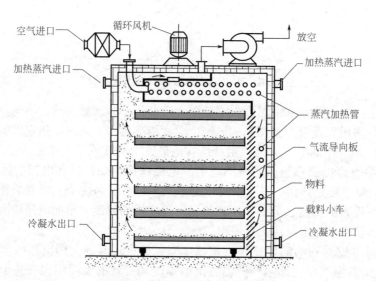

图 11-6 水平气流厢式干燥器

若干层搁物架以搁置浅盘，浅盘无气孔，加热空气不能穿过浅盘与物料直接接触，只能从药物表面流过，因而叫水平气流厢式干燥器。干燥时，将物料按10～100mm的厚度铺置在浅盘中，风机吸入的新鲜空气被加热器预热，由空气整流板均匀进入干燥室各层之间，从物料的上方流过。物料中的水分蒸发成蒸汽进入流动的空气，随空气从排出管排出。加热空气部分回流循环使用，以提高热利用率。

水平气流厢式干燥器的进气速度取决于物料的粒度，其大小以物料不被气流带走为宜，一般为1～10m/s。加热空气循环量可以用吸入口或排出口挡板调节。

大型水平气流厢式干燥器配置有移动小车，将盛装有药物的浅盘放在移动小车的盘架上，干燥时将小车推入干燥厢内即可。

（3）**厢式真空干燥器** 厢式真空干燥器与其他厢式干燥器在结构上基本相似，但放置浅盘的盘架由中空管制作而成，加热气体从空心管的管程中通过，不与物料直接接触，借对流和传导方式对物料进行加热，如图 11-7 所示。

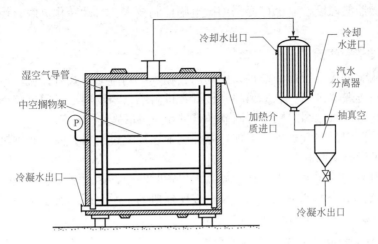

图 11-7　厢式真空干燥器

厢式真空干燥器的干燥室与真空管路相通，物料蒸发出的水汽或其他蒸气沿真空管路流动，在干燥室外冷阱中冷凝成液体。厢式真空干燥器要求具有良好的密封效果，当开启真空泵以后干燥室内要能维持一定的真空度。

厢式真空干燥器构造简单，设备投资少，适应性较强，适用于热敏性、易氧化及易燃烧物料的干燥，适用于小规模多品种、要求干燥条件变动小及干燥时间长等物料的干燥操作。厢式真空干燥器的缺点是劳动强度大，设备利用率低，热利用率也低，产品质量不均匀。

二、洞道式干燥器

如图 11-8 所示，洞道式干燥器由箱体、加热器、温度控制器、载物小车等设备组成。

1. 箱体

洞道式干燥器的干燥室是一个狭长的隧道，在隧道内铺设了铁轨，载物小车可在铁轨上运行。干燥室有进料端和卸料端，进料端安装在非洁净区，卸料端安装在洁净区域，用净化墙体将两端隔离。在进料端，将干燥物料铺放在小车的浅盘上，小车被推入洞道后受热干燥，并缓缓移至干燥室的另一端，经冷却后卸料。用于制药工业的洞道式干燥器隧道内设计的是不锈钢平板传输带，由平板传输带输送待干燥的物料。

2. 加热器

洞道式干燥器的加热器有电热式、蒸汽式和红外加热器等，一般设计安装在洞道的顶层，与进风口紧密相连。洞道式干燥器的加热器结构和工作原理与厢式干燥器相近。

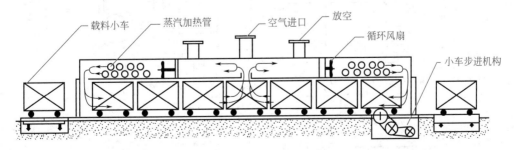

图 11-8　洞道式干燥器

3. 温度控制器

洞道式干燥器的温度控制器已经采用微电脑控制技术，自动转化灵敏，控制精度高，自动化程度高。

4. 洞道式干燥器的空气流

加热空气从洞道式干燥器两端进、中间出，在其中的流动形式有并流、逆流等方式。某些小型的洞道式干燥器进风口和排风口常设计在进料端，与物料形成逆流流程。在出风口设计有热风回流通道，通过阀门操作可调节排风量和回风量之间的比例。

在洞道干燥器中，空气被预热器加热并强制地连续流过物料表面，通过热交换将物料中的水分汽化并带走，从而起到干燥的作用。

洞道式干燥器的容积大，小车在干燥器内停留时间长，因此适用于处理生产量大、干燥时间长的物料。在制药生产中主要用于各种玻璃器皿的干燥灭菌。所使用的干燥介质为热空气，气流速度一般为 2～3m/s 或更高。

三、流化床干燥器

流化床干燥器又称沸腾床干燥器，在流化床干燥器内加热空气从下部通入，穿过干燥室底部的气体分布板后向上流动，将分布板上的湿物料吹松并悬浮在空气中，因待干燥物料呈流化态，所以此类设备叫流化床干燥器。

流化床干燥器有单层流化床、多层流化床、卧式多室流化床、塞流式流化床、振动流化床、机械搅拌流化床等多种类型。制药行业所使用的主要是单层流化床设备。

1. 流化床干燥器结构

如图 11-9 所示，单层流化床干燥器由鼓风机、加热器、黏合剂输送器、流化床干燥室、袋滤器、气体分布板、旋风分离器、引风机等组成。

（1）**加热器** 采用列管换热装置，热载体为加热蒸汽。加热蒸汽在换热器中释放潜热后冷凝成冷水排出，受热后的空气被引入到流化床中起干燥作用。

（2）**流化床干燥室** 单层流化床干燥室上大下小呈蘑菇形。流化床下部的圆筒直径逐渐减小，气体分布板安装在底端，加料口设计在干燥室中部；流化床上部的圆筒直径较大，形成开阔的空间，供物料颗粒上下沸腾。空气和水蒸气含有细粉，经袋式过滤机过滤后从上部的尾气管排出，被引风机引入到旋风分离器中收集颗粒，细粉被收集在细粉贮存器中，旋风分离后的气体排空。

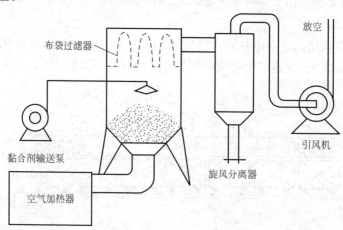

图 11-9　单层流化床干燥系统

（3）黏合剂输送器　黏合剂输送设备一般采用蠕动泵，蠕动泵将黏合剂以及某些药物辅助成分的溶液输送到沸腾室内，通过喷嘴喷成雾状后黏裹在颗粒上，经蒸发干燥后形成球形干燥颗粒。

2. 流化床干燥器操作注意事项

（1）沟流和死床　在单层流化床干燥器中，如果加热空气流速大于流化所需要的临界流速，湿物料层被空气吹成了若干条沟槽而不是沸腾状，这种现象叫沟流。如果产生沟流后沸腾过程不能正常进行，这种现象叫死床。消除沟流和死床的办法有加大气流流速、对物料进行预干燥、通过实验选择空气分布板等方法。

（2）腾涌　腾涌又称活塞流。在物料性质和干燥器等多因素作用下，单层流化床干燥器底部上升的气流穿过气流分布板后形成气泡，严重时气泡越来越多，相互汇集成更大的气泡，直径接近床层直径，并将湿物料如活塞般托起，到达一定的高度后崩裂，物料碎裂成颗粒并被向上抛送一段距离后再纷纷落下，这种现象叫腾涌。

在干燥过程中出现了腾涌，将产生干燥不均匀现象，严重时干燥不能正常进行。消除腾涌的方法有调节进料量、选用床高与床径之比相对较小的床层以及对物料进行预处理等。

（3）操作参数　单层流化床干燥器适合于不易结块的物料，特别适合于物料表面水分的干燥。干燥物料的粒度应控制在 $30\mu m \sim 6mm$ 范围内，太小容易产生沟流，太大则需要较高的气流量。若干燥的是粉料，则要求湿物料含水量不超过5%；若干燥的是颗粒状物料则要求含水量不超过15%，否则物料流动性差、易于结块，干燥度不均匀。

流化床干燥器增大了空气与湿物料的接触面积，传热速率加快，生产效率高，热利用效果好。

四、喷雾干燥器

喷雾干燥是将原料液分散成雾滴，以热空气与雾滴接触使物料水分汽化干燥的过程。喷雾干燥所采用的原料液可以是溶液、乳浊液或悬浮液，也可以是熔融液或膏糊状稠浆。干燥产品可制成粉状、颗粒状、空心球或圆粒状等。

1. 喷雾干燥器的组成

图11-10是喷雾干燥器结构示意图。其由空气预热器、气体分布板、雾化器、喷雾干燥室、输液泵、无菌过滤器、贮液罐、引风机、旋风分离器等部件组成。

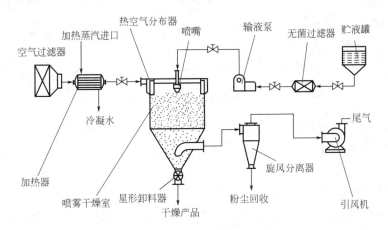

图 11-10　喷雾干燥器

空气过滤后被引风机抽进加热箱加热至干燥温度，然后通过气体分布板进入喷雾干燥室，原料液经无菌过滤后用输送泵送至雾化器喷成雾滴。在干燥室中，热空气与雾滴接触而被干燥。干燥后的空气经旋风分离器除去其中夹带的干燥物料后，用抽风机排空。干燥产品收集在干燥器和旋风分离器底部的接料桶中。

在喷雾干燥过程中，雾滴的大小与均匀程度对产品质量影响很大。若雾滴不均匀，则会产生大颗粒未干燥而小颗粒已干燥过度以至于变质等现象，所以雾化器是喷雾干燥器的关键部件。

2. 雾化器

（1）**气流式雾化器** 气流式雾化器如图11-11所示，用表压力为150～700kPa的压缩空气从环形喷嘴高速喷出，由于高速气流产生了负压，从而将中心喷嘴处的料液以膜状吸出，液膜与高速气体在环形喷嘴内侧混合，并分散成雾滴。

气流式雾化器构造简单、磨损小、操作弹性大，可利用气、液比控制雾滴尺寸，但压缩空气用量大，消耗的动力多。气流式雾化器适用于各种高黏度高固含量料液的喷雾干燥，特别适合于喷雾干燥糊状物或滤饼等物料。

（2）**压力式雾化器** 压力式雾化器由高压泵、喷嘴、旋转室组成。喷嘴安装在雾化室上部，与旋转室内壁成切线关系。液体压力升高到2～20MPa后，料液经喷嘴从切线进入旋转室中，并沿旋转室内壁作高速旋转运动，然后从喷嘴口小孔处呈雾状喷出。

压力式雾化器结构简单、操作和检修方便，但需要有一台高压泵配合使用，喷嘴孔径较小，易堵塞且磨损大，要采用耐磨材料制造。压力式雾化器适用于低黏度的液体雾化，不适用于高黏度液体及悬浮液。

（3）**离心式雾化器** 离心式雾化器是一个圆盘，盘上有放射形叶片，由电动机传动，圆盘转速为4000～20000r/min，圆周线速度为100～160m/s。将料液送入圆盘中部，液体受离心力的作用而被径向甩出，到达周边时呈雾状喷洒到干燥室中。

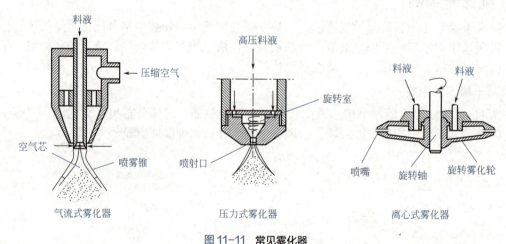

图11-11 常见雾化器

离心式雾化器具有操作简便、适用范围广、料液通道大、不堵塞、动力消耗小等优点。但雾化轮的加工制造精度要求高，检修不便。

💡【**案例分析**】

实例：某校生物制药技术专业学生采用高速离心喷雾干燥器干燥萝卜酱汁。干燥之前采用了胶体磨粉碎并用三足离心机过滤。喷雾一段时间后发现离心雾化器严重堵塞，后经专业公司清洗后才能使用。

分析：高速离心雾化器喷雾缝隙仅2～3mm，萝卜经胶体磨粉碎后直径应小于缝隙不会导致堵塞，堵塞的原因是料液中混入了其他杂质。在专业公司清洗过程中，发现是滤布纤维堵塞了喷雾头。

经验说明，在喷雾干燥之前一定要除去料液中的颗粒杂质。

---

3. 物料与干燥介质的接触方式

在干燥室内雾滴与干燥介质接触方式有并流、逆流和混流三种，每种流动又分为直线流动和旋转流动。在图11-10中所示为并流接触，空气从干燥器顶部进入，料液在顶部雾化，两者向下作并流接触。若空气从干燥器底部进入，则构成逆流接触。若雾化器装在干燥室底部，空气由顶部进入，则两者先作逆流流动，后转为并流，属于混流接触。在并流接触方式中，温度最高的干燥介质与湿度最大的雾滴接触，蒸发速度快，液滴表面温度接近空气湿球温度，干燥介质温度显著降低，整个干燥过程物料温度不高，对热敏性物料特别有利。但因蒸发速度快，液滴易破裂，获得的干燥产品常为非球形多孔颗粒。逆流接触方式与上述情况相反，在塔底温度最高的干燥介质与湿度小的颗粒相接触，所得干燥产品密度小，干燥效果好。另外，逆流喷雾干燥平均温度差和平均分压差较大，有利于传热和传质，热利用率也高。

喷雾干燥器的特点是：物料的干燥时间短，通常为15～30s，甚至更少；产品可制成粉末状、空心球状或疏松圆粒状，工艺流程简单，原料进入干燥室后即可获得产品。

【学习小结】

> 按物料中水分的存在形式分为吸附水分和结合水分，按水分存在状态可分为自由水分和平衡水分。干燥过程大多数都采用热空气作干燥介质，热空气不是绝干空气，都含有一定量的水分，由于有气液平衡存在，因而干燥产品不可能是绝干物质，都含有平衡水分。
>
> 干燥过程经历了预热、平衡蒸发、第一降速、第二降速四个阶段，每一个阶段对热量的需求以及时间长短都有相应的要求。
>
> 常用干燥设备有厢式干燥器、洞道式干燥器、喷雾干燥器等。厢式干燥器加热时间长易变质；洞道式干燥器加热时间长且温度高，适合于工具和包装容器的干燥；喷雾干燥器加热时间短，可用于热敏性物料的干燥。

【目标检测】

一、单项选择题

1. 提取罐内壁上的水分属于（　　）。
   A.化学结合水分　　　B.表面吸附水分　　　C.毛细管水分　　　D.溶胀水分
2. 细胞液中的水分属于（　　）。
   A.化学结合水分　　　B.表面吸附水分　　　C.毛细管水分　　　D.溶胀水分
3. 晾干药材中的水分属于（　　）。

A. 非结合水分   B. 表面吸附水分   C. 平衡水分   D. 溶胀水分

4. 晶体硫酸铜中的水分属于（ ）。

A. 化学结合水分   B. 表面吸附水分   C. 毛细管水分   D. 溶胀水分

5. 药材在干燥后放置在空气中达到恒重时的水分称为（ ）。

A. 自由水分   B. 平衡水分   C. 润湿水分   D. 溶胀水分

6. 在干燥过程的预热阶段，提高物料温度的作用是（ ）。

A. 使物料中的水分达到沸点   B. 使物料内部的水分向外移动

C. 加速蒸发，促进水分外移   D. 主要是加速表面水分蒸发

7. 在恒速干燥阶段，加热物料的主要作用是（ ）。

A. 使物料表面的水分达到沸点   B. 加速使物料内部的水分向外移动

C. 加速表面水分蒸发   D. 扩大毛细管孔径

8. 湿基含水量是指（ ）。

A. 湿空气的含水量   B. 湿物料中的含水量

C. 湿物料含水量与绝干物料质量之比   D. 物料的相对湿度

9. 换热速率高的厢式干燥器是（ ）。

A. 平流厢式干燥器   B. 穿流厢式干燥器

C. 真空厢式干燥器   D. 逆流厢式干燥器

10. 在制剂车间，通用洞道式干燥器（ ）。

A. 用于玻璃瓶的干燥和灭菌   B. 用于口服液的灭菌

C. 顶部设计有高效过滤器   D. 不能利用回风

11. 流化床干燥器中有大量气泡产生并将物料托起，这是产生了（ ）。

A. 沟流   B. 死床   C. 腾涌   D. 气泛

12. 为防止喷雾干燥器内壁黏附结垢，在喷雾室下部的外壁安装了（ ）。

A. 振动锤   B. 高压气体进口   C. 高压水进口   D. 旋转球

二、简答题

1. 简述物料干燥的四个阶段。
2. 简述流化床干燥器的不正常操作及采取的相应措施。
3. 绘图说明喷雾干燥的工艺流程。

三、实例分析

将南瓜粉碎打浆后用滤布过滤，再用离心喷雾干燥器干燥，喷雾干燥器工作一段时间后输送料液管道压力表读数上升，请分析原因，并提出解决方案。

模块十二
空气净化与设备

【知识目标】
　　了解空气的组成、空气中颗粒及微生物的存在状态；熟悉过滤原理、各类过滤方法；掌握空气过滤器、温度和湿度调节器的结构和工作原理。

【能力目标】
　　学会净化空调机组的操作与维护技术。

【素质目标】
　　通过企业生产场所空气净化实践，培养职业作风。职业作风是敬业精神的外在表现，职业作风的优劣又直接影响着企业的信誉、形象和效益。从某种意义上讲，职业作风关系到企业的兴衰成败，关系到企业的生死存亡。优化职业作风，就要反对腐败和纠正行业不正之风，以职业道德规范职业行为。

　　药品生产对原材料、生产过程、设备到人员操作都有着明确的质量规范要求。为防止药品在生产过程中被车间空气中的微生物和尘埃所污染，必须对进入车间的空气进行净化处理，保证药物生产过程在符合GMP要求的环境中进行。

单元一　车间空气卫生

　　自然状态下的空气含有多种颗粒和微生物，这些颗粒和微生物侵入制药车间后会污染车间设备和药品，需要净化除去。

一、空气的组成

　　空气是多种气体的混合物，它的恒定组成成分有氧、氮和氩、氖、氦、氪、氙等气体，空气中的不定组成部分有二氧化碳、水蒸气、氢、臭氧、氧化二氮、甲烷、二氧化硫等多种物质。在空气中还存在各种尘埃、微生物和化学性多种污染物质，除去空气中尘埃和微生物的过程称为空气净化。

1. 空气中的尘埃

　　物体绝大多数都会产生尘埃，各种生产过程都会产生工业粉尘，地球表层泥土、墙壁、家具、常规机械设备等表面都在向空气中散发粉尘；人员本身就是一个重要的污染源，身着普通服装的人走动时每平方米每分钟产尘约为 3.0×10^6 颗。总之，空气中悬浮着大量的尘埃，通过检测发现，每立方空气中含有 $5 \times 10^4 \sim 3 \times 10^5$ 个尘埃粒子。

　　按照颗粒的机械性质，空气中的尘埃粒子可分为刚性粒子和非刚性粒子。无机物粒子属于刚性粒子，刚性粒子变形系数很小。细胞是非刚性粒子，其形状容易随外部空间条件的改变而改变。因这两类粒子力学性质不同,所以在生产实际中应采用不同的分离方法。

如果按形状划分,则可分为球形颗粒和非球形颗粒。制药工业上遇到的大多是非球形颗粒,其形状多种多样。

空气中尘埃粒子直径大小不同,呈连续分布状态,共同组成空气中的粒子群。按直径大小,空气中的尘埃粒子可分为自然降尘和飘尘。

自然降尘指粒径大于10μm 小于100μm,在空气中经重力作用能沉降到地面上的灰尘,其来源以风沙扬尘为主。10μm 以下的浮游状颗粒物,称为飘尘。去除飘尘的难度大于去除自然降尘的难度。

2. 空气中的生物粒子

微生物对空气的污染是多渠道进行的。土壤、水体中的微生物附着在尘埃粒子上飘浮于空气中造成空气污染;人和动物体中的微生物可从呼吸道呼出,直接污染大气,也可随痰液、脓汁或粪便等排出而进入地面,随灰尘飞扬造成污染。因此,要树立无菌意识,做好空气净化工作。

由于室外空气比较干燥,无营养物质,且受紫外线照射,因而室外空气中大部分的微生物只有短暂的存活时间,只有八叠球菌、细球菌、枯草杆菌以及霉菌和酵母菌的孢子等微生物对外界环境抵抗能力较强,在空气中长时间停留造成大气的生物污染。

在通风不良、人员拥挤的车间,空气中的微生物数量较多,其中一部分来自于人体的致病性微生物,如结核杆菌、白喉杆菌、溶血链球菌、金黄色葡萄球菌、脑膜炎球菌、流行性病毒等;另一部分来自于阴湿物体表面散发出的尘埃,尘埃中含有许多活的微生物,如细菌、真菌、尘螨等。

细菌个体直径一般为0.5～5μm,多数为5μm,少数病菌为0.03～0.5μm。细菌大量附着在空气中的尘埃粒子上形成"生物粒子"。有尘埃的存在,就可能有微生物的存在。除去了尘埃,也就除掉了生物粒子。采用过滤方法既能除去尘埃,又能去掉微生物。

3. 空气中的液体

不含水分的空气叫绝干空气。实际空气中不仅含有水分,而且还含有各种油滴。采用湿度衡量空气中水分的量,湿度大则表明水分重,不同地区的空气湿度不一样,有高湿空气和干燥空气之分。油滴的组成有植物油和矿物油两大类。人类生活要求空气中有一定的水分,但水分和油滴都是空气的污染源,常常作为微生物载体而污染空气。

【知识拓展】

真菌和酵母菌是重要的气喘过敏原。室内常见的真菌有青霉菌、曲霉菌、交链孢霉菌、枝孢霉菌和念珠菌等,其中交链孢霉菌和支孢霉菌已被确认是诱发哮喘的过敏原。青霉菌、曲霉菌可在室内的草垫类物品、家具以及食品等上面生长繁殖。交链孢霉菌常呈尘土状挂在室内的墙壁上,其孢子可在空气中飞散。枝孢霉菌在浴室、厕所的墙、瓷砖接缝处等处形成黑色斑点,增殖后其孢子可飞散到室内各处,从空调和加湿器中常常可检出枝孢霉菌。天气阴暗、潮湿、闷热以及室内通风不良等均是有助于真菌生长繁殖的条件。

二、空气的性质

1. 空气的湿度

空气湿度是空气中含水蒸气量的表示方法,可分为绝对湿度和相对湿度。

（1）湿空气绝对湿度 H　湿空气中单位体积绝干空气所含水蒸气的质量,称为绝对湿度。它实际上就是水汽密度,单位为 kg/m^3。某一温度下,如果空气中水蒸气的含量达到了最大值,此时的绝对湿度称为饱和空气的绝对湿度。

$$H = \frac{湿空气中水蒸气质量}{湿空气中绝干空气质量} \tag{12-1}$$

（2）湿空气的相对湿度 RH　在一定总压下,湿空气中的水蒸气分压 p_W 与同温度下饱和水蒸气压 p_V 之间的比值称为相对湿度。

$$RH = \frac{p_W}{p_V} \tag{12-2}$$

相对湿度表明了湿空气的不饱和程度,反映了湿空气吸收水汽的能力。

2. 干球温度 t

用普通温度计测得的湿空气的温度叫干球温度,用 t 表示,单位为℃或 K。干球温度为湿空气的真实温度。

3. 湿球温度 t_W

如图 12-1 所示,将纱布的一端浸在水中,另一端包裹温度计的感温球,这样就构成一支湿球温度计。将它置于一定温度和湿度的流动空气中,达到稳态时所测得的温度称为空气的湿球温度,以 t_W 表示。

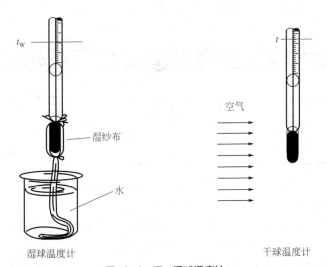

图 12-1　干、湿球温度计

空气的湿度、干球温度、湿球温度三者之间的关系为:

$$H = H_d - \frac{1.09}{r_t}(t - t_W) \tag{12-3}$$

式中,H_d 为湿球温度 t_W 下空气的饱和湿度;r_t 为在湿球温度 t_W 时水的汽化潜热,kJ/kg。

三、制药车间空气卫生

1. 洁净区的等级

药品生产关系到人民群众的身体健康,我国制定了《药品生产质量管理规范》,简称

GMP，目的是防止药品在生产过程中被污染。目前我国执行的《洁净厂房设计规范》，规定了医药工业洁净厂房空气洁净等级标准，见表12-1。

表12–1 洁净等级划分

空气洁净度等级	含尘浓度		含菌浓度	
	尘粒粒径/μm	尘粒数量/(个/m³)	沉降菌（φ9cm 碟 0.5h）/个	浮游菌/(个/m³)
100 级	≥ 0.5 ≥ 5	≤ 3500 0	≤ 1	≤ 5
10000 级	≥ 0.5 ≥ 5	≤ 350000 ≤ 2000	≤ 3	≤ 100
100000 级	≥ 0.5 ≥ 5	≤ 3500000 ≤ 20000	≤ 10	≤ 500
大于 100000 级（相当于 300000 级）	≥ 0.5	≤ 3500000		

2. 洁净区的主要参数

（1）温度和湿度 正常情况下，健康人体与外环境中的温度、湿度、气压、风向和风速等综合因素保持平衡。人的皮肤有临界点温度，高于临界点温度就会感到热，低于临界点温度就会感到凉。当温度在25℃、相对湿度50%，人体处于正常的热平衡状态，感觉很舒适。为了保证洁净车间的温度和相对湿度与生产工艺要求相适应，同时满足作业人员对工作环境的要求，不同洁净车间的温度和湿度应控制在相应范围内，如表12-2所示。

表12–2 净化车间的温度和湿度

序号	空气洁净度	适宜温度	相对湿度
01	100 级	18～24℃	45%～60%
02	10000 级	18～24℃	45%～60%
03	100000 级	18～26℃	45%～65%
04	300000 级	18～26℃	45%～65%

（2）车间压差 压差是指室内空气压强与室外空气压强之间的差值。如果室内空气压强大于室外空气压强则称室内为正压差，反之则称室内为负压差。

在普通制药车间，为了保证洁净室在正常工作或空气平衡暂时受到破坏时，气流都能从空气洁净度高的区域流向洁净度低的区域，保持车间洁净度不受污染空气的干扰，洁净车间必须保持一定的正压差。在生物制品车间，为了防止基因、病毒、致病性微生物流入室外空气造成生物污染，则要求洁净室必须保持一定的负压差。

对于非生物制品车间，压差值的大小要适当。压差值过小，洁净室的压差很容易破坏，洁净度就会受到影响，压差值过大，就会使净化空调系统的新风量增大，空调负荷增加，中效、高效过滤器使用寿命缩短。另外，当室内压差值高于50Pa时，门的开关也会受到影响。洁净室内正压值受室外风速的影响，室内正压值要高于室外风速产生的风压力。因此规定洁净室与非洁净室一般保持正压差为5Pa，洁净室与室外环境的最小压差为10Pa。

（3）车间新风量 在《工业企业设计卫生标准》(TJ 36)中规定："每名工人所占容积小于20m³的车间，应保证每人每小时不少于30m³的新鲜空气量。"在《采暖通风与空气调节设计规范》(GBJ 19)中规定："空气调节系统的新风量应符合下列规定：生产厂房应按补偿排风、保持室内正压或保证每人不小于30m³/h 的新风量的最大值确定"。因此,送至洁净室的新风中,新风占总风量75%、回风占总风量25%。

单元二　空气净化设备

工业上净化空气的方法较多,有过滤法、离心分离法、重力沉降法、静电除尘法等。本节重点介绍过滤法和离心分离法。

一、空气过滤

1. 过滤的概念

利用薄片多孔材料截留混合体系中固体颗粒的过程叫过滤。过滤所用薄片多孔材料称为过滤介质。

2. 过滤空气介质

由于空气中有自然降尘和飘尘,颗粒尺寸具有连续分布性,因此空气过滤介质孔径要符合截留不同尺寸固体颗粒的需要。另外,过滤介质要具有化学惰性以及足够的机械强度。因此,在空气过滤中常用的过滤介质有泡沫塑料、海绵、棉花、滤纸、无纺布、玻璃纤维等,对于要求更高洁净度的车间,使用的过滤介质还可以是各种性能的微孔膜。

3. 过滤空气方式

通常空气过滤属于加压过滤,空气过滤的推动力是压力差。为了使空气能透过一定厚度和一定孔径的过滤介质,需要提供足够的压力强制过滤。工业废气可以采用离心沉降法进行净化处理。

二、常用空气净化设备

1. 空气过滤设备

（1）初效空气过滤器　过滤空气中自然降尘的过滤器叫初效过滤器。初效过滤器一般采用棉花、粗中孔泡沫塑料、涤纶无纺布等材料制成。无纺布具有容量大、无异味、阻力小、滤材均匀、不老化、便于清洗、成本低等优点,因而被广泛采用。

初效过滤器结构上主要有袋式和平板式两种,如图12-2所示。将滤材缝制成楔子形长口袋,多个口袋集中安装在框架上即制成袋式初效过滤器。平板式过滤器由方框、过滤介质和固定夹板等组成。将滤材覆盖在方框上,用夹板固定好即可。结构复杂的平板过滤器增设了自动控制系统,当滤材积累了一定程度的尘埃后,由控制系统自动更新。用过的滤材水洗再生后可重复使用。

因初效过滤器孔隙大,阻力小,可采用0.4～1.2m/s风速过滤。

（2）中效空气过滤器　用于去除直径为1～10μm 固体粒子的过滤器叫中效过滤器。中效过滤器的结构有布袋式和楔形板式两种,与初效过滤器不同的是过滤介质。中效过滤器的介质一般采用中细孔泡沫塑料、细合成纤维或玻璃纤维以及厚质无纺布制作。

中效过滤器具有捕尘能力强、吸尘载量高及使用寿命长等优点。在空气净化系统中,中效过滤器安装在净化空调箱出口处,通过管道与高效过滤器连接。

中效过滤器起着去除空气中大量飘尘和油滴,减轻高效过滤器的工作负荷,延长高效过滤器的使用寿命的作用。

中效过滤器过滤空气的速度是 0.2～0.4m/s。

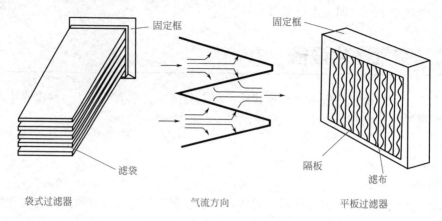

图 12-2　袋式、平板式过滤器

（3）亚高效空气过滤器　用于去除直径为 0.5～5μm 固体粒子的过滤器称为亚高效过滤器。亚高效过滤器的结构与初、中空气过滤器有所不同，分为管式、袋式和隔板式三种，所使用的过滤介质有亚高效玻璃纤维滤纸、过氯乙烯纤维滤布、聚丙烯纤维滤布等。在额定风量下，对≥0.5μm 的颗粒去除率达到 95%～99.9%。

亚高效空气过滤器具有初风阻力小、价格低廉投资少、风机压头不高、运行噪声小以及能耗低等优点，主要用于空气洁净度为 10 万级或低于 10 万级的空气净化系统中，以保护高效空气过滤器，也可用作末端过滤器。

（4）高效空气过滤器　去除直径为 0.3～1μm 颗粒的过滤器称为高效过滤器。高效过滤器主要采用超细玻璃纤维滤纸或超细石棉纤维滤纸为滤材，分为有隔板高效空气过滤器和无隔板高效空气过滤器两类。多数高效空气过滤器整体为长方形箱体，正面是过滤介质，背面是链接风管的接口，整体密封性能良好，从送风管来的空气进入箱体后，穿过过滤介质进入洁净车间，如图 12-3 所示。

在生物制药发酵设备上使用了不锈钢高效精密过滤器。不锈钢高效精密过滤器实质上是微孔膜过滤器，由桶状不锈钢外壳和滤芯组成。不锈钢高效精密过滤器的滤芯是微孔膜呈百叶状缠绕在中空柱形成，整体安装在发酵设备上起着高效过滤除菌的作用，其外形如图 12-4 所示。

图 12-3　无隔板高效过滤器　　　　图 12-4　不锈钢高效精密过滤器

各类高效空气过滤器细菌透过率为0.0001%，病毒透过率为0.0026%，所以高效空气过滤器除菌效率基本是100%，经高效空气过滤器过滤后的空气可视为无菌气体。

高效空气过滤器的特点是效率高，阻力大，不能再生，一般2～3年更换一次，安装时正反方向不能倒装。

为避免新风从负压段进入净化空调系统，致使高效过滤器缩短使用年限，应将中效过滤器设计安装在正压段。高效过滤器是一般洁净厂房和局部净化设备的最后一级过滤器，一般安装在通风系统的末端，作洁净室的进风口使用。

高效过滤器和亚高效过滤器宜设置安装在系统末端，以保证进入洁净室的空气洁净度。

2. 离心分离设备

在制药工业中采用离心分离法净制空气的设备是旋风分离器。

（1）**旋风分离器的结构**　旋风分离器又叫旋风除尘器，是由进气孔、上圆筒、排气孔、倒锥体、集料管等部件组合而成，如图12-5所示。

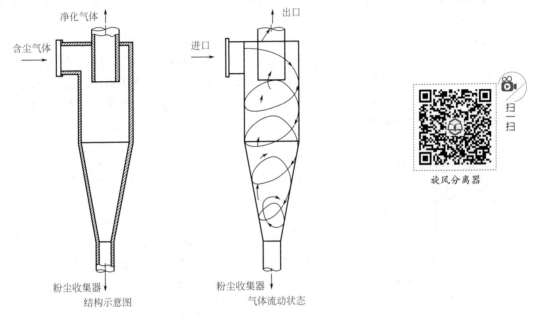

图12-5　旋风分离器

旋风分离器主要由上圆筒和倒锥体组成。安装在上圆筒顶部的进气口呈矩形，进气路线与上圆筒内壁相切。上圆筒高度是其直径的2倍，顶盖中央设计有排气口，排气口连接了排气管道，排气管道直径是上圆筒直径的二分之一。倒锥体内径从上到下逐渐缩小，其高度与上圆筒等同。集料管连接在锥体下部，其直径是上圆筒直径的四分之一。集料管下方套接了集料桶，以供收集粉尘。

（2）**旋风分离器工作原理**　含尘气体以一定速度从切线方向进入上圆筒，受器壁和器顶的约束，含尘气体紧贴内壁呈螺旋状向下运动形成外旋气流。随着外旋气流旋转速度加快，产生的离心力也越来越强，气流中的固体粒子被甩向内壁并沿壁向下滑落进入集料桶。当外旋气流运动到锥底后，因压力的增大，迫使气流旋向中心的低压处而形成向上运动的内旋气流，内旋气流从顶部的排气管排出，排出的气体颗粒含量很低，是净化气体。

粉尘集料管与集料桶之间应密封连接，否则会因漏气使得内旋气流产生涡流，夹带大量颗粒从排气管排出，严重影响分离效果。

旋风分离器结构简单，造价低廉，性能稳定，分离效率高，可用于分离微米级的颗粒，工业上广泛用于捕集气流中的细小粉尘。

三、空气调节设备

1. 空气调温系统

大气温度和湿度随季节变化而变化，而制药车间要求常年恒温恒湿，所以净化空调机组要具有自动恒温恒湿功能。一般地，空气调节系统由蒸汽发生器、温度传感器、制冷机、冷凝器、冷却器、冷却塔等设备组成。

（1）**空气加热系统** 在冬春季节室外气温低，需要对净化空气加热升温。将蒸汽发生器产生的蒸汽通入空调箱换热器管程，净化空气进入换热器壳程，通过逆流热交换提升空气温度，采用安装在车间的温度传感器控制蒸汽流量，达到调节空气温度的目的。

（2）**空气冷却系统** 采用冷却系统降低净化空气温度，冷却系统由制冷机、蒸发器、冷却器、冷却塔组成，可分为水冷式制冷机组和风冷式制冷机组两种。水冷式制冷机组能获得0℃以下的制冷效果，是制药工业主流制冷机组。

水冷式制冷机组主要由压缩机、冰水罐、风机盘管、冷却器、离心泵和冷却塔构成，制冷剂多为氟利昂，采用25%的乙醇水溶液作为冷媒介质。水冷式制冷机组工作流程如图12-6所示。

制冷剂在蒸发器中蒸发吸收冷冻水中的热量，低温冷冻水被输送到风机盘管中，室外空气在风机盘管上与冷冻水进行热交换而降温。吸收了空气热量的冷冻水温度升高，被泵送回到蒸发器中冷却降温成低温冷冻水。

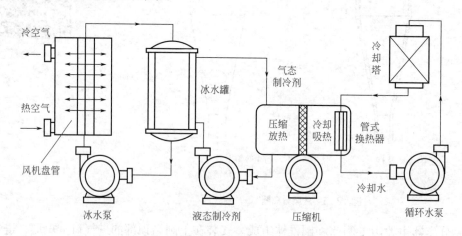

图 12-6　水冷式制冷机组工作流程

制冷剂蒸发成蒸汽后吸收了冷冻水的热量，在冷凝器中被压缩成液体释放热量，冷却水吸收所放出的热量后温度升高，被泵抽入到冷却塔中冷却至室温，降温后的冷却水可继续循环使用。

车间内的温度传感器将温度信号以电信号形式传输给控制中心，控制中心再将电信号转变为指令，根据需要对制冷剂的蒸发量进行控制，从而自动调节空气温度等参数。

2. 空气加湿系统

如室外空气湿度较低则需要对净化空气加入水蒸气以提高相对湿度。空气加湿系统由蒸汽发生器和喷雾加湿器组成。常用的蒸汽发生器是电热蒸汽锅炉，功率大小可根据洁净车间空间体积和对相对湿度的要求选配。制药车间广泛使用高压雾化器进行喷雾加湿。将喷嘴安装在空调机组加湿段内壁上，用不锈钢管道与蒸汽发生器连接即成高压喷雾加湿系统，如图12-7所示。

蒸汽发生器　　　蒸汽喷嘴

图12-7　空气加湿器

自来水经软化后进入电热蒸汽过滤汽化成蒸汽，由耐高压管道将蒸汽导入喷嘴后高速喷出，形成细小的水雾粒子，与流动的空气混合，提高空气湿度，实现对空气的加湿。

因电热锅炉生产的水蒸气温度高、灭菌彻底，所以采用蒸汽加湿系统可有效避免加湿操作带来的微生物污染。

也有采用柱塞泵将纯化水高压喷雾的加湿系统，高压喷嘴喷射的速度和流量可通过湿度传感器和可编程控制器进行调节。不过此种方法因缺少灭菌过程，产生的水雾中可能含有活的微生物，因而需要预防对净化空气的再次污染。

3. 车间灭菌系统

生物制药车间的地板、墙壁、天花板、管道、仪器设备、工具等均需要灭菌处理，工业上常采用紫外线、臭氧、过氧化氢蒸气等进行车间灭菌。

（1）紫外线灭菌法　紫外线是一种电磁辐射能，辐射能量可产生激发作用，将空气中的氧气转化成臭氧，臭氧对微生物具有强烈的氧化腐蚀作用，从而促使微生物死亡。另外，在紫外线长时间照射下，微生物细胞内的核酸、原浆蛋白和酶发生化学变化，破坏了微生物新陈代谢而杀菌。

一般地，净化车间天花板离地距离低于2600mm，其上安装紫外杀菌灯，每8m²安装功率为15W的紫外杀菌灯1支，密闭车间照射30min即可杀灭地板、墙壁、工具、设备等物体表面上的多种微生物。

采用紫外线杀菌的缺点是不能彻底杀灭车间内的微生物。在紫外灯杀菌期间人员不得进入，以防紫外线伤害事故发生。

（2）臭氧灭菌法　臭氧分子式为O_3，是不稳定的强氧化剂，可分解成原子状态的氧和氧气。新产生的原子状态氧和氧气具有强烈的氧化活性，能快速氧化有机物，破坏蛋白质、酶、核酸、脂蛋白和脂多糖等生物大分子的结构，从而破坏了细胞和细胞器的结构，导致细菌、病毒新陈代谢受阻，发生通透性畸变而溶解死亡。

无菌车间灭菌用臭氧来自于臭氧发生器。臭氧发生器主要有高压放电式、紫外线照射式、电解式三种。

① 高压放电式　该类臭氧发生器是使用一定频率的高压电流制造高压电晕电场，使电场内或电场周围的氧分子发生电化学反应，从而制造臭氧。这种臭氧发生器具有技术成熟、工作稳定、使用寿命长、臭氧产量大(单机可达1kg/h)等优点，所以是国内外制药行业使用最广泛的臭氧发生器之一。

② 紫外线照射式　该类臭氧发生器是使用特定波长(185nm)的紫外线照射氧分子，使氧分子分解而产生臭氧。由于紫外线灯管体积大、臭氧产量低、使用寿命短，所以这种发生器使用范围较窄，常见于消毒碗柜上使用。

③ 电解式　该类臭氧发生器通过电解纯净水产生臭氧。电解式臭氧发生器具有能制取高浓度的臭氧水、制造成本低、使用和维修简单等优点。其缺点是产量低、电极寿命短、臭氧不容易收集、使用范围狭窄。

（3）过氧化氢蒸气灭菌　当车间内过氧化氢的浓度达到一定值时，会在所有暴露物体的表面形成一层约2μm的冷凝薄膜，与物体表面接触的过氧化氢分子经过氧化还原反应解离出具有高活性的羟基，高活性羟基形成的自由基攻击微生物细胞膜，破坏细菌、孢子、真菌、霉菌和病毒等微生物的细胞结构，彻底破坏微生物新陈代谢，达到广谱性灭菌的效果。

过氧化氢蒸气灭菌器有移动式和固定式两种。移动式可在车间内移动灭菌，固定式则是固定安装在车间特定位置，给车间灭菌提供过氧化氢蒸气。应用于制药车间的过氧化氢蒸气灭菌器实物如图12-8所示。

移动式　　　　　　固定式

图12-8　过氧化氢蒸气灭菌器

单元三　净化空调系统

为了保持车间温度、湿度、风速、压力和洁净度参数恒定不变，常将空气进行净化处理后送入车间，以消除各种热、湿干扰及尘埃污染。为获得洁净空气，需建立净化空调系统。

我国《洁净厂房设计规范》将净化空调系统分为集中式和分散式。分散式净化空调系统的各个洁净室单独设置净化设备或净化空调设备，集中式净化空调系统就是中央空调系统，用通风管道将洁净空气分配给各个洁净室。

因为集中式净化空调系统所采用的设备比较成熟，在管理和运行上也积累了较为丰富的经验，所以目前制药企业大部分采用的是集中式净化空调系统。

一、空气净化工艺

1. 净化工艺原则

在空气净化工程中，不同区域对洁净度要求不一样，因此空气净化级别也不同。一般地，空气净化过程可分为初效过滤、中效过滤和高效过滤三个工段。在布置设计过程中常按以下原则进行组合：

30万级洁净度采用初效和中效二级过滤即可达到要求；

10万级洁净度采用初效、中效和亚高效三级过滤系统；

100级洁净度采用初效、中效、高效三级过滤系统。

其工艺过程是：新风经初效空气过滤器过滤后与回风混合，再经冷干、加热、加湿、除湿等一系列处理，由中效空气过滤器过滤，通过风管送至高效空气过滤器过滤后进入车间。车间的空气由回风管道排出，为保持车间温湿度恒定，节约能耗成本，常将25%的回风送回空调箱与新风混合，进入下一个净化循环。

2. 中效空气净化工艺流程

30万级和10万级洁净车间的净化空调可采用以下工艺流程。

3. 高效空气净化工艺流程

1万级和100级的洁净室的净化空调系统可采用以下流程。

在设计30万级净化空调系统时,为了保险起见,仍然采用三级过滤流程进行净化,否则达不到30万级净化效果。

二、典型净化流程

1. 净化空调箱

简单的净化空调箱由新回风混合段、表冷挡水段、蒸汽加热段、风机段、加湿段、中效过滤段、送风段等功能段组成,如图12-9所示。

净化空调箱具有密封性好、不漏风、占地面积小以及投资费用低等优点。

2. 典型空气净化系统

典型空气净化系统由净化空调箱、高效过滤器、新风管道、回风管道、排风机、洁净车间及除尘器组成,如图12-10所示。

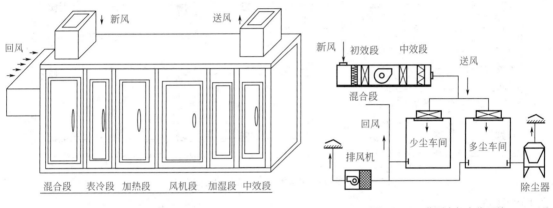

图12-9　净化空调箱　　　　图12-10　典型空气净化系统

在送风管路系统中设计有新风与回风流通管路。新风与回风经过滤后同时进入空调箱混合段,随后依次通过后续各工段。从中效过滤器出来的净化空气被输送到各洁净室的高效过滤器,洁净空气通过高效过滤器过滤后进入车间。从车间引出来的空气称为回风。部分回风需要返回到空调箱中与新风混合,经净化处理再次送入洁净室使用。

净化室中的废气大部分成为放空气排放到大气中,为了避免空气污染,放空气必须通过旋风分离器或静电除尘器分离后方可排放。

三、空气净化设计

生物制药生产过程多数在净化车间中进行,如菌种培养、限度检查、分离提取、冷冻干燥、固体制剂、针剂灌装等岗位操作都是在无菌环境中完成的。一般来讲,菌种培养、限度检查在1万级净化环境中完成,分离提取、成型干燥和固体制剂操作在30万级净化环境中完成,水针剂大输液的灌装则在100级净化环境中完成,生物制药车间必须按净化车间建设。

1. 缓冲间

根据GMP的要求,进入车间的人员和物料分流通行,为保持车间卫生须设计有人员和物料消毒杀菌设施。由于车间外空气中的生物粒子属于飘尘,极易随人员和物料进入车间,所以在净化与非净化车间之间需设置过渡区域,以清除人体和物料携带的尘埃和生物粒子,杀死附着在人体皮肤和物料表面上的微生物,行业上将这个区域称为缓冲区。

缓冲区应具有隔离污染的功能,因而由多个不同功能的小室构成。

(1) 换鞋更衣间 人员日常穿的鞋子携带有大量尘埃和生物粒子，为保障尘埃和生物粒子被隔离在车间外面，特设置不锈钢鞋柜为门槛，人员坐在鞋柜上脱鞋后转身再换洁净鞋，随即踏入缓冲区洗手消毒杀菌后，换穿洁净工作服装。

(2) 风淋隔离间 人员换鞋洗手消毒后进入风淋室，采用含臭氧的洁净空气对人体各部位强力吹扫，一方面臭氧消毒杀菌；另一方面通过风淋清扫掉尘埃和生物粒子，以隔离污染。人员经风淋后可直接进入30万级的净化车间。

(3) 沐浴消毒更衣间 生物药物生产对车间、设备、人员、物料等都有严格的卫生要求，如疫苗的生产要求人员必须沐浴、消毒、杀菌、更衣。

人员经风淋后进入淋浴室，采用消毒水沐浴消毒杀菌，更换净化工作服后再进入净化车间。大输液灌装车间具有功能完整的缓冲区，其平面布置如图12-11所示。

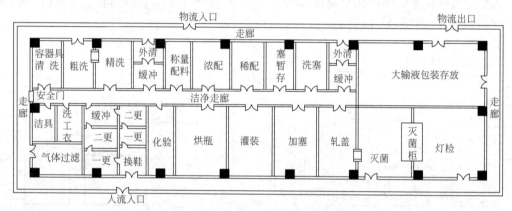

图12-11 大输液缓冲区的平面布置

2. 风管系统

生物制药车间一般采用集中式空调机组输送提供净化空气，车间内净化空气的总量和空气流速对净化程度有重要的影响，要根据车间空间体积和净化级别确定空调机组送风功率，满足车间对净化空气的需求。

(1) 风量 风量一般是指单位时间空调机组输送出送风口的空气流量。

在生物制药生产过程中，由中央空调机组提供的净化空气将按照一定的流量分配到更衣室、洗手消毒杀菌室、更衣室、风淋室、净化走廊、各种车间等，除此之外还需要满足门缝泄漏、试剂配制、器具存放、冷库、开关门损耗等对净化空气的需要，所以，通常所说的风量是对净化空气所需的总量，实际进入车间的风量只是总风量的一部分。

根据《医药工业洁净厂房设计规范》规定，缓冲区、走廊的洁净度等级与车间的洁净度等级相同，对净化空气总量需求基本一致。因此，在确定各区域送风总量时可采用相同的换气次数。如100级、1万级洁净车间及其缓冲区的换气次数同为15次/h，10万级洁净车间及其缓冲区的换气次数同为10次/h，30万级洁净车间及其缓冲区的换气次数同为8次/h。

综合以上因素，中央空调机组提供的风量计算式为：

$$Q = Vn \tag{12-4}$$

式中，V为洁净车间空间体积，m^3；n为每小时换气次数，次/h。

(2) 空气流速 在车间内空气的流速直接影响洁净度的高低。一般地，高效空气过滤器安装在车间天花板上，净化空气从上往下流动。如果净化空气以层流状态从天花板流向地板，则车间内无返混现象发生，废气被完全排出；如果流速太大，则进入车间的净化空气产生涡流，出现返混现象，废气不能完全排出，形成污染死角，导致净化程度降低。所以，不同净化级别的车间对空气流速有相应的要求。表12-1列出了我国制药车间净化空气相关指标。

表12-1 空气洁净度等级和送风量(静态)

空气洁净度等级	气流流型	平均风速/（m/s）	换气次数/（次/h）
100级	单向流	0.2～0.5	—
10000级	非单向流	—	15～25
100000级	非单向流	—	10～15
300000级	非单向流	—	8～12

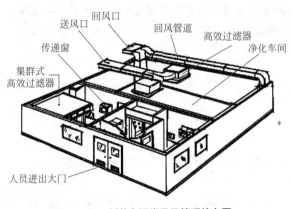

图12-12 制药车间常见风管系统布置

（3）**风管系统布置** 集中式净化空调机组向各洁净室、洁净车间提供净化空气，净化空气在鼓风机推动下经过风管流入车间天花板空气过滤器，经过滤后进入各室各车间。使用后的车间空气从排风口流出，在分配器调节下，少部分空气沿着回风管返回到净化空调机组，大部分空气则进入放空管道排出到大气中。图12-12是制药车间常见风管系统布置设计。

生物制药车间净化工程存在着部分非工艺净化工程，一般由建设单位提出技术指标，由专业净化安装公司进行设计和装修施工。

【**案例分析**】

案例：1976年7月，在美国费城某饭店召开的宾州地区美国军团年会期间，参会人员以及住在同一饭店的其他人员中爆发一种发热、咳嗽及肺部炎症的疾病，共计有221人发病，死亡34人，病死率高达15%。调查发现，来自空调系统冷却塔水的细小水汽雾中含有一种新型的革兰阴性杆菌，称为军团菌，随空调小水汽雾弥散于饭店内的空气中传播。

分析：军团菌可寄生于自然水源、水暖设备和输水管道及各种输水设施的内表面，并在空调系统、冷却塔、水龙头、热水贮箱和热水输送设施内繁殖。军团菌可在自来水中存活约1年，在河水中存活约3个月，并可通过冷却塔、水龙头和淋浴喷头等随气溶胶传播。供水供气系统不实行定期清洁很容易爆发军团病。

3. 净化空调系统的维护保养规程

（1）**检查** 每次运行过程中和运行完毕后，检查初、中效过滤器与框架的连接是否松动，是否被尘埃堵塞，风机与电机的传动皮带是否松动或过紧，风机轴承润滑油是否加满，空调箱内的接水盘出水孔是否畅通，表冷器、加热器的管道接头、法兰是否漏水、漏气等。如检查到上述情况应对有故障的设备进行检修，使设备处于完好状态，满足生产需要。

（2）**轴承维护** 每年定期检查风机和电机轴承1次，每3个月加润滑脂1次。

【学习小结】

由于空气中的微生物往往附着在尘埃上，尘埃又分为自由降尘和飘尘，因而空气过滤要分级进行。

初效和中效过滤器的结构主要是布袋式结构，过滤介质一般是无纺布，高效过滤器的过滤介质是超细玻璃纤维滤纸等。

制药车间的空调系统采用空调箱集中布置，空调箱中设计有加热器和调湿器，以将车间空气温度和湿度控制在最佳范围。

首先用初效过滤器过滤，然后再用中效过滤器，在出口处才使用高效空气过滤器。为保护高效过滤器，常前置安装亚高效过滤器，亚高效过滤器过滤去除的是较大粒径的尘埃。

【目标检测】

一、单项选择题

1.飘尘的直径是（　　）。
A.毫米级　　　　B.纳米级　　　　C.大于10μm　　　　D.小于10μm

2.空气中的微生物存在状态是（　　）。
A.自由飘浮　　　B.附着在颗粒上　　C.生长旺盛　　　D.均无法繁殖

3.10万级制剂车间内最适温度是（　　）。
A.20～27℃　　　B.18～26℃　　　C.18～28℃　　　D.22～26℃

4.常用高效空气过滤器的过滤介质是（　　）。
A.泡沫塑料　　　B.压缩棉花　　　C.微孔膜　　　　D.超细玻璃纤维

5.高效过滤器的前级过滤器是（　　）。
A.初效过滤器　　B.亚高效过滤器　C.中效过滤器　　D.微孔膜过滤器

6.中效过滤器截留颗粒的大小是（　　）。
A.0.5～5μm　　　B.1～10μm　　　C.5～10μm　　　D.大于10μm

7.空气的湿球温度是指（　　）。
A.潮湿空气的温度　　　　　　　　B.温度计水银球表面气液平衡时的温度
C.空气露点时的温度　　　　　　　D.空气湿度最大时的温度

8.制剂车间的空气流应是（　　）。
A.多向流　　　　B.过渡流　　　　C.湍流　　　　　D.单向流

二、简答题

1.简述空气加湿器的工作原理。
2.简述净化空调箱的结构和工艺流程。
3.简述制剂车间废气利用。
4.制剂车间有哪些产尘源？
5.为什么要将高效过滤器安装在终端？
6.在什么情况下洁净车间要保持负压状态？

模块十三 制水与设备

【知识目标】

掌握二级反渗透、三效蒸馏器的结构和工作原理；熟悉注射用水生产设备的结构、原理；了解注射用水和无菌水的概念。

【能力目标】

熟练应用二级反渗透装置和三效蒸馏器的操作技术制备注射用水；学会絮凝、电渗析、反渗透、三效蒸馏器等设备的操作技术。

【素质目标】

通过制水实践，体会人的心灵应该与纯净水一样纯洁，培养诚信品质。诚信是公民的第二个"身份证"，为人处世应真诚、尊重事实、实事求是、信守承诺。

通过制水实践，还应体会人生应该与水一样纯净，要遵纪守法。遵纪守法是每个公民的义务，提高遵纪守法的自觉性、养成遵纪守法的习惯、加强遵纪守法观念、敢于同一切违法乱纪的现象进行斗争，是个人修养的重要内容，是促使社会风气根本好转的基本措施之一。

制药生产过程使用的水有洗涤用水、溶剂用水、冷却用水等，这些水统称为工艺用水。按照纯度，制药工艺用水又可分为饮用水、纯化水、注射用水。根据《中华人民共和国药典》规定，注射用水是无杂质无微生物不含热原的高品质水。

单元一 饮用水生产设备

在制药工业上，江河湖泊以及城市生活自来水统称为原水。原水中一般含有固体悬浮物、微生物、胶体、溶解气体、多种化合物、金属离子及其他杂质，原水经过初级纯化可制得饮用水。

一、絮凝沉降法

通过絮凝和过滤可将原水初级纯化，制成可供生活使用的饮用水。原水被絮凝剂沉降后再经机械过滤，可去除微小颗粒杂质、部分无机化合物、部分有机化合物和重金属离子，絮凝和过滤是制水工程重要的前处理工艺。

1. 絮凝原理

采用絮凝剂促使悬浮颗粒结团以絮状物沉降的过程叫作絮凝。絮凝沉降可分为化学絮凝法和物理絮凝法两种，化学絮凝法是通过化学反应，使原水中某些化合物和重金属离子生成沉淀的过程；物理絮凝法是在原水中加入大量絮凝剂，破坏原水中悬浮物或胶体物质表面所带电荷后，使得悬浮物或胶体相互聚集联结形成粗大的絮状团粒或团块沉降的过程。化学絮凝法的本质是化学反应生成沉淀，物理絮凝法的工作原理是凝聚或合并形成大絮状沉淀。

2. 常用絮凝剂

常用的絮凝剂有无机絮凝剂和高分子絮凝剂两大类。

（1）**无机絮凝剂** 无机絮凝剂由无机化合物组成，可与水体中带电颗粒形成离子键、共价键、配位键、氢键等化学结合力，经相互架桥、凝聚结成大颗粒而沉降。常见的无机絮凝剂有铝盐、铁盐、氯化钙、聚合氯化铝、聚合硫酸铁、活性硅藻土等。制药工业上原水前处理中用得较多的无机絮凝剂是聚合硫酸高铁。

（2）**高分子絮凝剂** 高分子絮凝剂是含有大量活性基团的高分子有机化合物，分为人工合成高分子絮凝剂、天然高分子絮凝剂和微生物絮凝剂等类型。如ST高效絮凝剂的主要成分聚二甲基二烯丙基氯化铵是有机高分子化合物，用于水处理时具有淤泥量少、沉降速度快、水质好、成本低等优点。天然高分子絮凝剂有多糖类、甲壳素类及微生物絮凝剂等。采用天然高分子絮凝剂进行水处理具有无污染的优点，因而在生活用水和制药工艺用水的制备中使用较广。

【知识拓展】

聚合硫酸高铁具有除浊、脱色、脱油、脱水、除菌、除臭、除藻以及去除水中COD、BOD及重金属离子等功能，适应pH值范围为4～11，最佳pH值范围6～9，絮凝沉降速度快、矾花密实，絮凝后水体不含铝、氯及重金属离子等有害物质，pH值与总碱度变化幅度小，无毒无害，安全可靠，投药量少，成本低廉。

二、机械过滤器

絮凝沉降后的原水经机械过滤可去除絮凝物。机械过滤系统由多介质过滤器、活性炭过滤器、除铁过滤器等设备组成。

1. 机械过滤器结构

常用机械过滤器由壳体、分布器、承重板、出水管、反冲洗进水管、反冲洗出水管、过滤介质等部件构成，如图13-1所示。

机械过滤器的壳体材料主要是不锈钢或玻璃钢，用承重板将壳体分隔为上下两层，上层填料为无烟煤或锰砂，下层填料为精制石英砂。所有承重板均为筛板，底部承重板上安装起过滤排水作用的水帽。机械过滤器过滤效率高、出水量大，根据实际情况可联合成机组使用。

2. 机械过滤器填料

机械过滤器的核心部件是过滤介质。常用的过滤介质有石英砂、活性炭、无烟煤、锰砂等。

（1）**石英砂** 石英砂具有拦截、沉淀及吸

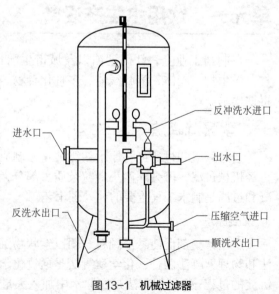

图13-1 机械过滤器

附等作用,可以截留去除水中悬浮微粒、胶体、泥沙和铁锈等杂质。另外,石英砂化学性质稳定,不污染水体,因而广泛用于饮用水的前处理中。石英砂过滤器阻力小、通量大,主要用于反渗透、电渗析、离子交换、软化除盐系统的预处理过程,也可用作水质要求不高的工业给水粗过滤,以及循环冷却水、污水及中水的预处理。

将石英砂装填到机械过滤器中可制成石英砂柱,专门用于原水的初级过滤。

(2)锰砂 天然锰砂主要成分是二氧化锰(MnO_2),当原水pH＞5.5时,天然锰砂可催化Fe^{2+}氧化成Fe^{3+}并生成$Fe(OH)_3$沉淀,生成的$Fe(OH)_3$在锰砂滤层中经过滤除去。

除铁锰机械过滤器主要填料是锰砂,可去除铁、锰及多种有害金属,去除率高达90%,可直接将高铁地下水处理成饮用水,也可用于水的脱色、除臭、除味等前处理过程。

(3)活性炭 活性炭是一种非极性吸附剂,在水中能将绝大多数有机化合物和重金属离子吸附,对水中氯离子的吸附率可达99%以上。制药工业上水处理所用活性炭由椰子壳、核桃壳、花生壳等制成,其颗粒直径大致为$\phi 2 \sim 5mm$,颗粒内部有大量的毛细孔,比表面积大,吸附能力强。

新购回的活性炭需要先进行用清水、盐酸和氢氧化钠交替浸泡、冲洗至中性等预处理,然后装填到机械过滤器中可制成活性炭柱。当活性炭柱工作一段时间后,由于截留了大量的悬浮物,压差增大。当活性炭柱压差达到0.08MPa时,须用清水反冲洗。严重时用压缩空气反吹后再用水清洗,以提高反冲洗效果。经过反洗后的活性炭柱即可投入生产运行,操作方法是先关闭清洗阀,再打开进水阀、下排阀,然后关闭上排阀,待出水水质合格后,打开出水阀、关闭下排阀,即进入正式运行产水。

当活性炭吸附容量达饱和,应立即更换活性炭。操作方法是打开活性炭柱上部人孔和下部手孔,放出原来的活性炭,装入新的活性炭。

3. 精密过滤器

如图13-2所示,精密过滤器是加压式过滤器,主要部件有金属壳体、滤芯。其中,金属壳体的外观结构可分为卡箍式、法兰式、吊环式等多种形式。

精密过滤器的滤芯有陶瓷滤芯、聚丙烯(PP)纤维熔喷滤芯、线绕滤芯、折叠式微孔滤芯、钛合金过滤棒等,各种滤芯有多种型号,根据截留颗粒大小选择不同孔径的滤芯。在饮用水生产中,精密过滤器用于拦截从活性炭柱脱落下来的活性炭颗粒。

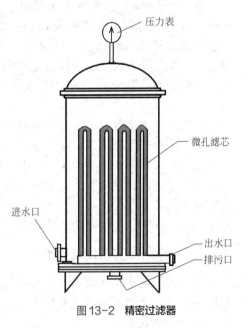

图13-2 精密过滤器

单元二 纯化水生产设备

工业上制备纯化水的设备有电渗析仪、离子交换柱和二级反渗透装置等,实验室常用蒸馏器制备纯化水,制药工业上则采用二级反渗透法生产纯化水。

一、电渗析仪

电渗析仪由整流器、隔板、直流电极、离子膜、贮槽等部件组成。整流器是提供稳定的直流电压，采用细孔隔板将贮槽分隔成若干蓄水室，不同蓄水室盛装的液体不同，两端的蓄水室盛装极水，其余的蓄水室分别盛装浓盐水和淡水。细孔隔板上覆盖了有选择性透过功能的离子交换膜，覆盖阳离子膜的可透过阳离子，覆盖阴离子膜的可透过阴离子，如图13-3所示。

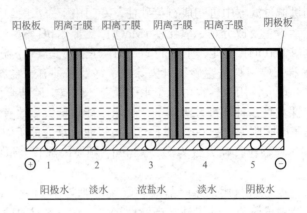

图13-3　电渗析仪工作原理示意图

现以2号和4号蓄水室为例说明电渗析仪的工作过程。在直流电场中，2号蓄水室原水中的阴离子穿过阴离子膜进入1号蓄水室，阳离子穿过阳离子膜进入3号蓄水室，2号蓄水室盐水浓度降低成为淡水；4号蓄水室阴离子进入3号蓄水室，阳离子进入5号蓄水室，使得3号蓄水室成为浓盐水。经过电渗析后，1号和5号蓄水室的离子增多，且阴阳电荷不平衡溶液显电性，通常将这种带电水溶液叫作极水，阳极板的称为阳极水、阴极板的称为阴极水。

在安装电渗析仪时，按照阳极板→阴离子膜→阳离子膜→阴离子膜→阳离子膜→阴极板顺序安装阳离子膜和阴离子膜，由此构成阳极水蓄水室、淡水蓄水室、浓盐水蓄水室、淡水蓄水室、阴极水蓄水室交替排列的电渗析仪。

在启动电渗析仪时要先通水后通电，关闭时要先停电后停水。在开车或停车时，要缓慢开启或关闭浓盐水、淡水和极水的阀门，以保证膜两侧均匀受压。突然开启或关闭阀门会使膜堆变形。在工作中要定期清洗仓室、隔板和电极，并作好电渗析仪的工作状况记录。

二、二级反渗透制水设备

反渗透制纯水是从海水淡化发展起来的新技术。在高于溶液渗透压的作用下，反渗透膜只能通过水分子而不能透过金属离子，从而达到脱盐的目的。

1. 反渗透膜组件

反渗透制备纯化水的关键设备是膜组件。反渗透膜组件有板框式、管式、螺旋卷式等类型，其中用得最广泛的是螺旋卷式反渗透膜组件。常用二级反渗透装置如图13-4所示。

如果按膜材料组成划分，反渗透膜有纤维素膜和非纤维素膜两大类。如按物理结构分类，反渗透膜可分为非对称膜和复合膜等。

醋酸纤维素膜是纤维素类膜的典型代表，该膜由表皮层和支撑层构成，总厚度约为100μm。表皮层的厚度约为0.25μm，表皮层中布满微孔，微孔直径为5～10nm，可以滤除极细的粒子。支撑层的小孔直径较大，约有几千纳米，因此，醋酸纤维素膜属于不对称结构的膜。在反渗透制水操作中，醋酸纤维素膜只有用表皮层与高压原水接触时才能达到预期的脱盐效果。

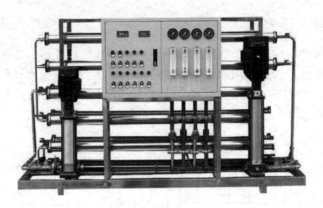

图 13-4 二级反渗透装置

非纤维素类膜以芳香聚酰胺为主，如聚酰胺复合膜。非纤维素膜由屏障层、支持层和底层构成，屏障层是高交联度的芳香聚酰胺，厚度大约在 200nm；支持层是聚酯无纺布；底层常采用聚砜塑料，聚砜层表面的孔径大约为 15nm。由于这种膜是由三层不同材料复合而成，故称为复合膜。

由于反渗透膜的孔径非常小，约 1nm，因此能够有效地去除水中的溶解盐类、胶体、微生物、有机物等，去除率高达 97%～98%。目前反渗透膜广泛应用于水的净化过程中。

2. 二级反渗透制水工艺

原水通过增压泵输送到双层石英砂过滤器、天然锰砂过滤器、活性炭过滤器、钠离子型软化器预处理后，再送入一级反渗透主机、二级反渗透主机进行反渗透处理，所得反渗透水经臭氧或紫外线杀菌以及精密过滤器过滤后送入贮存罐贮存待用。

一级反渗透所制得的水电导率在 5～10μs·cm 之间，经二级反渗透处理后水质得到提高，电导率≤5μs·cm，一般为 0.2μs·cm。图 13-5 是常见二级反渗透制水工艺流程。

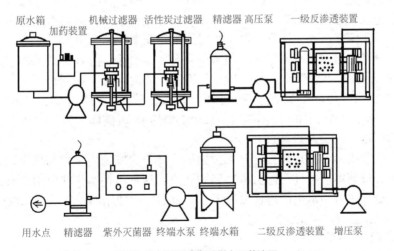

图 13-5 二级反渗透制水工艺流程

由于反渗透过程需要较高的压力，所以制水系统采用了增压泵。从二级反渗透装置出来的水经臭氧或紫外线杀菌器杀菌，是防止纯水中有活的微生物存在，有的工艺流程既采用了紫外线杀菌，并设计了臭氧灭菌器，旨在对纯化水进行二次灭菌，以保证纯化水的洁净度。

三、离子交换制水设备

机械过滤可以降低水中离子总浓度,但不能达到高纯水理化指标要求,金属阳离子和非金属阴离子含量仍超标,需要采用离子交换法进一步脱盐。离子交换树脂去除阴阳离子工艺流程如图13-6所示,得到的水电导率可达$15M\Omega \cdot cm$以上,称为去离子水。离子交换树脂法采用的设备已在第九章作了详尽介绍,在此不再赘述。

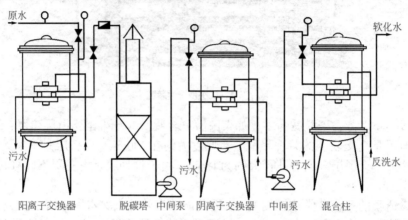

图13-6　离子交换法制纯化水工艺流程

单元三　蒸馏水器

注射用水是无菌高纯水,常以细菌内毒素的含量作为检测指标,根据GMP要求,注射用水的细菌内毒素含量不得超过0.5EU/mL。

细菌内毒素是热原性物质,能引起恒温动物体温升高,让人发冷、发热、颤抖、出汗、昏晕、呕吐甚至危及生命,所以制备注射用水时要严格控制细菌内毒素的含量。要秉持救死扶伤为人民的职业操守,规范操作,严防注射用水污染事故的发生。

细菌内毒素是由蛋白质与磷脂多糖组成的高分子复合物,存在于细菌的细胞外膜中,当细胞膜破裂细菌内毒素溶解到细胞液中污染药液。细菌内毒素相对分子质量在1000左右,体积微小,粒径在1～5nm,具有水溶性、不挥发性、不显电性等特征。细菌内毒素耐热性强,60℃加热1h无影响,100℃不裂解,120℃加热4h可破坏98%,180～200℃干热2h或250℃加热0.5h才能完全破坏。

注射用水质量指标包括理化指标和无菌指标,要符合细菌内毒素和热原试验要求。研究发现,纯化水经过蒸馏后可完全除去微生物和热原,这种蒸馏水作注射用水安全可靠。为保证注射用水质量,注射用水生产过程最后工序是蒸馏,所使用的设备是特殊设计的蒸馏器。

一、单级塔式蒸馏水器

单级塔式蒸馏水器由蒸发锅、蛇管换热器、隔沫装置、废气排出器和冷凝器等部件组成,加热介质为锅炉蒸汽。如图13-7所示。

加热蒸汽进入蒸发锅的蛇管,释放潜热后冷凝成液体,不凝性气体由废气排出器排空,纯化水进入蒸发锅加热至沸腾,汽化产生的二次蒸汽经隔沫装置除掉泡沫后冷凝成蒸馏水,经过冷却器降温后进入贮存罐贮存。

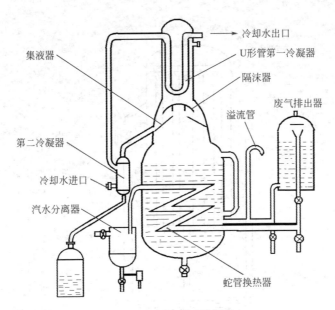

图 13-7　单级塔式蒸馏器

连接到单级塔式蒸馏水器的各种管道、管件、阀门要符合 GMP 的规定，新购回的蒸馏水器安装完备后要连续试烧 8h，并进行反复冲洗，直到制备的蒸馏水质量符合规定的指标为止。

使用单级塔式蒸馏水器时应先开启水汽分离器，再开启蒸汽阀门，待放出纯蒸汽后关闭水汽分离器的下部阀门。注意控制蒸发锅中的压力，以免有液滴进入冷凝器污染蒸馏水。

在生产蒸馏水的过程中，要定时取样检查水质，定期清洗水汽分离器、补水器、废气排出器的管路，清洗排除残留在蒸发锅内的污水和杂质，否则制备的蒸馏水不合格，且能耗成本升高，产生安全隐患。

【知识拓展】

纯度极高的水性质不稳定容易染菌，为了避免水质下降，制药工业生产的注射用水必须保温和流动，贮存时间不能超过 24h，否则需回流到蒸馏器中重新蒸馏。注射用水贮存罐应有加热装置，以维持罐内水温在 80℃以上。另外，贮存罐一般采用 316L 型不锈钢材料制成，可避免阴阳离子溶出产生污染。

二、多效蒸馏水器

多效蒸馏水器由蒸馏塔、冷凝器、高压水泵、控制中心等部件组成。蒸馏塔的主要结构件是三分离蒸发器和冷凝器，多个蒸馏塔可组装成垂直串接式和水平串接式多效蒸馏水器。

1. 三分离蒸发器

三分离蒸发器由水分布器、加热器、蒸发室和气液分离器等部件组成，如图 13-8 所示。

（1）**加热器**　有发夹式加热器和蛇管式加热器，蒸汽管道以列管式换热器安装在加热室中，起预热和加热进料水的作用。

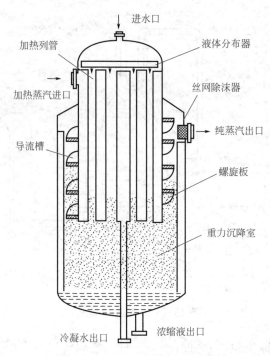

图13-8　三分离蒸发器的结构

（2）蒸发室　蒸发室由管式加热器和重力沉降室组成，管式加热器有列管式、蛇管式和板式三种，其中列管式加热器可设计成降膜式蒸发器，其列管总长可达数百米，纯化水走管程；蛇管式加热器为沸腾式蒸发器，板式尚未广泛使用。重力沉降室专用于蒸汽中液滴的自由沉降。

（3）气液分离器　气液分离器是分离蒸汽中液滴的设备，通过气液分离器可将蒸汽和液滴分离，起着去除蒸汽中细菌内毒素和热原的作用。气液分离器可分为旋风离心分离器、丝网除沫器、导流板撞击式分离器等多种形式。在注射用水多效蒸馏器中常常同时使用三种气液分离器。

从蒸发器列管中高速喷出的蒸汽进入重力沉降室再次汽化，汽化后蒸汽和液滴分离，蒸汽经180°转弯进入导流槽向上流动，液滴沉降到重力沉降室底部接收器中形成浓缩水。通过重力分离可使蒸汽中液滴残留量小于3%，但重力沉降只适用于分离直径大于50μm的液滴。

蒸汽导流槽是围绕蒸发室外壳螺旋向上的流道，是塔体内壁与蒸发室外壁之间的螺旋板构成的螺旋通道。当蒸汽沿着导流槽旋转上升时产生了强大的离心力，蒸汽中的液滴受离心力作用甩向蒸馏塔内壁，沿着螺旋板形成的沟槽流入重力沉降室底部接收器中。

导流板撞击式气液分离器设计在螺旋板导流槽出口，当夹带有液滴的气流通过导流板时，液滴会和挡板发生碰撞并残留在上面，最后以液膜的形式经排液管排走。

丝网除沫器常常安装在导流板撞击式气液分离器之后，穿过导流板撞击式气液分离器的蒸汽穿过丝网除沫器时，因惯性碰撞、气体吸附、截留以及静电吸附等作用将蒸汽中的液滴拦截。对于5μm以上的液滴，丝网除沫器的分离效率在98%以上。

如果蒸汽中夹带的雾沫量很高时，金属丝网会产生液层不凝降现象，此时蒸汽运行阻力大，热能消耗大，丝网除沫器处于温暖潮湿状态容易滋生细菌，从而使分离效果下降或恶化。另外，丝网除沫器要达到除沫效果，其安装高度一般要求在100～150mm，有时要达到

300mm 之多。

行业上将同时采用重力分离、螺旋分离和导流板撞击分离的技术叫三分离技术。国产多效蒸馏水机大多数都采用了三分离技术。

2. 蒸馏塔塔体

蒸馏塔的塔体呈圆柱形，分为上下两段。上段起预热作用因而称为预热段，下段起蒸发分离作用因而称为蒸发段。蒸发段设计有加热蒸汽进口、冷凝水出口、纯蒸汽出口、浓缩液出口。预热段和蒸发段均密封在不锈钢圆柱中，由此构成柱式蒸馏塔。

3. 水平串接式多效蒸馏水器

我国制药行业广泛采用水平串接多效蒸馏水器，气液分离方式为重力沉降分离、螺旋离心分离和丝网撞击分离，常用4～5个蒸发单元串接而成。其工艺流程如图13-9所示。

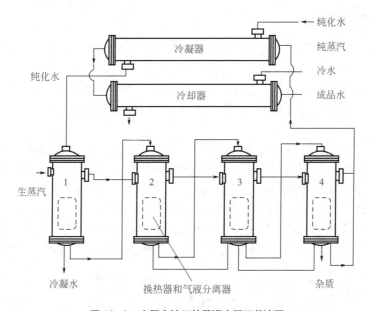

图13-9　水平串接三效蒸馏水器工艺流程

锅炉蒸汽进入第一效蒸发室冷凝放热后排出，纯化水从蒸馏塔顶进入预热室加热，升温后经液体分布器沿列管式加热器内壁成膜状向下流动，热纯化水在列管加热器中受热后温度可升至150℃并大量汽化，生成的二次蒸汽自列管下部喷出进入重力沉降室，液滴因受重力吸引而沉降，蒸汽沿着狭窄的螺旋导流槽高速旋转上升至导流槽顶端，撞击导流板后穿过丝网除沫器从纯蒸汽出口排出。纯蒸汽引入到下效蒸发室放热后冷凝成高纯蒸馏水。从第三效开始，由于二次蒸汽各项指标已达要求，上效所得纯蒸汽在下效蒸发单元中放热后冷凝成注射用水，经冷却后输入贮水罐贮存备用。上效蒸馏塔的浓缩液被引出后与新纯化水合并，进入下一效蒸发室继续蒸馏，由此形成的高浓缩液从最后一效蒸馏塔的底部的浓缩液排放口放出。

在列管式多效蒸馏水器中，效与效之间二次蒸汽的温度差约为10℃。

在多效蒸馏工艺流程中，因采用胀管工艺组装蒸馏塔、冷凝器等部件，所以杜绝了纯化水、冷却水、浓缩液、成品水、生蒸汽、二次蒸汽之间的交叉污染，且通过三个分离环节将微生物和热原物质彻底分离，保证了成品水的质量，工艺技术具有良好的可靠性。

另外，多效蒸馏流程将水蒸气的冷凝和纯化水的预热有机地结合起来，达到了热量综合利用的目的，降低了能源成本，经济指标较好。

【案例分析】

实例：我国《医疗机构制剂许可证》明文规定，配制大容量注射剂所用的注射用水，必须采用多效蒸馏水器制备，并符合中国药典标准。

分析：大输液将直接进入人的血液中，如注射用水含有热原物质，将引起病人严重毒理反应。

在2000年以前，我国大多数制剂单位都采用塔式蒸馏水器生产注射用水。塔式蒸馏水器有可能产生进水、蒸汽和浓缩液的交叉污染，制得的注射用水质量不可靠。多效蒸馏水器因其结构的特殊性，杜绝了交叉污染，具有良好的可靠性。因此，制剂单位必须采用多效蒸馏水器制备注射用水。

三、气压式蒸馏水器

气压式蒸馏水器又称热压式蒸馏水器，其主要部件有自动进水器、热交换器、加热室、列管冷凝器及蒸汽压缩机、输送泵等，如图13-10所示。

气压式蒸馏水器工作原理是，将纯化水加热沸腾汽化，产生的二次蒸汽经蒸汽压缩机压缩，因压力升高而温度随之升高，压缩蒸汽经冷凝后为成品蒸馏水。在蒸汽冷凝过程中所释放出的潜热可用作纯化水的预热。

气压式蒸馏水器工艺流程从纯化水的输入开始，纯化水经板式换热器预热后从底部进入蒸发室，进水量可用液位调节器调节。开启列管式加热器将纯化水加热至沸腾汽化，产生的二次蒸汽进入蒸发室，经除沫器除去其中夹带的液滴、雾沫等杂质后进入压缩机，在加压下蒸汽温度逐渐升高，待升温到120℃后即输送回到列管加热器管程对纯化水加热，放出潜热后即冷凝成蒸馏水。受热纯化水产生的二次蒸汽再次进入压缩机系统，如此循环重复，蒸馏过程就连续不断地进行。产生的蒸馏水泵送至热交换器预热纯化水，降温后送入贮存罐中贮存。

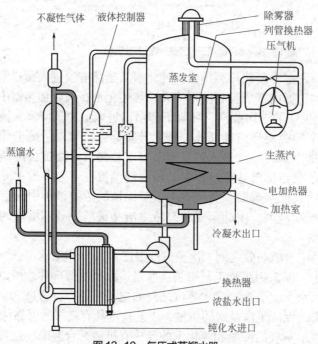

注射用水制备过程

图13-10　气压式蒸馏水器

气压式蒸馏水器的优点是：不需要冷凝水，通过列管加热器可回收余热，从而降低了能耗成本；二次蒸汽在压缩阶段处于高温高压，停留时间约45min，经冷凝后制得的蒸馏水无菌、无热原，符合药品生产质量管理规范的要求；气压式蒸馏水器产水量大，可实现自动控制，能满足各种类型制药生产需要。

【学习小结】

按照纯化程度，制药生产中使用的水分为原水、生活用水、纯化水和注射用水四个等级。其中注射用水质量最高，必须符合《中华人民共和国药典》的要求。

通过絮凝、机械过滤、二级反渗透膜制取纯化水，纯化水经过蒸馏可制得注射用水。纯化水蒸馏设备主要采用多效蒸馏水器。多效蒸馏水器采用"三分"工作原理，即纯化水经降膜蒸发器产生的蒸汽经重力分离、螺旋运动离心分离、丝网撞击分离除去热原，冷凝后制得注射用水。多效蒸馏水器有垂直串接和水平串接两种方式，采用多效并流蒸发工艺制备注射用水。

【目标检测】

一、单项选择题

1. 在原水预处理中广泛采用的絮凝剂是（　　）。
 A. 壳聚糖　　　　B. 明矾　　　　C. 氯化铝　　　　D. 聚合硫酸铁
2. 高分子絮凝剂沉降原理是（　　）。
 A. 发生化学反应　　B. 包覆颗粒　　C. 架桥吸附　　D. 离子交换
3. ST高效絮凝剂是（　　）。
 A. 无机絮凝剂　　　　　　　　B. 有机高分子絮凝剂
 C. 微生物絮凝剂　　　　　　　D. 天然高分子絮凝剂
4. 除去原水中铁的方法有（　　）。
 A. 用石英砂过滤　　　　　　　B. 用活性炭吸附
 C. 用锰砂过滤器　　　　　　　D. 用陶瓷膜过滤器
5. 活性炭是一种非极性过滤器，水处理用活性炭一般由（　　）制得。
 A. 木材　　　　B. 玉米芯　　　　C. 椰子壳　　　　D. 楠竹
6. 当活性炭过滤器的工作时间累积达到设计时间后应（　　）。
 A. 进行清洗　　B. 再生　　　　C. 更换　　　　D. 继续使用
7. 锰砂除铁的根本原理是（　　）。
 A. 氧化还原反应　　B. 滤饼过滤　　C. 静电吸附　　D. 絮凝作用
8. 精密过滤器过滤介质可采用（　　）。
 A. 微孔滤膜　　B. 滤饼过滤　　C. 超滤膜　　　D. 普通滤料
9. 电渗析仪的膜属于（　　）。
 A. 微孔膜　　　B. 离子膜　　　C. 非极性膜　　D. 极性膜
10. 电渗析两极室的水（　　）。
 A. 带正电性　　B. 带负电性　　C. 电中性　　　D. 称为极水
11. 醋酸纤维素微孔膜表皮孔径为（　　）。

A.0.25～5μm B.0.025～0.25μm
C.0.0005～0.001μm D.0.005～0.01μm

12.二级反渗透生产制药工艺用水不采用的设备是（　　）。
A.微孔膜过滤器 B.叶滤机
C.抛光树脂柱 D.紫外线杀菌器

13.热原不具有的特征是（　　）。
A.耐热性 B.水溶性 C.不挥发性 D.电负性

14.新安装的多效蒸馏水器在（　　）后正式投入生产。
A.检查密封性 B.试烧和冲洗 C.通入原水 D.通入纯化水

15.多效蒸馏水器最常用的蒸发方式有（　　）。
A.板式换热蒸发 B.真空蒸发
C.列管式换热蒸发 D.电加热蒸发

二、简答题

1.简述电渗析仪脱盐的工艺流程。
2.简述二级反渗透制纯化水的工艺流程。
3.简述水平串接式蒸馏水器的工艺流程。

三、实例分析

试分析注射用水贮存过程中要不断地循环流动的原因。

模块十四
无菌灌装与设备

【知识目标】

　　了解水针剂和大输液灌装工艺流程；了解冷冻干燥器工作原理；熟悉冷冻干燥器结构；熟悉冷冻干燥工艺流程。

【能力目标】

　　能够进行安瓿瓶、大输液瓶、西林瓶洗涤干燥灭菌设备的操作；能够进行冷冻干燥器的操作；熟练应用冷冻干燥器生产冻干粉。

【素质目标】

　　通过无菌操作实践，培养科学严谨的作风。只有严肃谨慎、细致周全、追求完美的态度和方法，才能去粗取精、去伪存真，得到良好的工作成效。

　　人工制成的高纯度生物药物可加工成各种剂型。常见的生物药物主流剂型有小容量水针剂和冻干粉针剂，也有少量的品种是片剂和胶囊剂。本模块主要介绍水针剂、大输液和冻干制剂的生产设备。

单元一　水针剂生产技术与设备

　　水针剂生产线由盛装容器洗涤和溶液配制灌装组成，采用的设备有洗涤机组、灌封机组、灭菌机组、贴标机组等。

一、水针剂生产工艺及车间布置

　　最终灭菌水针剂的生产环节由称量、预处理、配制、粗滤、精滤、灌封、消毒灭菌、灯检、贴标、包装等工序组成。配制车间和洗涤车间的要求净化级别为10万级，灌装封口车间的净化级别为1万级，室温22～24℃，相对湿度56%。水针剂生产车间净化区域划分如图14-1所示。

　　水针剂车间工艺平面布置如图14-2所示。

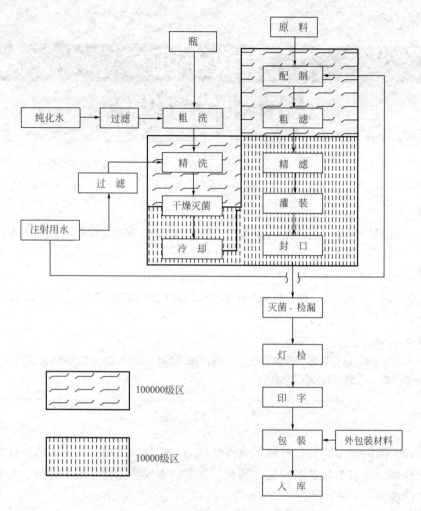

图 14-1 水针剂生产车间净化区域划分

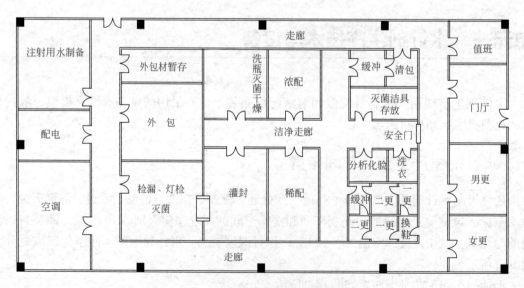

图 14-2 水针剂车间工艺平面布置图

二、水针剂生产设备

1. 安瓿洗涤机组

（1）**喷淋式安瓿洗涤机组** 新购回的安瓿内有多种污染物，需要将洗涤水灌入安瓿中洗涤，并要将洗涤水从安瓿中释放出来。完成这一系列工作任务的设备有安瓿喷淋机、蒸煮箱、甩水机、水过滤器及水泵等。喷淋机主要由传送带、淋水板及水循环系统三部分组成，如图14-3所示。

首先将安瓿正立放置在铝盘上由传送带送入喷淋箱，开启电动机输送洗涤水，洗涤水经箱顶淋水板多孔喷头喷射进入安瓿中，将灌满水的安瓿

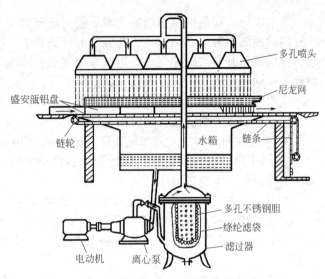

图14-3 安瓿喷淋洗瓶机组

送入蒸煮箱用蒸汽加热30min后，趁热送入甩水机离心甩干，反复洗涤2～3次，最后一次采用注射用水精洗，即可达到清洗要求。

操作喷淋式安瓿洗瓶机组时要检查循环水质量，及时更换清洗用水，清洗或更换滤芯，及时排除淋水板堵塞污物，避免安瓿注不满水，影响洗涤质量。在操作过程中甩水机的转速不宜过快，否则会因超载影响电机起停，延长甩水时间。严禁在未装满安瓿的情况下进行甩水操作。

喷淋式安瓿洗瓶机组生产效率高，洗涤效果尤以5mL以下小规格安瓿为好，但体积庞大、占用场地大、耗水量多，不适用于曲颈安瓿。

（2）**气水喷射式安瓿洗瓶机组** 气水喷射式安瓿洗涤机组由供水系统、压缩空气及其过滤系统、喷射洗瓶机等三大部件组成。如图14-4所示。

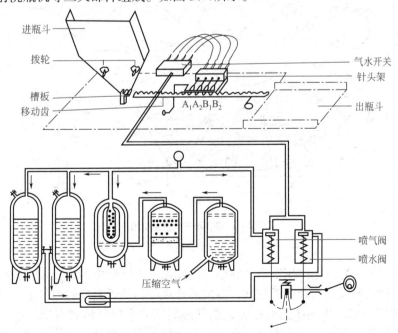

图14-4 气水喷射式安瓿洗瓶机组示意图

气水喷射式安瓿洗瓶机组的主机是喷射洗瓶机。开启电源后安瓿在拨轮作用下顺序进入往复摆动板的齿缝上，由摆动板移到喷射针头架下，喷射针头插入安瓿中，脚踏开启水阀充水，继后脚踏开启气阀充气，经过二水二气交替冲洗后即可充气吹净，冲洗吹净完毕移出喷射针头，同时关闭气水阀停止向安瓿供水供气，完成二水二气的洗瓶工序。

气水喷射式安瓿洗瓶机组适用于曲颈安瓿和大规格安瓿的洗涤。

气水喷射式安瓿洗瓶机组使用注意事项：

① 洗涤水和压缩空气需净化处理；空气压力约0.3MPa，水温不低于50℃。

② 可采用偏心轮、电磁阀和行程开关自动控制水、气流动，工作过程中应保持喷头与安瓿动作协调、水与气进出流畅。

③ 定期维护传动部件，加注润滑油，及时调整失灵机件。

（3）超声波安瓿洗瓶机组　采用喷淋机组或气水喷射机组洗涤安瓿的洗涤质量不稳定，尚需进一步精洗才能保证洗涤效果。生产中常采用连续回转超声波洗瓶机组精洗安瓿。

超声波安瓿洗瓶机组工艺流程如图14-5所示。该机设计有18组洗涤工位，推瓶器将安瓿推入转盘第1工位后，中空喷射针插入安瓿中，当安瓿转到第2工位时针管向安瓿里注水，安瓿从第2工位转到第7个工位时已浸没在洗涤水中，在超声波空化作用下将安瓿内外表面的污垢冲击、溶解、剥落，完成粗洗。当安瓿转到第10工位时，针管喷出净化空气吹净污水，转至第11、12工位时注入纯化水冲洗污物，第13工位是再吹气，第14工位是再冲水，第15工位再吹气，当安瓿转到第18工位时，针管再次对安瓿吹气并利用压缩气体将安瓿从针管架上推出，由出瓶器送入传送带。

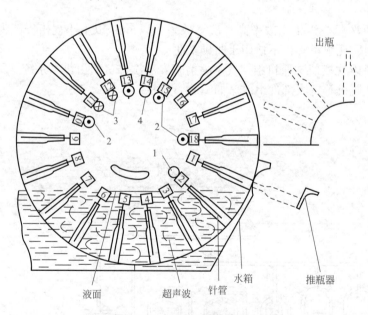

图14-5　**超声波安瓿洗瓶机组**
1—注水；2—吹气；3—冲纯化水；4—冲注射用水

超声波洗涤机依靠空化作用洗涤。在超声波作用下水溶液中的水分子重新排列，使得原本的分子间隙增大形成无数较大的空穴，空穴的外观即为几近真空的微气泡。逐渐增大的微气泡承受不了超声波产生的压力而湮灭，微气泡周围的水以每秒数百米的速度冲击微气泡中心。高速水柱具有强大的冲击力。如果微气泡在污垢附近崩裂，则污垢即被冲击震碎而脱落，经水冲刷即可将安瓿等容器内外壁上的污染颗粒清洗干净。

2. 安瓿干燥灭菌设备

安瓿经淋洗去除了尘埃等杂质粒子，还需通过干燥杀灭微生物的活性。常用设备为隧道式灭菌干燥箱。隧道式灭菌干燥箱有间歇式和连续式两种，采用的热源有蒸汽、煤气、电热、红外线等。灭菌条件是于350～450℃下保温6～10min，或于120～140℃下干燥0.5～1h。

（1）**间歇式干燥灭菌箱** 间歇式干燥灭菌设备适合于小量的生产，多采用小型灭菌干燥箱，使用电热丝或电热管加热，安装有热风循环装置和排出湿空气的设备。

（2）**远红外隧道式干燥箱** 远红外隧道式干燥箱由远红外发生器、传送带和保温排气系统组成，如图14-6所示。该机设有预热区、加热区（恒温区）、降温冷却区，干燥箱前后端设置的门帘起到隔绝污染空气、调节进口尺寸的作用，预热段和加热段采用石英玻璃管为加热元件，加热室采用绝热材料保温；在隧道顶部设有强制抽风系统，产生的湿气由排湿系统送出；采用高效空气过滤器过滤空气，空气净化级别可达到百级和万级，洁净垂直层流净化空气对物料冷却使物料处于严格无菌无尘状态。

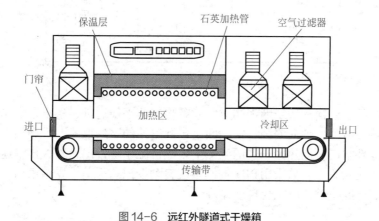

图14-6 远红外隧道式干燥箱

将安瓿瓶口朝上放置在隧道传输带上送进干燥箱，在预热段，安瓿由室温升到100℃左右，蒸发除去大部分水分；加热段为高温干燥灭菌，温度可达300～450℃，安瓿中残余水分进一步汽化蒸发，细菌及热原被杀灭；降温段是由高温降至100℃左右，而后安瓿离开隧道。

隧道式远红外煤气烘箱结构简单，系统稳定，层流净化，输送带可无级调速，采用石英管加热，可连续进行生产，自动化程度高。

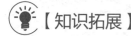【知识拓展】

远红外线是波长大于5.6μm的红外线，它是以电磁波的形式辐射到被加热物体上的，能迅速实现干燥灭菌。任何物体的温度高于绝对温度（-273℃）时，都会辐射红外线。物体的材料、表面状态、温度不同时，其产生的红外线波长及辐射率均不同。水、玻璃及绝大多数有机体均能吸收红外线，尤其特别地吸收远红外线。对这些物质使用远红外线加热，效果会更好。

操作注意事项：

① 调风板开启度的调节。开机前需逐一调节每只辐射器的调风板，当燃烧器赤红无焰

时固紧调风板。

② 防止远红外发生器回火。压紧远红外发生器内网的周边，防止有缝漏煤气而窜入发生器，引起发生器内或喷射器内燃烧。

③ 安瓿规格与隧道尺寸匹配。不管何种规格安瓿，其顶部要距远红外发生器平面 15～20cm。

④ 定期清扫隧道灭菌各运动部位并加润滑油，保持润滑。

（3）隧道式电热灭菌干燥箱　隧道式电热灭菌干燥箱由传送带、加热室、冷却室、高效过滤器、送风机等设备组成，如图14-7所示。

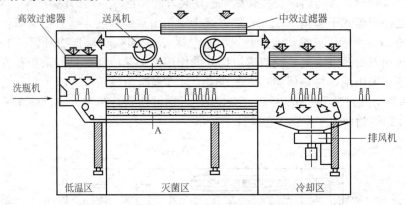

图14-7　隧道式电热灭菌干燥箱

传送带由三条不锈钢丝纺织网带构成，起着将安瓿平稳送进、送出干燥箱的作用。加热器由多根电加热管沿隧道轴向安装，横截面呈包围安瓿的布局形式。干燥箱进出口有门帘作净化气闸隔离外部空气。加热区产生的湿热空气经排湿系统排出箱外，排湿速度可调，以保证干燥区处于正压状态。多数采用PID控制系统自动控温。灭菌干燥结束后，高温区缓缓降温，当降至设定温度值时，风机会自动停机。

3. 安瓿灌封机

向安瓿灌装液体的设备是安瓿灌封机，可分为1～2mL、5～10mL、20mL 三种机型。其中应用最多的是1～2mL安瓿灌封机。

（1）安瓿灌封机的结构　安瓿灌封机由送瓶机构、灌装机构及封口机构组成。

① 安瓿送瓶机构　安瓿送瓶机构如图14-8所示，其主要部件是平行安装的固定齿板和移瓶齿板。固定齿板分上和下两条，两条移瓶齿板等距安装在固定齿板中间。固定齿板为三角形齿槽，使安瓿上下两端卡在槽中而固定。移瓶齿板的齿形为椭圆形，在传输安瓿的过程中起着托瓶、移瓶和放瓶的作用。

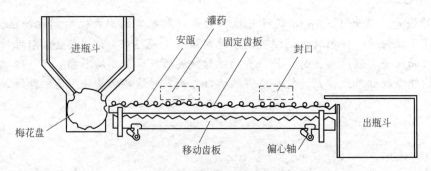

图14-8　安瓿灌封机送瓶机构

安瓿斗呈45°角倾斜，瓶斗下方的梅花盘每转1/3周即可将2支安瓿推入固定齿板，偏心轮带动移瓶齿板运动到固定齿板下方，并向上托起安瓿越过固定齿板的齿顶，往回摆动时将安瓿移动两个齿距。随着移动齿板的循环往复运动，安瓿被不断迁移输送到灌注和封口工位，完成送瓶动作。封口后的安瓿由移动齿板推动的惯性及安装在出瓶斗前的舌板作用，转动呈竖立状态移出瓶斗。

偏心轴每旋转一周，安瓿向前移动2个齿距，前1/3周是移瓶齿板完成托瓶、移瓶及放瓶的动作；后2/3周，安瓿停留在固定齿板上灌液和封口。

② 安瓿灌装机构　安瓿灌装机构按功能可分为三组部件：a. 灌液部件。使针头进出安瓿，注入药液完成灌装；b.凸轮-压杆部件。将药液从贮液罐中吸入针筒内，并定量输向针头；c. 缺瓶止灌部件。当灌装工位缺瓶时，能自动停止灌液，避免浪费药液和污染设备。

安瓿灌封机灌装机构的工作过程如图14-9所示：a. 当安瓿到达灌装工位时，针头托架座上的圆柱导轨下滑使灌装针头插入安瓿中。凸轮转动，经扇形板使顶杆上升触及电磁阀，且压杆下压推动针筒柱塞下移，进口单向阀关闭，出口单向阀开启，药液经导管进针头，注入安瓿内。当针头拔出时，针筒的柱塞上移复位；此时，出口单向阀关闭，进口单向阀开启，药液被吸入针筒，进行下一支安瓿的灌装。b. 当灌装工位缺瓶时，摆杆与安瓿接触的触头脱空，拉簧使摆杆摆动，触及行程开关，使其闭合，导致开关回路上的电磁阀拉开，使顶杆、顶杆座失去对压杆的上顶动作，停止灌装。

灌装针头还与氮气贮罐连接，在灌装前和灌装后需给安瓿内充入惰性气体（N_2、CO_2），以增加药物制剂的稳定性。

③ 安瓿拉丝封口机构　用煤气或者天然气火焰将安瓿颈熔融，再用机械钳口将熔融部分拉丝剪断即可封口。安瓿拉丝封口机构由拉丝、加热、压瓶三部分组成，如图14-10所示。

a.拉丝机构有气动拉丝和机械拉丝两种。气动拉丝是通过压缩空气控制钳口启闭。通气时钳口夹紧，排气时钳口松脱，钳口向上移位时将细玻璃丝拉长至熔断封口；机械拉丝是通过连杆-凸轮机构带动钢丝绳控制的钳口启闭。b. 采用煤气、氧气及压缩空气混合组成燃料气体，点燃后火焰温度可达到1400℃，能快速熔融安瓿玻璃。c. 压瓶机构由压瓶凸轮及摆杆组成，安瓿被压瓶滚轮压住不能移动，防止拉丝时随拉丝钳移动。

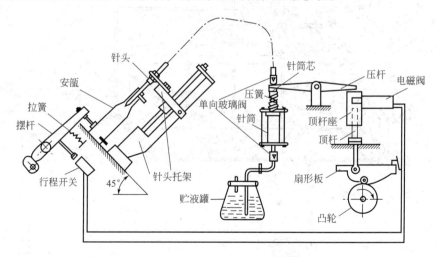

图14-9　安瓿灌封机灌装机构

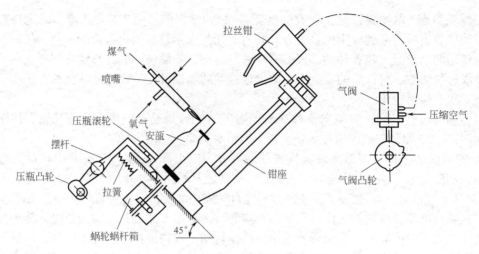

图 14-10　安瓿灌封机拉丝封口机构

气动拉丝封口机工艺流程：当安瓿移至封口工位时，压瓶凸轮以及摆杆带动压瓶滚轮将安瓿压住，在滚轮带动下安瓿原位自转，1400℃的高温很快熔融安瓿瓶颈，气动拉丝钳口沿钳座导轨下移，钳住安瓿瓶头并上移，将安瓿熔化的瓶口玻璃拉成丝头并封口。当拉丝钳上移一定位置时，钳口再次启闭两次，将拉出的玻璃丝头拉断并甩掉。封口后的安瓿，由压瓶凸轮及摆杆拉开压瓶滚轮，由移动齿板送出。

（2）常用安瓿拉丝灌封机　安瓿灌封机是注射剂生产所用的关键设备，根据每次灌封的安瓿数可分为双针灌封机、四针灌封机、六针灌封机。根据国家规定，现有注射剂车间都采用拉丝安瓿灌封机。根据每次灌装液体体积的数量，拉丝安瓿灌封机可分为 1～2mL、5～10mL、20mL 等几种机型，如图 14-11 所示。

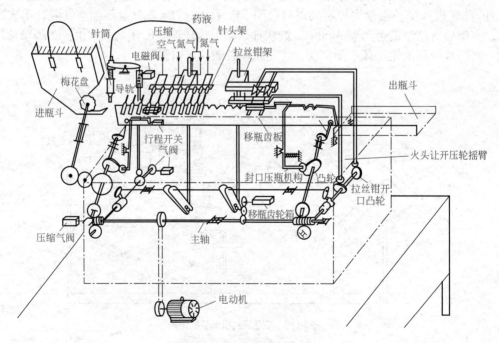

图 14-11　安瓿拉丝灌封机

（3）安瓿洗烘灌封联动机组　生产上常将超声波洗涤机、电热灭菌干燥箱、拉丝灌封机合在一起组成洗烘灌封联动机组，如图14-12所示。

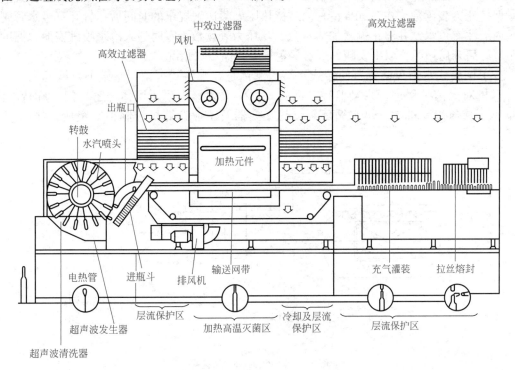

图14-12　安瓿洗烘灌封联动机组

安瓿洗烘灌封联动机组工艺流程如下：

安瓿装机→喷淋水→超声波洗涤→第一次冲循环水→第二次冲循环水→压缩空气吹干→冲注射用水→三次吹压缩空气→预热→高温灭菌→冷却→螺杆分离进瓶→前充气→灌药→后充气→预热→拉丝封口→计数→出成品。

安瓿洗烘灌封联动机组实现了水针剂生产过程的密闭、连续以及灌封关键工位的100级单向流保护要求，减少了中间环节，将药物污染降低到最小限度，提高了注射剂的质量。

安瓿洗烘灌封联动机组采用了先进的电子技术和计算机控制，实现了机电一体化，使整个生产过程达到自动平衡、监控保护、自动控温、自动记录、自动报警和故障显示，保证了生产线运转过程的稳定可靠，减轻了劳动强度，降低了人工成本，减小了设备占地面积，在药物制剂中得到广泛应用。

4. 灭菌检漏设备

（1）热压灭菌检漏箱　热压灭菌检漏箱一般为卧式结构，如图14-13所示。箱体外层是充填了复合保温材料的保温层，外壳上装了安全阀；内胆安装有淋水管、蒸汽排管、蒸汽进管、冷凝水管排灌、进水管、排水管、真空管、有色水管等管路，箱门为人工启闭装置。

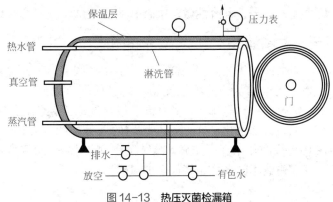

图14-13　热压灭菌检漏箱

将装满针剂的安瓿放置在消毒车上,推进箱体后关闭箱门,打开放空阀,打开蒸汽管阀门送入蒸汽开始加热,当放空阀喷射蒸汽后关闭,此时蒸汽对内胆进行加热升温,调节蒸汽流量保持压力表读数为 0.15MPa 左右,维持热压灭菌达到规定的时间后,打开有色水管阀门向箱内灌注有色水,并停止输入加热蒸汽。当压力表读数为零时通入冷水喷淋安瓿,温度下降至室温后开启箱门,取出安瓿,查看颜色检查安瓿封口情况。

(2)回转式水浴灭菌锅 回转式水浴灭菌锅是在水浴式灭菌器基础上发展起来的,采用计算机对灭菌过程进行自动监控。回转式水浴灭菌器由耐压筒体、密封门、旋转内筒、消毒车、减速传动机构、热水循环泵、热交换器及工业计算机控制柜等组成,如图 14-14 所示。

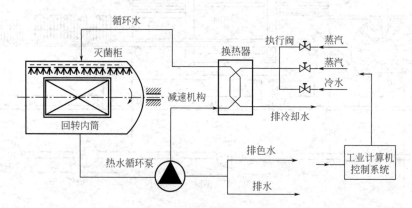

图 14-14 回转式水浴灭菌锅

回转式水浴灭菌器采用过热水喷淋加热灭菌,装有药液的瓶子全程处于旋转运动状态,通过喷淋水强制对流传热可保持温度稳定均匀,提高了灭菌质量。灭菌后物料的冷却采用循环水间壁传热降温,确保无爆瓶爆袋现象,避免二次污染。该机适用于安瓿剂、输液剂尤其是脂肪乳输液剂和混悬输液剂的灭菌,并可通过真空泵抽真空加入有色水检漏。

单元二 输液剂灌装设备

大输液是指由静脉滴注输入人体内的大剂量注射液。静脉用大输液是临床广泛应用的一种补益药物,对其纯度、适用病症、安全性及稳定性等方面都有高于水针剂的要求。

对大输液质量上的要求除了有对注射剂的一般质量要求外,另外还要求无热原、无草酸盐、无钾离子、不溶性微粒检查和溶血性试验应符合规定,而且要尽可能与血浆等渗。

一、大输液生产工艺及车间布置

同水针剂工艺流程一样,大输液生产线有溶液配制灌装和包材洗涤两条生产线。大输液灌装工艺流程从药液浓配开始,共有稀配、无菌过滤、灌装、放胶塞、翻胶塞、轧盖、灭菌、灯检、贴标签等工序;大输液包材洗涤工艺包含了瓶盖、瓶塞、隔离膜的洗涤干燥灭菌等工艺,大输液生产车间洁净区域的划分如图 14-15 所示。大输液的配制车间和洗涤车间均在 10 万级净化条件下完成,灌装工序则要求在 100 级净化条件下进行。

大输液车间平面布置如图 14-16 所示。

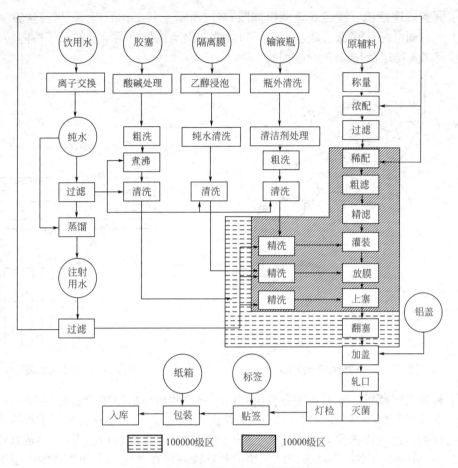

图 14-15 大输液生产车间洁净区域划分

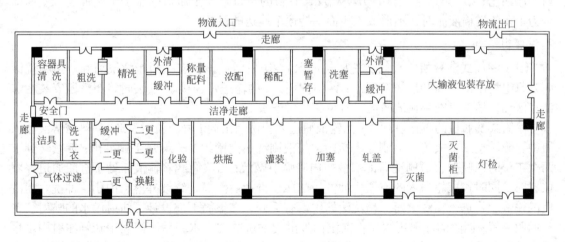

图 14-16 大输液车间平面布置图

二、大输液生产设备

1. 理瓶机

理瓶机是将拆包取出的输液瓶按顺序排列起来，并逐个输送给洗瓶机。常用的是圆盘式理瓶机和等差式理瓶机。

（1）圆盘式理瓶机 圆盘式理瓶机如图14-17所示。其工作原理是：将待洗输液瓶正立在圆盘上，启动电源后圆盘将低速旋转，圆盘轴心固定拨杆将运动着的瓶子拨向转盘边沿，顺着圆盘壁进入输送带并输送至洗瓶机。

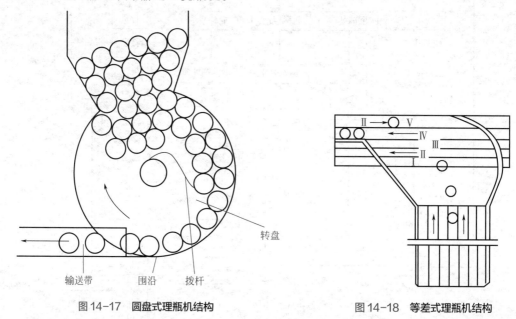

图14-17　圆盘式理瓶机结构　　　　图14-18　等差式理瓶机结构

（2）等差式理瓶机 等差式理瓶机由等速和差速两台单机组成，如图14-18所示。等差式理瓶机设计有7条平行等速机传送带和5条差速机传送带。7条等速机传送带将输液瓶传送至与其垂直的差速机传输带上。差速机上5条输送带以不同速度移动：第1、2条以较低等速度运行，第3条速度加快，第4条速度更快，并且输液瓶在各输送带和挡板的作用下，成单列顺序输出；第5条速度较慢且方向相反，其目的是将卡在出瓶口的瓶子迅速带走。差速即是为了在传送输液瓶时，不形成堆积而保持逐个输送的目的。

2. 洗瓶机

（1）滚筒式洗瓶机 滚筒式洗瓶机如图14-19所示，该机有一组粗洗滚筒和一组精洗滚筒，每组均由前滚筒和后滚筒组成；两组间用2m的输送带连接。安装时将粗洗段安装在非洁净区，将精洗段安装在洁净区，避免交叉污染。

滚筒式洗瓶机的工作过程为：当输液瓶进入粗洗前滚筒1号工位时，5%的热碱溶液注入瓶中，旋转至水平放置时毛刷插入瓶内，带液刷洗瓶内壁约3～4s后毛刷抽出；继续转到下两个工位时，喷射管对刷洗后的输液瓶内腔喷射碱液；当滚筒载着输液瓶处于进瓶通道停歇位置时，同时拨瓶轮送入的空瓶将冲洗后的瓶子推入后滚筒，继续外淋、内刷、冲洗。粗洗后的输液瓶将进入精洗滚筒。精洗滚筒中没有毛刷，在滚筒下部设计了注射用水的喷射装置和回收装置；回收的注射用水用作前滚筒外淋内冲洗的洗涤水，后滚筒利用新鲜注射用水进行内冲洗并沥水，从而保证了洗瓶质量。洗净的输液瓶经检查合格后，直接进入灌装工序。

（2）箱式洗瓶机 箱式洗瓶机主要靠履带传输玻璃瓶，在行进过程中完成粗洗、精洗操作。其工作过程如图14-20所示。将输液瓶放置在平板传输带上，分瓶螺杆将输液瓶等距分成10个一排，由进瓶凸轮送入瓶套；瓶套载着玻璃瓶运动到各工位，完成送瓶→进瓶套→碱液冲洗2次→热水冲洗内外各3次→毛刷带水内刷2次→回收注射用水冲洗内外各2次→注射用水内冲3次外淋1次→倒立滴水→翻瓶送往水平输送带→送入灌装工序系列洗瓶工作。

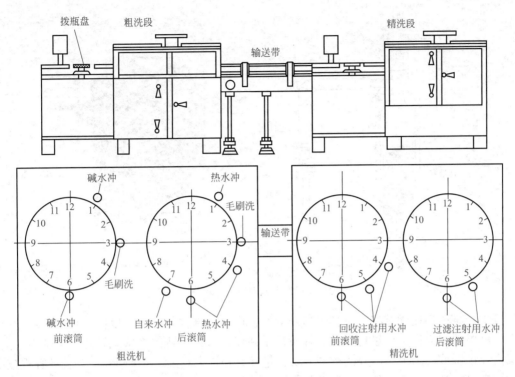

图 14-19　滚筒式洗瓶机

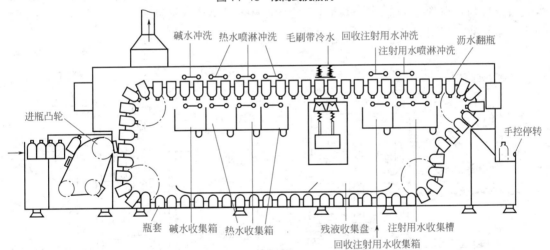

图 14-20　箱式洗瓶机

3. 液体灌装机

液体灌装就是将合格药液装入无菌无热原的各类瓶状容器中。大输液的灌装设备要计量准确、去除各类杂物、安装惰性气体充填装置。按是否加减压力可分为常压灌装、负压灌装、正压灌装和恒压灌装；按计量方式又可分为流量定时式、量杯容积式、计量泵注射式三种灌装机。目前药物制剂企业广泛使用的灌装机有计量泵注射式灌装机、量杯式负压灌装机和恒压式灌装机三种。

（1）**计量泵注射式灌装机**　该机采用了柱塞式计量泵作为输送和计量设备。在电动机驱动下柱塞往复运动，定量地将药液抽入活塞缸后再排出输送至玻璃瓶中，每次装量大小可通过调节柱塞行程精确控制溶液体积，如图 14-21 所示。

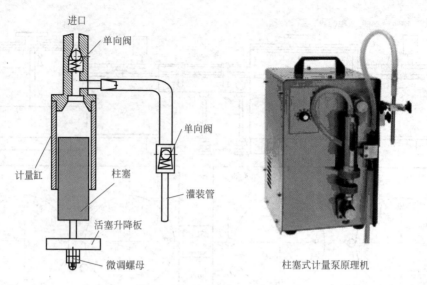

图 14-21　计量泵注射式灌装机

（2）量杯式负压灌装机　量杯式负压灌装机的主要部件是药液计量杯、真空泵、托瓶装置等。该机关键部件是计量杯。计量杯设计了缺口，过量的液体将从缺口处溢流排出。排出的量由计量调节块确定，提升计量调节块，量杯容积增大；下沉计量调节块，量杯容积减小，用微调螺母可精确调节计量调节块在量杯中的位置，从而精确控制装量体积。吸液管连接到灌装口，且与真空管路接通，通过抽真空使计量杯的药液流入输液瓶中。计量杯下部的凹坑便于吸净药液。如图14-22所示。

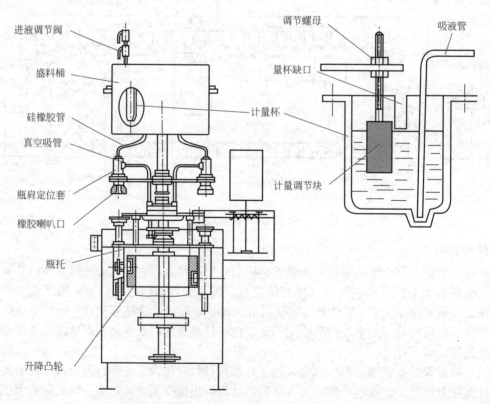

图 14-22　量杯式负压灌装机

4. 输液瓶封口机

输液瓶封口机是与灌装机配套安装，以便于灌装完毕后及时封口，避免药品污染变质。大输液瓶分为 A 型瓶和 B 型瓶，A 型瓶封口机是放胶塞机，B 型瓶封口机则是压塞翻塞机，无论是哪种类型瓶加塞后都需要轧盖机固定胶塞密封。

（1）**放胶塞机**　放胶塞机主要用于 T 形丁基胶塞对 A 型玻璃输液瓶封口。该机能自动进行螺杆同步送瓶、理塞、送塞、放塞等工序。

T 形放胶塞机结构如图 14-23 所示，抓塞机械手连接在真空管上，通过抽真空和注入空气，可使抓塞机械手完成抓紧和放开两个动作。当送塞机将胶塞送至抓塞机械手下时，真空管阀门打开，因抽真空促使抓塞机械手抓住 T 形橡胶塞，输液瓶在瓶托推动下上升，密封圈套住输液瓶的瓶肩形成密封的负压区间，输液瓶继续上升，抓塞机械手对准瓶口中心，在外力和瓶内真空的作用下，将胶塞插入瓶口，真空管注入空气，抓塞机械手放开胶塞完成加塞动作。在此过程中，弹簧始终压住密封圈以防真空泄漏。

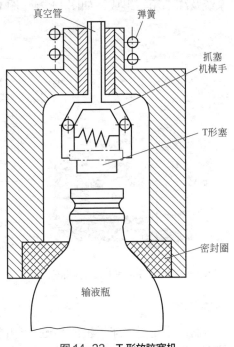

图 14-23　T 形放胶塞机

放胶塞机有缺瓶不供塞、出瓶输送带上堆瓶时自动报警停机装置，避免工作故障。输液瓶放胶塞后直接进入轧盖机轧盖密封。

（2）**压塞翻塞机**　压塞翻塞机用于翻边形胶塞对 B 型玻璃输液瓶封口。该机主要由翻塞杆、翻塞爪构成。翻塞杆的五爪平时靠弹簧收拢，当翻塞爪插入胶塞后，由于下降距离的限制，翻塞杆抵住胶塞大头内平面将胶塞压入瓶口，而翻塞爪张开并继续向下运动，直至将胶塞翻边头翻下，使其平整地将瓶口外表面包住。

（3）**轧盖机**　轧盖机由振动落盖装置、揿盖头、轧盖头及无级变速器组成。轧盖头上有三把轧刀，呈正三角形分布，轧刀收紧是由凸轮控制，轧刀旋转是由专门的一组皮带变速机构控制，并且调节轧刀转速和位置。

将加塞封口的输液瓶送至转盘齿槽内，转盘间歇地转动，每运动一个工位将一个输液瓶送入轧盖机中，依次完成上盖、揿盖、轧盖动作。轧盖时输液瓶固定不动，而轧刀绕输液瓶旋转，使铝盖收紧密封。

单元三　冷冻干燥设备

由于冷冻干燥处理温度低，能保持生物药品物理、化学、生物活性和表面色泽不变，干燥后颗粒内部呈多孔结构，具有极佳的速溶性和快速复水性，因而广泛应用于生物药品的干燥中。

一、冻干机的结构

能提供低温和真空，便于升华干燥的装置叫作真空冷冻干燥机，简

冷冻干燥原理

称冻干机。冻干机主要由制冷系统、真空系统、循环系统、液压系统、控制系统、清洗灭菌系统及冻干箱等组成，如图14-24、图14-25所示。

图14-24　真空冷冻干燥机实物图

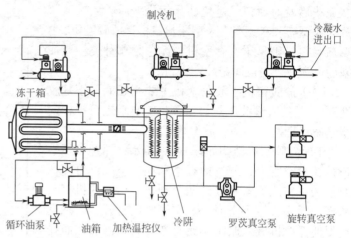

图14-25　真空冷冻干燥机的组成

1. 制冷系统

制冷系统是"冻干机的心脏"，由制冷机、冷凝器、蒸发器和热力膨胀阀等构成，主要是为干燥箱内制品前期预冻供给冷量以及为后期冷阱盘管捕集升华水汽供给冷量。真空冷冻干燥机的制冷机可产生-50℃的低温。

为满足冷冻干燥过程中对低温的要求，大中型冷冻干燥机中常采用两级压缩进行制冷。制冷机采用活塞式单机双级压缩方式，每套制冷机的制冷循环系统为独立设计，通过板式或盘管交换器进行热交换，分别向干燥箱搁物板层和蒸汽冷阱提供冷量。

制冷工作介质为低沸点易蒸发的液体，称为制冷剂。制冷剂汽化时大量吸收环境热量使环境降温，制冷剂汽化成的蒸汽被压缩成液体时释放热量，通常是用水或空气将放出的热带走排出。如此循环不断，便可对指定部位进行降温冷冻。常用的制冷剂有氨（R717）、氟利昂12（R12）、氟利昂13（R13）、氟利昂22（R22）、共沸混合制冷剂R500、共沸制冷剂R502、共沸制冷剂R503等。

载冷剂亦称第二制冷剂，贮存于冻干箱内置搁物板的夹层中，起着冷却和加热搁板的作用。载冷剂吸收制冷剂冷量后传给搁物板使之降温，当载冷剂吸收热油的热量后传给搁板可使之升温。常用的载冷剂有低黏度硅油、三氯乙烯、三元混合溶液、8号仪表油等。

2. 冻干箱

冻干箱是干燥生物药品的场所，冻干箱密封性能的好坏直接影响到冻干效果。冻干箱呈矩形或圆桶形，内置搁物板。搁物板为中空夹层结构，载冷剂导管则分布在中空夹层中。搁物板之间通过支架安装在冻干箱内，由液压活塞杆带动升降，便于进瓶、出瓶和清洗。顶层搁物板为温度补偿加强板，维持箱内所有制品处于均匀的热环境中。如图14-26所示。

冻干箱是高真空密封箱体，箱体内温度在-50℃到+50℃的可调范围，以便于制品的冷冻干燥操作。

图14-26　冻干箱的结构

3. 冷阱

冷阱又称冷凝器，是一个密闭真空容器，内有高效盘管换热器，制冷剂走管程，水蒸气在盘管表面凝固结冰，通过升温化冰去除。冷阱的安装位置可分为内置式和外置式两大类，内置式的冷阱安装在冻干箱内，外置式冷阱安装在冻干箱外，两种安装各有利弊。

4. 真空系统

冷冻干燥是在低温下使制品中的水分升华而移除水分。制冷机是真空冷冻干燥机的核心部件。真空冷冻干燥机的真空系统由旋片式真空泵、罗茨真空泵、冻干箱、冷阱、真空阀门、真空管路、真空测量元件等部分组成。

5. 循环系统

为获得稳定的冻干效果，需通过板层向制品提供热量加热搁物板，向搁物板夹层管道通入导热油可实现加热。为了使导热油不断地循环，在管路中安装了油箱和屏蔽式双体泵，使导热油强制循环。

6. 液压系统

液压系统是在冷冻干燥结束时将瓶塞压入瓶口的专用设备。液压系统位于干燥箱顶部，主要由电动机、油泵、单向阀、溢流阀、电磁阀、油箱、油缸及管道等组成。冻干结束，液压加塞系统开始工作，在真空条件下，使上层搁板缓缓向下移动完成制品瓶加塞任务。真空冷冻干燥机压塞工艺原理如图14-27所示。

图14-27 压塞工作原理示意图

7. 控制系统

真空冷冻干燥工艺控制部位包括制冷机、真空泵和循环泵的起、停，加热功率的控制，温度、真空度和时间的测试与控制，自动保护和报警装置的控制等。根据要求的自动化程度不同，对控制的要求也不相同，可分为手动控制、半自动控制、全自动控制三类，如图14-28所示的是控制部位。

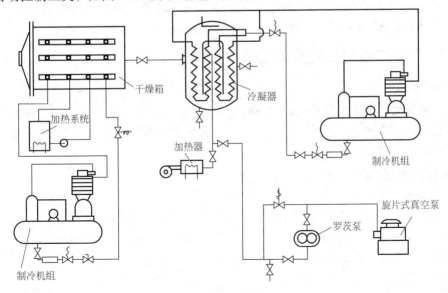

图14-28 冻干工艺控制部位

8. 在线清洗系统（CIP）

在线清洗又称原位清洗，是向生产线设备输送高压清洗剂的设备。在线清洗系统由酸罐、碱罐、泵、喷头、电磁阀、循环水真空泵等部件组成。喷头可360°旋转，其上设计有多个异向喷嘴，以保证各方位各角度均能得到清洗而不留死角，循环水真空泵起着抽吸洗涤废水的作用，如图14-29所示。

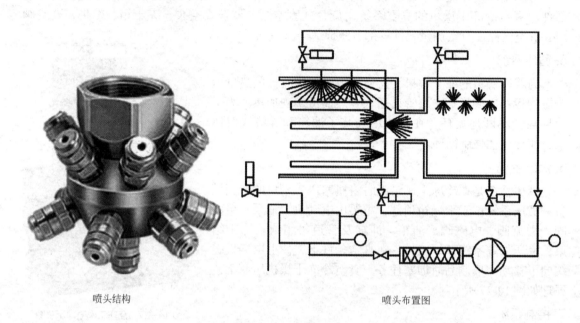

喷头结构　　　　　　　　　　　　　喷头布置图

图14-29　喷头及布置

9. 在线灭菌系统（SIP）

在线灭菌又称原位灭菌。真空冷冻干燥机一般采用蒸汽消毒灭菌。真空冷冻干燥机的冻干箱和冷阱设计有蒸汽管道、放气阀、安全阀和冷却水夹套，箱门采用辐射杆式锁紧装置，并装有压力预警装置。通入蒸汽可高压灭菌，灭菌完毕后通入冷却水可降温。

二、冷冻干燥的原理及其影响因素

1. 冷冻干燥的原理

冷冻干燥是将可冻干的物质在低温下冻结成固态，在高真空度下将水分直接升华成气态的脱水过程。这种干燥方法因处理温度低，不引起热敏性物质的变质，是制备和保存各种生物药品的理想方法。

2. 影响冷冻干燥的因素

（1）**溶液浓度**　生产实践证明，如果药液浓度在4%～25%，特别是在10%～15%之间，冻干效果最好。其原因是在低温和真空环境中，能够被蒸发除去的水是自由水和晶体中的吸附水，在生物药品中溶剂水大部分是自由水、少部分是固体晶体中的吸附水，所以在此浓度下采用真空冷冻干燥具有很好的干燥效果。

针对去除溶液中自由水和结合水的难易，冷冻干燥工艺操作一般分三步进行，即预冻结、升华干燥（或称第一阶段干燥）、解析干燥（或称第二阶段干燥）。经过三阶段的干燥可有效去除生物药品中的水。

（2）**预冻结**　干燥前需将生物药品溶剂和溶质均冻结成晶体。新产品在预冻前应先测低共熔点。所谓低共熔点系指冰和溶质同时析出晶体所需的温度，制品的预冻温度低于低共熔点10～20℃。

预冻方法有速冻法和慢冻法，速冻法是先把干燥室温度降到-45℃以下，再将制品置于干燥室内，使之急速冷冻，形成细微冰晶，制得的产品疏松易溶，且不易引起蛋白质变性，特别适用于生物药品的干燥。慢冻法形成结晶较粗，有利于提高冷冻干燥的效率。预冻的时间一般为2～3h，某些品种可适当延长时间。

（3）**升华干燥**　又称第一阶段干燥。将冻结后的产品置于真空容器中加热，冰晶升华成水蒸气逸出而使产品脱水干燥。干燥过程是从外表面开始逐步向内推移，冰晶升华后残留下的空隙成为升华水蒸气的通道。药品中已干燥层和冻结部分的分界面称为升华界面，随干燥过程的进行升华界面从上往下推进。当全部冰晶除去时即完成第一阶段干燥，此时除去的水分约为全部水分的90%。

（4）**解析干燥**　又称第二阶段干燥。经过第一阶段干燥的产品还残存10%左右的水分，这部分水分吸附在产品的毛细管壁和极性基团上，是未冻结水分。生物药品中的残余水分有利于微生物的生长繁殖，且是某些化学反应的溶剂，因而需要移除。将制品温度加热到最高允许温度，维持足够时间使残余水分含量降低至预定值，即可结束冻干操作。生物药品的最高允许温度视品种而定，一般为25～40℃，病毒性产品为25℃，细菌性产品为30℃，血清、抗生素的最高允许温度可达40℃。

冻干药品的残留水分越多，活性物质越容易失活，从而降低了生物药品的稳定性。控制冻干药品残留水分量必须经过解析干燥。在解析干燥阶段，温度要选择能允许的最高温度；真空度的控制尽可能提高，有利于残留水分的逸出；持续的时间越长越好，一般需要4～6h；对自动化程度较高的冻干机可采取压力升高的措施对残留水分进行控制，保证冻干药品的水分含量少于3%。

单元四　冻干工艺与设备

冻干粉是通过真空冷冻干燥制得的粉末状产品。药品冻干工艺可分为西林瓶冻干工艺、浅盘冻干工艺和塑料瓶冻干工艺三种。目前，国内生物制药行业广泛采用的是西林瓶冻干工艺、浅盘冻干工艺，现就两种冻干工艺进行介绍。

一、冻干粉生产工艺及车间布置

典型西林瓶冻干工艺流程包含西林瓶洗涤、干燥灭菌、药液配制、胶塞处理、无菌灌装、半上塞、冻干、全上塞、轧盖、灯检、贴签和包装等工序。冻干剂工艺流程与车间区域划分如图14-30所示。

冻干剂生产车间平面布置与大输液平面布置类似，如图14-31所示。

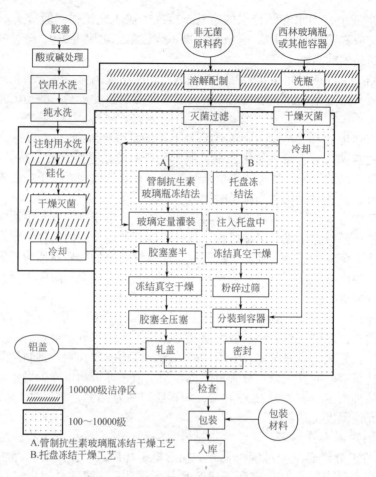

图14-30 冻干剂工艺流程与车间区域划分

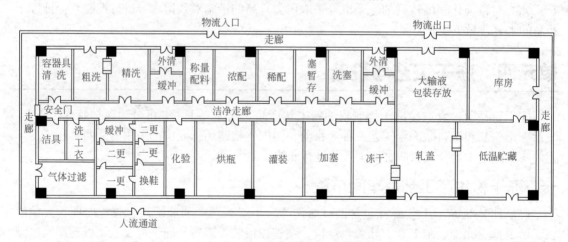

图14-31 冻干剂生产车间平面布置图

二、西林瓶冻干工艺及设备

采用西林瓶作容器进行生物药品冻干的操作有洗涤、灭菌、配药、除菌过滤、灌装、冻干、封口轧盖、灯检、贴标、外包、低温贮藏等工艺环节，各工艺环节的工作任务和操作如下所述。

1. 包材处理

（1）西林瓶的处理　西林瓶精洗后要做严格的无菌、无热原处理，检测无菌及无热原内包装的保存时限。

① 西林瓶洗涤。采用纯化水通过毛刷洗涤机进行初洗，再用水平旋转立式超声波洗瓶机精洗，然后进行最终淋洗。最终淋洗水应符合《中华人民共和国药典》对注射用水的要求。

西林瓶超声波洗涤机为水平旋转式洗涤机，较水针剂超声波洗涤机结构上更加复杂。西林瓶超声波洗涤机由理瓶机构、进瓶机构、洗瓶机构、出瓶机构、主传动系统、清洗水循环系统、气控制系统以及加热系统组成。如图14-32所示。

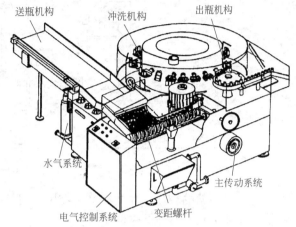

图14-32　水平旋转式超声波洗瓶机

理瓶机构的输送带为丝网式，传输带连接在倾斜的瓶斗上。进瓶机构由变距螺杆、提升架组成，提升架是圆柱凸轮机构，在旋转时使玻璃瓶水平上升，将西林瓶送给机械手夹住。洗瓶机构一部分为超声波洗瓶；另一部分是喷淋洗瓶。出瓶机构采用同步旋转式拨瓶盘结构，水气控制系统由去离子水、注射用水、循环水和压缩空气等机构组成。

超声波洗瓶过程连续进行，输送带将西林瓶送入瓶斗，西林瓶滑入变距螺杆并移动到提升架，然后由提升架将西林瓶送给机械手夹住，随着转盘转动西林瓶沉入水中装满水，在超声波空化作用下进行初洗。当转盘转到喷淋工位时，西林瓶由正立状态翻转为倒置状态，下方喷针跟踪插入瓶中进行喷淋冲洗，冲洗后西林瓶回归为正立状态。整套机械手动作由一对内啮合齿轮、翻转凸轮及启闭凸轮协同完成，喷针跟踪由摆动机构完成，采用高度调整机构调整喷针高度。

② 西林瓶灭菌。西林瓶经过洗瓶、纯化水和无菌空气吹洗，在100级单向流洁净空气保护下送入层流式隧道干燥灭菌机干燥灭菌，已灭菌西林瓶自动送入灌装机备用。

（2）胶塞处理　在物料存放室内拆出外包装，用纯化水清洗内包装外表面后，取出胶塞投入洗涤机进行清洗、漂洗、硅化，然后进行蒸汽湿热灭菌、真空干燥和冷却处理。如果采购的是硅化胶塞，则只进行清洗、漂洗，然后再进行灭菌干燥冷却处理。

① 胶塞的洗涤。采用注射用水洗涤去除胶塞表面的杂质微粒，并洗脱胶塞表面带有的热原物质至检测灵敏度以下。

② 胶塞的硅化。未经硅化的胶塞需进行硅化，形成光滑的表面，减少灭菌时的胶塞粘连。

③ 胶塞的灭菌。西林瓶胶塞是耐高温胶塞，洗净的胶塞采用蒸汽灭菌和真空干燥，经冷却后使用。

2. 药液配制

通常采用水或含水溶剂配制药液，配制过程按照原辅料称量、液体溶解配制、过滤除菌除杂质三个工序进行。

冻干制剂配制系统由浓配罐、稀配罐、卫生级泵、钛过滤器、除菌过滤器、暂存罐、反冲压力罐、隔膜阀等部件组成，如图14-33所示。

钛过滤器用于脱炭，反冲压力罐起着平衡压力的作用。除菌过滤器采用微孔膜制成，用于液体制剂终端过滤。

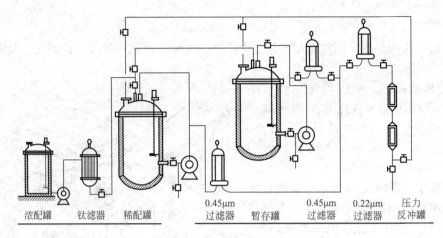

图 14-33 西林瓶冻干制剂配制系统

（1）原辅料的称量　在洁净称量室中，按照药品处方和生产批量，分别对不同药物原料和辅料或冻干赋形剂进行称量配伍。

操作人员要医者仁心，诚信守正，杜绝偷工减料，本着对人民健康负责的态度，先核对原辅料名称、批号、化验报告，检查其外观质量，再按处方称取原辅料，然后进行配制操作。

（2）药液的配制　在浓配罐内加入注射用水，然后将称量后的主药和辅料加入浓配罐中，再加入适量活性炭，搅拌溶解混合均匀，静置过滤，除杂脱炭。灌装前将浓药液定量注入稀配罐进行精确配制。

3. 药液除菌过滤

配制好的药液需要进行无菌过滤，去除杂质、细菌、热原和活性炭。通常采用孔径为 0.22μm 的微孔过滤器或垂熔玻璃漏斗过滤。

4. 药液灌装

灌装机应安装在 1 万级净化车间的 100 级层流罩下方，灌装机灌装口净化级别应为 100 级，灌装量应符合半成品装量标准，灌装误差控制在 ±1.5%。

将灌装后的西林瓶半上塞并正立放置在托盘上，在 100 级层流洁净空气保护下，用台车或自动进瓶装置送入真空冷冻干燥室内搁物架上，安装好库内测温小瓶，关闭干燥箱门，即可进行冻干操作。

5. 冷冻干燥

当西林瓶放置在搁物板上后关闭箱门进行预冻，冻结温度控制在药液低共熔点温度之下，抽真空至 13Pa 进行升华干燥，最后加热升温进行解析干燥。当干燥过程结束后，通入无菌惰性气体（如氮气等）保护并解除真空。

6. 封口和轧盖

（1）西林瓶封口

① 除氧保护。为了确保瓶内的无菌环境，并使胶塞容易完全压入瓶内，在全压塞之前向冻干室通入无菌氮气，控制西林瓶内压力约为 $6.6×10^3$Pa 的低压状态，以保证西林瓶的气密性。

② 全压塞。通过安装在干燥箱体内的液压或螺杆升降装置，在箱体内部的无菌状态下将胶塞全部压入瓶口密封。

③ 转移。将全压塞西林瓶移出干燥箱至轧盖机密封。

（2）轧盖　铝盖在存放室拆除外包装，移入灭菌室不锈钢容器中，通入蒸汽灭菌，也可采用干热灭菌设备灭菌干燥后备用。开启轧盖机对全压塞西林瓶进行轧盖密封。

7. 灯检

（1）**人工检测** 人工检测在暗室进行，光照强度为1000～1500lx，可安装20W或40W日光灯作为光源，检测时光源与检品、检品与肉眼之间距离应为20～25cm，检测项目有药瓶外观、瓶塞外观、密封情况、药品外观、污染物。

（2）**全自动检测** 采用高速光电视觉系统进行检测，首先获得样品在光照下的图像数据，经过图像器处理得出检测结果。

全自动灯检机安装在轧盖机至贴标机的流水线上。轧盖后的西林瓶经分瓶器送入全自动灯检机的星轮中，星轮带动半成品药瓶逐个送到检测工位，由脱瓶旋转装置将西林瓶悬空转动，光电视觉系统在检测过程中，对已获得的图像数据进行处理得出检测结果，并将不合格的西林瓶自动剔出。

无论是人工检测还是全自动检测，均需要专职质检员随机取样抽检，鉴定合格后登记质量、数量情况。若半成品不能及时包装，将药品在低于30℃的房间避光妥善保存。

8. 贴标与外包装

经过灯检合格的西林瓶可机械贴标或手工贴签，贴标操作前应核对半成品的名称、规格、批号、数量。

将装有药瓶的小盒装入大箱内，小盒中放入装盒单与合格证，采用不干胶封口标签封口。每箱放入装箱单，采用胶带封箱打捆，将成品入库堆码。

三、浅盘冻干工艺及设备

某些制药企业采用托盘进行原料药的冻干，这种工艺称为浅盘冻干。托盘冻干工艺包括内包装器清洗、药液配制、封口胶塞处理、铝盖处理、无菌装盘、冻干、粉碎过筛、分装、轧盖、贴标、包装等工序。车间卫生条件与西林瓶冻干工艺相同。

单元五　粉针剂灌装与设备

将冻干粉针剂分装成小瓶包装时，一般采用螺杆式分装机和气流分装机。冻干粉分装工艺流程如图14-34所示。

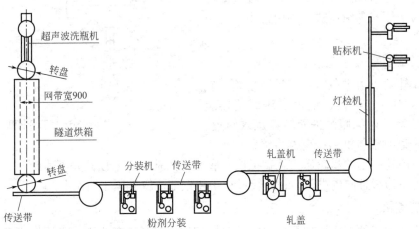

图14-34　冻干粉分装工艺流程

一、螺杆式分装机

螺杆式分装机由带搅拌的粉箱、螺杆计量分装头、胶塞振动料斗、输塞轨道、真空吸塞与盖塞机构、玻璃瓶输送装置、拨瓶盘及其传动系统、控制系统以及床身等组成。粉针螺杆式分装机工作原理如图14-35所示。

在粉针剂螺杆分装机中,起计量和输送作用的螺杆呈矩形截面,螺杆与导料管内壁有均匀的间隙(约0.22mm)。螺杆转动时,料斗内的药粉被其沿轴向移送到药嘴,药粉经送药嘴装进西林瓶中,精确控制螺杆螺距和速度就能准确计量药粉。为使粉针剂加料均匀,料斗内有一个与螺杆反向连续旋转的搅拌桨,以疏松药粉,保持药粉不结团结块、密度均匀。

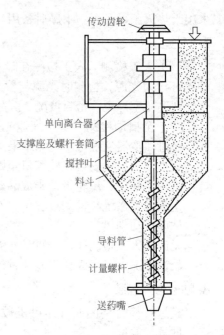

图14-35 粉针螺杆式分装机

二、粉针气流分装机

气流分装机由传动系统、玻璃瓶输送系统、分装系统、拨瓶转盘机构、盖胶塞机构、真空系统、压缩空气系统、电气控制系统、空气净化控制系统等组成,有进空瓶、装粉、放胶塞、出瓶四个工序,如图14-36所示。经洗净灭菌、检查合格的西林瓶送到送瓶转盘,送瓶转盘选择正立的西林瓶由进瓶输送带送到拨瓶转盘的凹槽中。转盘间歇回转,在停顿的时间内完成装粉与盖胶塞动作后,西林瓶再由转盘送到出瓶输送带而出瓶。

三、粉针轧盖设备

粉针剂一般均易吸湿,吸潮后药物稳定性下降。因此,粉针剂分装后在胶塞处应轧上铝盖,以隔离外界湿空气,确保药物贮存安全。粉针轧盖机可分为单刀式和多头式,按轧盖方式又可分为挤压式和滚压式,国内常用的是单刀式轧盖机。

1. 单刀式轧盖机

单刀式轧盖机由进瓶转盘、进瓶星轮、轧盖头、轧盖刀、定位器、铝盖供料振荡器组成。盖好胶塞的西林瓶由进瓶转盘送入轨道,经过铝盘轨道时铝盖供料振荡器将铝盖放置于瓶口上,由齿轮控制的星轮送入轧盖工位,底座将西林瓶向上顶起并高速旋转,由于轧盖刀压紧铝盖的下边缘且向内进刀,在旋转过程中将铝盖下缘轧紧于瓶颈上。

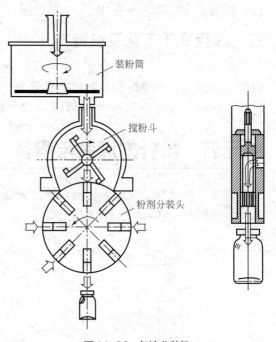

图14-36 气流分装机

2. 多头式轧盖机

多头式轧盖机的工作原理与单刀式轧盖机相似,只是轧盖头由一个增加为多个,同时机器由间隙运动变为连续运动,其工作特点是速度快、产量高。有些进口设备安装有微机控制系统，可预先输入部分参数，如压力范围、合格率、百分比等。但其对西林瓶的各种尺寸规格要求特别严。

【学习小结】

无菌制剂是质量要求较高的一种制剂，要求制剂产品无菌、无热原、有适宜的pH值和渗透压等，对人体没有刺激性和安全性威胁。

无菌制剂主要有水针剂、大输液、冻干粉等，生产设备有粗洗设备、精洗设备、洞道式干燥灭菌设备、灌装封口设备、终端灭菌设备、贴标设备等。冻干粉生产线还包括冷冻真空干燥设备。冷冻干燥工艺分为预冻结、升华干燥、解析干燥三个工段，将湿物料冷冻结晶后抽真空，使晶体中的水分直接升华成蒸汽得到初步干燥，在升温条件下进一步干燥，最后获得冻干产品。

【目标检测】

一、单项选择题

1. 关于喷淋式安瓿洗瓶机组在操作时的注意事项说法错误的是（　　）。
   A. 安瓿喷淋灌水机在生产中应定期检查循环水的质量，发现水质下降，要及时更换水箱的水，并清洗或更换滤芯
   B. 注意控制淋水板喷水均匀，如有堵塞、死角要及时排除，避免安瓿注不满水，影响洗涤质量
   C. 甩水机的转速不宜过快，否则因离心力过大使电动机起停时间长，增加甩水时间
   D. 洗瓶过程中水和气的交替分别由偏心轮与电磁喷水阀或电磁喷气阀及行程开关自动控制；应保持喷头与安瓿动作协调，使安瓿进出流畅

2. 下列对安瓿干燥灭菌设备说法错误的是（　　）。
   A. 安瓿经淋洗只能去除稍大的菌体、尘埃及杂质粒子
   B. 常规工艺是将洗净的安瓿置于350～450℃温度下保温6～10min，或用120～140℃干燥0.5～1h
   C. 实验采用小型灭菌干燥箱，多采用电热丝或电热管加热
   D. 隧道式远红外煤气烘箱是由远红外发生器、传送带和保温排气罩组成

3. 下列输液剂生产设备说法错误的是（　　）。
   A. 理瓶机是将拆包取出的输液瓶按顺序排列起来，并逐个输送给洗瓶机
   B. 灌装机是将药液灌入洁净的输液瓶中至规定容量的设备
   C. 计量泵注射式灌装机由药液计量杯、托瓶装置及无级变速装置三部分组成
   D. 胶塞机主要用于丁腈胶塞（T型胶塞）对A型玻璃输液瓶封口

4. 下列安瓿洗、烘、灌、封联动机说法错误的是（　　）。
   A. 安瓿洗烘灌封联动线是将安瓿洗涤、烘干灭菌及药液灌封联合起来的生产线
   B. 实现了水针剂生产过程的密闭、连续，符合GMP要求
   C. 设备紧凑，节省场地，生产能力较低
   D. 适于1mL、2mL、5mL、10mL、20mL等5种安瓿规格，通用性强

5. 下列粉针剂生产设备说法错误的是（　　）。

A.毛刷洗瓶机是粉针剂生产应用较早的一种洗瓶设备，通过设备上设置的毛刷，去除瓶壁上的杂物，实现清洗目的
　　B.柜式电热烘箱一般应用在小量粉针剂生产的玻璃瓶灭菌干燥，也可用于铝盖或胶塞的灭菌干燥
　　C.粉剂分装机是将无菌的粉剂药品定量分装在经过灭菌干燥的玻璃瓶内，并盖紧胶塞密封
　　D.气流分装机是通过控制螺杆的转数，量取定量粉剂分装到西林瓶中
　6.冷冻干燥的原理是（　　）。
　　A.低温干燥　　　B.低压干燥　　　C.升华干燥　　D.低温、低压、升华干燥
　7.下列哪项不是冻干机的制冷剂（　　）。
　　A.氨　　　　　　B.氟利昂12　　　C.氟利昂13　　D.硅油
　8.下列对冻干机的结构和组成说法错误的是（　　）。
　　A.控制系统在冻干设备中最为重要，被称为"冻干机的心脏"
　　B.干燥箱是冻干机中的重要部件之一，它的性能好坏直接影响到整个冻干机的性能
　　C.液压系统是在冷冻干燥结束时，将瓶塞压入瓶口的专用设备
　　D.在线清洗系统是指系统或设备在原安装位置不做任何移动条件下的清洗工作
　9.下列对冻干机的维护与保养说法错误的是（　　）。
　　A.送电后注意压缩机是否自动收液，油压差是否复位
　　B.充注制冷剂之前一定要考察制冷剂的质量，在确认质量没有问题后方可进行充注
　　C.如果是补充性充注，不必将系统中的空气排放干净后再补充适量制冷剂
　　D.真空泵启动前，首先应检查真空泵的运转方向是否正确、油位是否适中
　10.下列对粉针冻干制剂工艺流程说法错误的是（　　）。
　　A.在冻干药品的生产过程中，应将药品的内包装做严格意义上的无菌、无热原处理
　　B.药液的配制过程是将原料和辅料称量后溶解在适当的溶剂中，使其完全溶解
　　C.通常药液过滤采用两级以上不同孔径的过滤器对药液分级过滤，最后通过一个孔径为0.24μm的微孔过滤器对药液过滤除菌
　　D.达到药品最终质量要求的药液通过洁净卫生泵或压缩空气将其过滤至分装设备进行分装

二、简答题

1.简述洗瓶机的使用注意事项有哪些。
2.冻干过程中，如何判定第一阶段干燥结束时间？
3.简述原料药冻干工艺流程有哪些。

模块十五
固体制剂与设备

【知识目标】

了解片剂、胶囊剂的形态特点和类型；了解填充剂、黏合剂与润湿剂的种类及选用；熟悉片剂、胶囊剂的生产工艺；熟悉片剂和胶囊剂生产设备的结构和工作原理；熟悉固体制剂质量评价方法。

【能力目标】

能够进行片剂和胶囊剂生产设备的操作；熟练应用设备生产片剂和胶囊剂；能够进行片剂和胶囊剂质量检查。

【素质目标】

形成立足当前做好本职工作的务实精神；养成一丝不苟严格按照规程操作设备的良好习惯；培养勤于思考、关心他人、勇于担当的高尚品质。

药物生产由原料药生产和剂型加工两个工段组成。原料药和辅药混合后在专用设备上成型操作称为剂型加工。专用成型设备分为固体制剂设备、液体制剂设备和半固体制剂设备三大类，每一大类还可分为若干小类。

固体制剂是一大类固体药品的总称。常见的固体剂型有散剂、颗粒剂、片剂、胶囊剂、丸剂、膏剂等。其中，片剂和胶囊剂是最常见的剂型，在市场上销售的药品大多数属于此类。

单元一　片剂生产与设备

片剂是指药物与辅料均匀混合后压制而成的片状制剂。其外观形状较多，如圆形、椭圆形、菱形、三角形、梅花形等。根据原料药性质、临床用药要求和制剂设备选择合适的辅料和片剂制备方法。

一、片剂生产工艺及车间布置

物料的混合度、流动性、充填性是影响固体制剂重要的因素，通过粉碎、过筛、混合操作能促进有效成分在药品中均匀分布。制粒操作是稳定固体物料混合均匀度、改善物料的流动性和充填性，保证产品剂量准确的重要措施。片剂生产工艺环节有制软材、制粒、干燥、整粒、压片、包衣、外包装等。片剂车间洁净区域划分如图15-1所示。

片剂车间平面布置如图15-2所示。

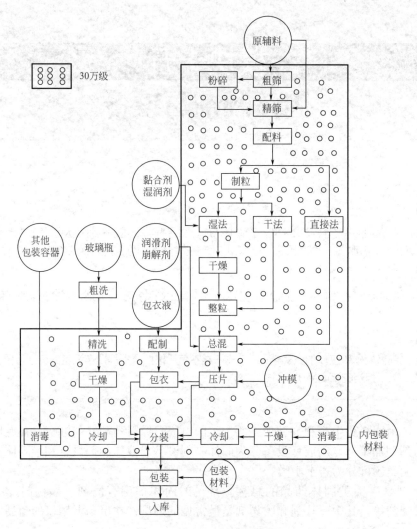

图 15-1　片剂车间洁净区域划分

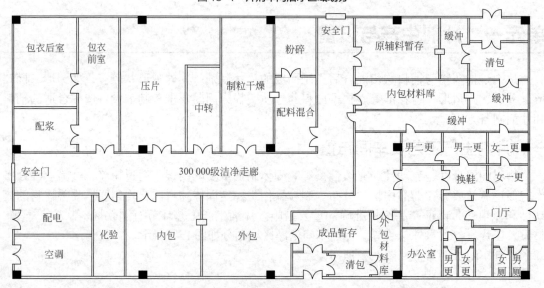

图 15-2　片剂车间平面布置图

二、制粒机和压片机

1. 制粒机

制药车间常用的制粒设备有摇摆式颗粒机、高速搅拌制粒机及流化沸腾制粒机。

（1）**摇摆式颗粒机** 摇摆式颗粒机是片剂生产中最常用的制粒设备，主要部件有加料斗、滚轴、筛网等，加料斗下部装有棱柱状滚轴，紧贴滚轴下装有筛网。其工作原理是强制挤出制粒。将软材置于加料斗中，当滚轴借机械力作往复转动时，使加料斗内的软材压过筛网而制成颗粒。如图15-3所示。

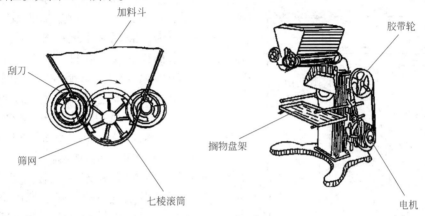

图 15-3　摇摆式颗粒机

滚轴摆动每分钟约45次，制成的颗粒掉落在不锈钢浅盘中。软材数量和筛网松紧度与颗粒松紧、粗细有直接关系。如软材存量多而筛网绷得较松时，制得的颗粒粗且紧密；反之则细且松软。如果调节筛网松紧或增加软材存量制得的颗粒仍不合格时，应进一步调整黏合剂的浓度或用量，或增加通过筛网次数来解决。一般过筛次数愈多所得湿粒愈紧而坚硬。

摇摆式颗粒机具有产量较大，结构简单，操作、装卸及清理方便等特点。其既适用于湿法制粒，又适用于干法制粒，亦适用于干颗粒的整粒。

（2）**高速搅拌制粒机** 高速搅拌制粒机由盛料器、搅拌桨、制粒刀、电器控制器和机架组成，如图15-4所示。将物料加入到盛料盆中，开动搅拌机搅拌，在搅拌桨作用下物料朝一定方向翻动、分散并甩向器壁，随后向上运动形成固体块状，旋转切割刀将块状物料切割绞碎成均匀的颗粒，颗粒在搅拌作用下沿器壁滚圆滚实。

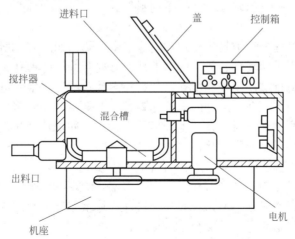

图 15-4　高速搅拌制粒机

高速搅拌制粒机是集混合与制粒于一体的先进设备，亦称高效混合制粒机。该机的特点有：①混合制粒时间短，生产效率高；②成品颗粒大小均匀、质地结实、细粉少，流动性好，既适用于胶囊剂，也适合于片剂生产；③操作简单，清洗方便；④操作处于全封闭状态，符合GMP要求。

（3）流化沸腾制粒机　流化沸腾制粒机又称"一步机"，它是用沸腾形式将混合、喷雾制粒及气流干燥等工序集中在一台设备中完成，实现一步制粒。

沸腾制粒机的结构可分成四大部分：第一部分为空气过滤加热系统，第二部分为沸腾喷雾干燥系统，第三部分是粉末捕集、反吹及排风系统，第四部分是输液泵、喷枪管路、阀门和控制系统。结构上主要包括流化室、原料容器、进风口、出风口、空气过滤器、空压机、供液泵、鼓风机、空气预热器、袋滤装置等。如图15-5所示。

将物料粉末或湿颗粒装入料斗中，开启引风机使净化热空气由下部穿过流化床，将物料粉末或颗粒吹成悬浮流化态，喷嘴将黏合剂雾化喷入，使流化的粉末、颗粒粘裹黏合剂聚集成湿颗粒；热空气将湿颗粒中的水分加热汽化并带走，短时间内即可得到干燥的颗粒。沸腾制粒机制成的颗粒具有均匀多孔呈球状、即溶性好等优点。

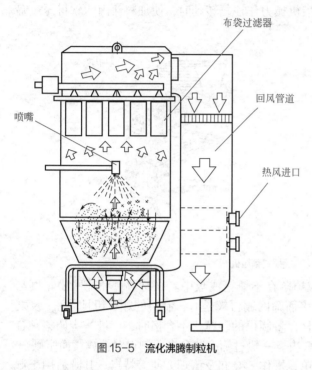

图15-5　流化沸腾制粒机

2. 压片设备

压片机有单冲式和旋转式两种，压片机性能直接影响片剂的质量，压片机要能进行片重和压力的精细调节，以便于得到质量合格的片剂。

（1）单冲压片机　单冲压片机为台式压片机，仅有一对冲子，只适用于实验室研究。其主要构件是由一个转动轮、加料斗饲料靴、冲模以及上冲头、下冲头等传动机构组成。

单冲压片机工作过程分为填料、压片和出片三个步骤，如图15-6所示。启动之前将药物颗粒加入料斗，然后用手柄转动转轮，此时上冲上升离开冲模的模孔，下冲降在冲模的模孔下降到预定位置，饲料靴摆动至冲模模孔，加料斗内颗粒料通过鞋底进口向模孔填充，转轮继续转动时上冲向下插入模孔，下冲向上托起颗粒，上下两冲同时挤压将颗粒压成片剂。转轮继续转动，上、下两冲则同时上升，上冲离开模孔，下冲把片剂从模孔中顶出，饲料靴同步摆动至冲模孔处，将压制成的药片推出冲模台，下冲下降后冲模孔内又填满颗粒，如此反复压片出片。单冲压片机工作过程如图15-6所示。

单冲压片机靠上冲下沉撞击加压成型，药片单侧受压，受压时间短，受力分布不均匀，压制的药片密度和硬度不一致，易出现裂片、松片、片重差异大等问题，因而被用于新产品试制、教学实训和医院制剂室小量生产。

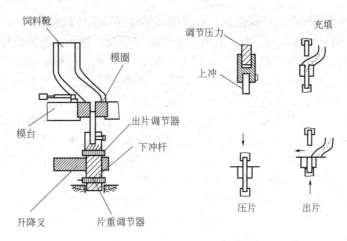

图 15-6 单冲压片机压片过程

（2）**旋转压片机**　旋转压片机主要由动力机构、转动机构及压片机构三部分组成。动力机构包括电动机和变速装置，转动机构有皮带轮、离合器、蜗轮蜗杆、上冲轨道、冲模、下冲轨道等，压片机构包括压轮、片重调节器、压力调节器、推片调节器、加料斗、饲粉器、刮粉器、吸尘器及防护装置等。如图 15-7 所示。

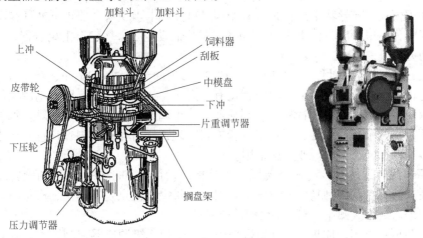

图 15-7　旋转压片机

旋转压片机工作过程与单冲压片机相同，先后进行填料、压片和出片三个步骤，依靠上下冲头相向运动挤压成型，如图 15-8 所示。

① 旋转压片机工作过程

填充：当冲模转到饲粉器工位时，饲粉器中的颗粒填入模孔；当冲模继续运行到片重调节器之位时，下冲回升至设定的高度并顶出多余的颗粒，多余颗粒由刮粉器刮去。

压片：当冲模行至上、下压轮之间时，上冲和下冲分别被上下压轮挤压，

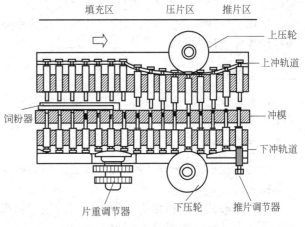

图 15-8　旋转压片机工作过程

两冲间距急剧缩小,模孔内颗粒被强力挤压成型。某些多冲压片机带有预压力系统,先预压排气,再主压成片,防止快速压片过程中模孔内空气排除不及,在压制成的药片中形成空气泡。

出片:随着冲模继续转动,上下冲均朝上方提升,下冲将药片逐渐顶出,当冲模运行至推片调节器上方时,片剂被下冲推出模孔,经推片器推至滑槽,落入容器中。旋转压片机周而复始进行填充、压片、出片过程,实现连续化生产。

旋转压片机压力调节器直接调节下压轮位置高低,通过延长或缩短下冲行程控制模孔深浅,加减装料量调节片重,通过缩短上下冲最小间距加强挤压力,调节压制的药片硬度和厚度。下冲上升的最高位置应与冲模上缘齐平,当片剂被下冲顶出模孔时,便于出片。

② 冲模安装方法　安装前首先切断机器的电源,拆下料斗及饲粉器,将转盘的工作面、模孔和冲模逐件擦干净,必要时用乙醇擦洗,并在冲模及冲子表面外涂抹植物油。

冲模的安装:将转盘上冲模紧固螺钉旋出,使冲模装入后与螺钉不相碰撞,安装后冲模平面须与转盘平面平齐,旋紧螺钉固定。

下冲的安装:拉开下冲安装小门,卸下下冲导轨,将下冲自然插入清洁的下冲孔内,向上伸入冲模,上下左右转动灵活。依次装毕下冲,随即将下冲装卸轨装上,并用螺钉紧固。

上冲的安装:将上冲导轨安装位嵌舌搬上,再将上冲杆插入孔内,用拇指和食指旋转冲杆,检验冲杆进入冲模后上下滑动是否灵活,待上冲杆全部装完,搬下嵌舌。

试车:首先手动试车。全套冲模装完,慢慢转动机器手轮,使转盘旋转两周,观察上下冲杆进入冲模模孔及在导轨上运行是否有摩擦、碰撞和卡阻现象,要求下冲杆在出片位置上升到最高点时,不得高出转台工作面0.3mm。最后启动电机,缓慢合上离合器,空转5min,待运转平稳方可投入生产。

旋转压片机按冲模数目可分为17冲、19冲、27冲、33冲、35冲、75冲等多种型号,按流程分为单流程和双流程两种。单流程仅有一套压轮,中盘旋转一周每副冲模仅压制出一个药片。双流程有两套压轮、饲粉器、刮粉器、片重调节器和压力调节器等,每一副冲模旋转一周,压制出两个药片。旋转压片机饲粉方式合理,压力分布均匀,片重差异小,生产效率高,机械振动小,在制药行业广泛采用。

(3) **高速旋转压片机**　高速旋转压片机是指产量可达300万片/小时的旋转压片机,现已逐渐发展成为有自动控制封闭式高速压片机。该机突出优点是转速快、产量高、压制的片剂质量优,采取封闭式操作,符合GMP要求。

高速旋转压片机工作原理为:电动机采用交流变频无级调速器控制转速,电动机转速经蜗轮减速后带动压片机转台旋转,在运行中上下冲头在导轨的作用下产生上、下相对运动,颗粒经充填、预压、主压、出片等工序压制成型。控制系统在线监测压力大小,通过信号传输、计算、处理等,实现自动控制片重,自动剔除废片,自动采样、计数、计量、故障显示和打印各种统计数据。

三、包衣机

在素片外包制一层糖衣、薄膜衣或肠溶衣的设备叫包衣机。常用设备有滚转包衣机、流化床包衣机、高效包衣机等。

1. 滚转式包衣机

滚转式包衣机是一种传统的、普遍应用的包衣设备。绝大多数糖衣片采用此法包衣,故亦称糖衣机。

(1) **滚转式包衣机结构**　其主要结构包括包衣锅、动力系统、加热系统、鼓风机和吸尘装置等五个部分,如图15-9所示。

包衣锅有荸荠型和莲蓬型，包衣锅安装在传动轴上，由电机驱动。加热系统对包衣锅表面加热，加速包衣溶剂蒸发。采用电热丝加热锅壁和空气，热空气加热锅内药片，两者并用包衣效果优于单一加热方式。

排风系统一般由吸粉罩和排风管组成，吸粉罩安装在包衣锅上方，排风管与之连接。排风系统主要用于排除包衣过程中产生的粉尘、水汽及废气，改善操作环境。

（2）**工作原理** 包衣锅由倾斜安装的轴支撑并作回转运动，在转动过程中，包衣剂与呈规律翻滚的素片接触、黏附、分散，形成均匀的衣膜并逐渐增厚，并被热空气加热干燥，药片滚动与锅体内壁产生摩擦而被抛光，形成多层致密而光洁的糖衣。

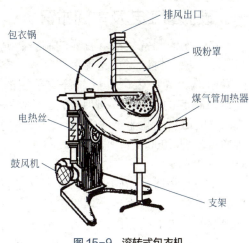

图15-9　滚转式包衣机

（3）**包衣操作** 利用滚转式包衣机进行包衣操作时，先将素片置于转动的包衣锅内，然后逐渐加入包衣溶液，使其在各素片表面均匀分散。必要时加入固体粉末，加快包衣过程。通过加热、通风使之干燥。

滚转式包衣机包衣过程劳动强度大、生产效率低、生产周期长。特别是制作糖衣片时因包层多，往往需十多个小时，甚至更长。滚转式包衣机生产工艺较复杂，所以要求操作人员具有丰富的实践经验。

2. 流化床包衣机

流化床包衣机工作原理与流化喷雾制粒相类似。将素片（或胶囊、颗粒、小丸等）置于机内，通入热空气使其悬浮，将包衣材料溶液喷成雾状，与素片表面黏附、裹紧，在热空气中溶剂快速蒸发形成薄膜状衣层。

流化包衣法的特点是：包衣速度快，包材耗损少，工序简单，自动化程度高，以及包衣质量稳定等。该包衣方法被越来越多的制药生产企业所采用。

3. 高效包衣机

高效包衣机的结构、原理与传统的敞口式包衣机完全不同。敞口式包衣机干燥时，热风仅吹在素片表面层，且部分热量由吸风口直接吸出而没有利用，浪费了部分热源。而高效包衣机干燥时热风是穿过素片间隙，并与表面的水分或有机溶剂进行热交换，热源得到充分的利用，素片表面溶剂蒸发充分，因而干燥效率很高。

单元二　胶囊剂生产与设备

将药物成分填装于空心硬质胶囊或密封于弹性软质胶囊而制成的固体制剂称胶囊剂。根据胶囊壳硬度差别，胶囊剂分为硬胶囊和软胶囊两大类。硬胶囊剂是将一定量的药物及适当的辅料制成均匀的粉末或颗粒，填装于空心硬胶囊中所得剂型，硬胶囊壳由明胶、甘油、水以及其他的药用材料制造而成；软胶囊剂是将一定量的药物溶于适当溶剂中，再用压制法或滴制法使之密封于软质胶囊中所得剂型。

一、硬胶囊工艺及车间布置

硬胶囊的制备包括空胶囊的制备、充填物料的制备、充填、封口与打光等工艺过程。空胶囊一般由专门的胶囊厂生产，目前普遍采用的方法是将不锈钢制成的栓模浸入明胶溶液形成囊壳的栓模法，一般由自动化生产线完成。空胶囊的生产环境洁净度应达10000级，温度10～25℃，相对湿度35%～45%。

如果药物通过粉碎至适当粒度就能满足硬胶囊剂的充填要求，可直接充填。但是，多数药物由于流动性差等方面的原因，均需加适量的辅料后才能满足生产或治疗的要求。常用的辅料有稀释剂如淀粉、微晶纤维素、乳糖、蔗糖等；润滑剂如滑石粉、硬脂酸镁、二氧化硅等。添加辅料可采用与药物混合的方法，亦可采用与药物一起制粒的方法，然后再进行充填。

封口是胶囊剂生产中一道重要的工序。目前多使用锁口式胶囊，密闭性良好不必封口；充填药物时，如果使用的是非锁口型空胶囊，为了防止泄漏，应进行封口。封口常用的材料是与制备空胶囊时相同浓度的明胶液（如明胶20%、水40%、乙醇40%），在囊帽与囊体套合处封上一条胶液，烘干即得。

封口后的胶囊必要时可清洁处理，在胶囊打光机里喷洒适量液状石蜡，滚搓后使胶囊光亮。

硬胶囊生产车间洁净区域划分如图15-10所示。

硬胶囊车间平面布置与片剂车间平面布置相同，车间温度20～30℃，相对湿度35%～45%，湿度过高，胶囊会发生软化变形现象。

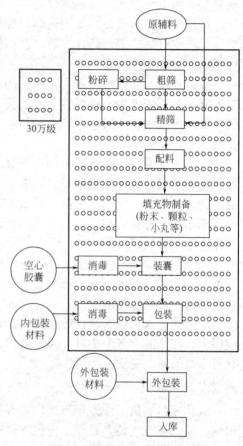

图15-10 硬胶囊工艺与洁净区域划分

二、全自动硬胶囊充填机

全自动胶囊充填机，一般是指将预套合的硬胶囊及药粉直接放入机器上的胶囊贮桶及药粉贮桶后，不需要人工加以任何辅助动作，充填机即可自动完成充填药粉，制成胶囊制剂。

1. 全自动硬胶囊填充机的结构

现有的各种胶囊充填机，其胶囊处理与充填机构基本是相同的。但是药粉的计量机构有所不同，一种为插管计量，一种为模板计量，又分别称为插管式胶囊充填机和模板式胶囊充填机。从主工作盘的运转形式上分有连续回转和间歇回转两种形式。这里主要介绍间歇回转式胶囊充填机，如图15-11所示。

胶囊充填机各部件结构有：机架、传送系统、回转工作

图15-11 全自动胶囊充填机

盘、计量装置、空胶囊排列装置、拔囊、剔除废囊、闭合、出料、清洁等结构。在工作台下边的机壳里装有传动系统，将运动传递给各装置及结构，以完成充填胶囊的工艺。

2. 胶囊充填机工作过程

胶囊充填机各工位如图15-12所示，全自动胶囊充填机的工作过程是：在充填机上首先要将杂乱堆垛的空心套合胶囊的轴线排列一致，并保证胶囊帽在上、胶囊体在下的体位。即首先要完成空心胶囊的定向排列，并将排列好的胶囊落入囊板。然后将空心胶囊帽、体轴向分离（俗称"拔囊"），再将空心胶囊帽、体轴线水平错离，以便于充填药粉。充填机上另一重要的功能是药粉的计量及充填。此外，还有剔除未拔开的空胶囊；胶囊帽、体对位并轴线闭合；闭合后的胶囊排出机外及清洁胶板等功能。

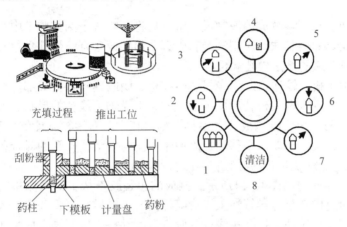

图15-12　全自动胶囊充填机工作过程
1—排列；2—拔囊；3—帽、体错位；4—计量充填器；5—剔除废囊；6—闭合；7—出料；8—清洁

（1）**胶囊调头定向排列**　自胶囊贮桶来的杂乱空心胶囊，经过定向排列装置，使胶囊都排列成胶囊帽在上的状态，落入到主工作盘上的囊板孔中。

（2）**拔囊与胶囊体、帽分离**　利用囊板上各孔径的微小差异和真空抽力，使胶囊帽留在上囊板，而胶囊体落入下囊板孔中，从而实现了胶囊帽与体的分离。分离后分别留在上模和下模的囊帽和囊体随其载体———模盘进一步错位分离。

（3）**充填药粉或颗粒**　在帽、体错位工位上，上囊板将连同胶囊帽移开，使胶囊体上口置于计量充填装置的下方，由粉末充填机构依靠充填定量管插入粉层进行定量，充填药粉或颗粒。

（4）**剔除废囊**　当遇有未拔开的胶囊时，整个胶囊始终悬吊在上囊板上，为了防止这类空囊与装药的胶囊混合，在剔除废囊工位上，将未拔开的空囊由上囊板中剔除，使其不与成品混淆。

（5）**体帽套合及封闭**　闭合工位是使上下囊板孔轴线对位，利用外加压力将胶囊帽与装药后的胶囊体闭合。

（6）**成品输出**　出料工位是将闭合后的胶囊从上下囊板孔中顶出，进入下一步包装。

（7）**模块清理**　清洁工位是为了确保各工位动作的顺利进行，利用吸尘系统将上下囊板孔中的药粉、碎胶囊皮等清除。

【知识拓展】

微胶囊技术是一种储存固体、液体、气体的微型包装技术，包覆材料是各种天然高分子或合成高分子。微胶囊包覆材料可屏蔽颜色、气味，改变物质重量、体积、状态或表面性能，隔离活性成分，降低挥发性，减少毒副作用。微胶囊技术已经在医学、药物、兽药、农药、染料、颜料、涂料、食品、日用化学品、生物制品、胶黏剂、新材料、肥料、化工等诸多领域得到了广泛的应用。

三、软胶囊生产与设备

软胶囊系将一定量的液体药物直接包封于球形或椭圆形的软质囊材中制成的胶囊剂。软胶囊的制法可分为压制法及滴制法两种。

1. 压制法

将明胶、甘油、水等溶解成胶液制成胶带，再将药物置于两张胶带中，用钢模挤压成型的方法，叫作软胶囊的压制法。压制法制软胶囊采用的设备有滚模轧囊机和平板模轧囊机两种，生产中使用更普遍的是滚模轧囊机。

滚模轧囊机由主机、输送机、干燥机、电控柜、明胶桶和料桶等部件组成。主机机头左右各有一个钢辊，钢辊上嵌装模孔后成为滚模轴，滚模轴上模孔的形状、大小决定胶囊剂的形状和规格型号。两个滚模轴构成一套模具，相对转动。右滚模轴能够转动，但不能移动。左滚模轴既能转动，又能横向水平移动，以便于校正与右滚模模孔的对合程度，便于胶带能够均匀压紧。滚模轧囊机结构组成如图15-13所示。

滚模轧囊机工作原理如图15-14所示。制成的包装胶带从主机两侧相向移动合并后进入滚模夹缝，药液通过供料泵经导管注入楔形喷体内，借助供料泵将药液喷入胶带在模孔中形成的凹坑，当滚模继续转动，模孔边缘处的胶带重叠并挤轧压制结合成整体，将药液密封形成软胶囊。模孔之外剩余的胶带边角部分被切割机分割成网状，俗称胶网。制成的软胶囊定型后采用气流清洁干燥。

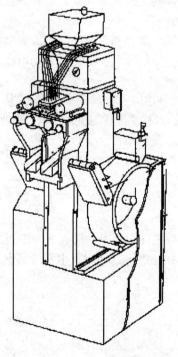

图15-13　滚模轧囊机

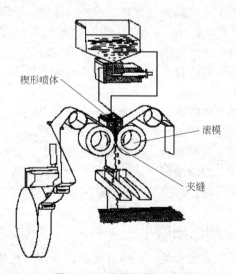

图15-14　滚模轧囊机工作原理

2. 滴制法

滴制软胶囊机主要由药液贮槽、明胶液贮槽、定量控制器、喷头和冷却器等部件组成，其关键部位是喷头，喷头为双层通道结构，如图15-15所示。

滴制法工作原理是：明胶液以雾状喷出，药液以滴状喷出，两者速度有差别时明胶液包裹药滴，被包裹的药滴沉入不相混溶的冷却剂中凝结成无缝软胶囊。

图15-16展示了滴丸机工作过程。明胶液和药液经柱塞泵计量吸入后输送到滴丸机的喷嘴，药液从中心管喷出，明胶液从外层喷出，两者喷出速度不同，先后有序。在喷头的下端雾状明胶将滴状药液包裹，沉入到石蜡中，由于表面张力作用，胶膜接触冷却剂后形成球状体软胶丸。

滴制法制软胶囊广泛用于制备浓缩鱼肝油胶丸、亚油酸胶丸等，利用本法生产的胶丸具有产品率高、装量差异小、产量大以及成本较低等优点。

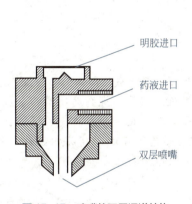

图 15-15 喷嘴的双层通道结构

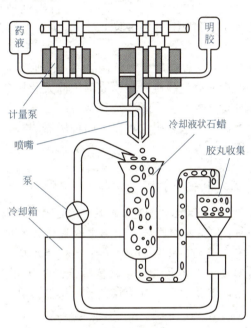

图 15-16 软胶囊滴制法工艺流程

单元三　包装机械

包装固体制剂的设备有铝塑泡罩包装机、数粒装瓶机、纸盒包装机、制袋包装机、贴标机、印字机等，本节仅介绍铝塑泡罩包装机和制袋包装机。

一、铝塑泡罩包装机

铝塑泡罩包装机又称热塑成型泡罩包装机，是将无毒聚乙烯塑料硬片经红外加热器加热后，在成型滚筒上形成水泡眼，填充药品后与铝箔热压形成泡罩式包装。铝箔背层材料上可印上药品名称、规格、批号等说明。该种机械广泛用于各种形状的口服片、糖衣片、胶囊、滴丸的包装。

常用的泡罩包装机有滚筒式泡罩包装机、平板式泡罩包装机和滚板式泡罩包装机三种类型。滚筒式铝塑泡罩包装机结构组成如图15-17所示。

开启电源后，卷筒上的PVC片在辊筒式成型模具带动下匀速放卷，半圆弧形加热器加热软化紧贴于成型模具上的PVC片，成型模具泡窝与真空系统和压缩空气相通，抽真空可将已软化的PVC片吸塑成型。已成型的PVC片通过料斗或上料机时，药片（或胶囊）填充入泡窝。主动辊内有加热装置，表面上有与泡窝相似的孔型，主动辊拖动PVC泡窝片向前移动，外表面带有网纹的热压辊压在主动辊上面，利用温度和压力将盖材（铝箔）与PVC片封合，封合后的PVC泡窝片经过系列的导向辊作间歇运动，通过打字装置时打出批号和出厂日期，通过冲裁装置时冲裁出成品板块，由输送机传送到下道工序，完成泡罩包装作业。

图15-17　滚筒式铝塑泡罩包装机

滚筒式泡罩包装机真空吸塑成型，连续包装，其生产效率较高、耗能较低、结构简单，但所吸泡窝壁薄厚不均，不适合深泡窝成型。

平板式泡罩包装机以泡罩成型拉伸大及封合的板型平整美观为特点，但封合需较大功率和较长时间，故速度不能过快。

滚板式泡罩包装机针对以上两种机器的特点，在板式基础上发展而成，具有高效、节材和外观质量好等特点。

【实例分析】

实例：我国药品铝塑泡罩包装正在逐步取代传统的玻璃瓶包装，成为固体药品的主流包装。

分析：铝箔和塑料硬片是铝塑泡罩包装采用的包覆材料，铝箔具有高度致密的金属晶体结构，有良好的阻隔性和遮光性；塑料硬片具有阻隔氧气、二氧化碳和水蒸气的性能，且具有高透明度以及不易开裂等机械特性，还具有良好的相容性能，有利于药品的保存。另外，铝塑薄膜包装体积小、质量轻，便于携带，因而终将成为固体药品的主流包装。

二、制袋包装机

制袋包装机又称制袋充填封口包装机，是一种热封制袋和灌装同步进行的多功能包装机。制袋包装机由远红外加热装置、纵封辊、计量装置、纵向热合装置、横向热合装置等部件构成。根据用途，制袋包装机有颗粒制袋包装机、粉末制袋包装机和液体制袋包装机，制药工业上常用颗粒制袋包装机。

颗粒制袋充填封口包装机结构组成如图15-18所示。

将卷式复合包装材料安装在包材支架上，经成型器初步折成袋型，通过两个带密齿的纵封辊将其纵向压紧，当纵封辊连续转动时带动包装材料向下移动，首先热压封成筒状，当包材经过横封装置时被横向压紧热封成袋状。物料经计量后间歇性投入已经制成的口袋中，

图15-18　颗粒制袋充填封口包装机示意图

包材继续下降，经过横封装置时再次熔融封口，制成的袋式包装由裁切刀将其裁切为单独或条装联体的包装。

制袋充填封口包装机一般可分为立式、卧式、枕型等多种类型。包装尺寸根据机型、包装计量范围等可有不同的规格。包装袋长度在40～150mm不等，宽度在30～115mm不等；包装材料膜宽在60～1000mm不等。包装材料要求防潮、耐蚀、强度高，既可包装药物、食品，也可包装小工件。

立式机主要适用于颗粒、粉末、液体、片剂、胶囊以及固体物料等的自动包装；卧式机主要适用于饼干、巧克力、铝塑药板、日用品、五金零件等的包装；枕型机主要适合包装膨化食品、麦片、瓜子、花生及白砂糖等较大颗粒物品的中剂量包装。

【学习小结】

固体制剂包括片剂、硬胶囊、颗粒剂等剂型，生产设备主要有制粒机、压片机、包衣机、胶囊充填机、制丸机，以及铝塑薄膜包装机等设备，要求掌握这些设备的结构、工作原理和操作方法，重点学习操作规程和设备维护内容。

【目标检测】

一、单项选择题

1. 属于固体制剂设备的是（　　）。
   A.往复式切片机　　　　B.制冷机　　　　C.胶体磨　　　　D.槽形混合机
2. 不属于片剂辅药的是（　　）。
   A.羧甲基纤维素　　　　B.硬脂酸盐　　　　C.淀粉　　　　D.乙酰水杨酸
3. 整粒是继（　　）进行的操作工序。
   A.原药粉碎后　　　　B.颗粒干燥后　　　　C.压片后　　　　D.包衣后
4. 压片过程中非药物因素和颗粒因素引起的松片，应调节（　　）。
   A.片重调节器　　　　B.压力调节器　　　　C.推片调节器　　　　D.冲模的规格
5. 全自动胶囊充填机回转台上的工位有（　　）。
   A.五个　　　　B.六个　　　　C.七个　　　　D.八个
6. 滚模轧囊机的关键部件是（　　）。
   A.机头上的模具　　　　B.输送系统　　　　C.干燥机系统　　　　D.电控柜
7. 滴制式软胶囊机的关键部件是（　　）。
   A.定量控制器　　　　B.喷头　　　　C.冷却器　　　　D.中心管
8. 塑制法制水蜜丸时，具有挥发性药物的干燥温度为（　　）。
   A.＜50℃　　　　B.＜60℃　　　　C.＜70℃　　　　D.＜80℃
9. 下列设备常用于硬胶囊包装的是（　　）。
   A.带状包装机　　　　B.制袋包装机　　　　C.铝塑泡罩包装机　　　　D.灌封机

二、简答题

1. 简述沸腾制粒机的结构组成和操作步骤。
2. 说出旋转压片机的结构组成和工作过程。
3. 说出硬胶囊充填机的组成及特点。
4. 说出铝塑泡罩包装机的组成。

附 录

一、常用物理量的 SI 单位和量纲

1. 常用物理量的 SI 单位与量纲

物理量	SI 单位	量纲式	物理量	SI 单位	量纲式
长度	m	L	能或功	J	L^2MT^{-2}
质量	kg	M	功率	W	L^2MT^{-3}
力	N	LMT^{-2}	温度	K,℃	Θ
时间	s	T	热量	J	L^2MT^{-2}
速度	m/s	LT^{-1}	比热容	J/(kg·K)	$L^2T^{-2}\Theta^{-1}$
加速度	m/s²	LT^{-2}	热导率	W/(m·K)	$LMT^{-3}\Theta^{-1}$
压力	Pa	$L^{-1}MT^{-2}$	传热系数	W/(m²·K)	$MT^{-3}\Theta^{-1}$
密度	kg/m³	$L^{-3}M$	表面张力系数	N/m	MT^{-2}
黏度	Pa·s	$L^{-1}MT^{-1}$	扩散系数	m²/s	L^2T^{-1}
运动黏度	m²/s	L^2T^{-1}			

注:m(米),kg(千克),Pa(帕),s(秒),K(开),℃(摄氏度),N(牛),J(焦耳),W(瓦)。

2. 制药工程常用 SI 单位词冠

| 代号 | | 词冠 | 因数 | 代号 | | 词冠 | 因数 |
国际	中文			国际	中文		
G	吉	吉咖(giga)	10^9	m	毫	毫(milli)	10^{-3}
M	兆	兆(méga)	10^6	μ	微	微(micro)	10^{-6}
k	千	千(kilo)	10^3	n	纳	纳诺(nano)	10^{-9}

二、干空气的物理性质(p=101.33kPa)

温度 /℃	密度 ρ /(kg/m³)	比热容 C_p /[kJ/(kg·℃)]	热导率 $\lambda \times 10^2$ /[W/(m·℃)]	黏度 $\mu \times 10^5$ /Pa·s	运动黏度 $\nu \times 10^6$ /(m²/s)	普兰特数 Pr
−50	1.584	1.013	2.035	1.46	9.23	0.728
−40	1.515	1.013	2.117	1.52	10.04	0.728
−30	1.453	1.013	2.198	1.57	10.80	0.723
−20	1.395	1.009	2.279	1.62	11.60	0.716
−10	1.342	1.009	2.360	1.67	12.43	0.712
0	1.293	1.005	2.442	1.72	13.28	0.707
10	1.247	1.005	2.512	1.77	14.16	0.705
20	1.205	1.005	2.593	1.81	15.06	0.703

续表

温度 /℃	密度 ρ /(kg/m³)	比热容 C_p /[kJ/(kg·℃)]	热导率 $\lambda \times 10^2$ /[W/(m·℃)]	黏度 $\mu \times 10^5$ /Pa·s	运动黏度 $\nu \times 10^6$ /(m²/s)	普兰特数 Pr
30	1.165	1.005	2.675	1.86	16.00	0.701
40	1.128	1.005	2.756	1.91	16.96	0.699
50	1.093	1.005	2.826	1.96	17.95	0.698
60	1.060	1.005	2.896	2.01	18.97	0.696
70	1.029	1.009	2.966	2.06	20.02	0.694
80	1.000	1.009	3.047	2.11	21.09	0.692
90	0.972	1.009	3.128	2.15	22.10	0.690
100	0.946	1.009	3.210	2.19	23.13	0.688
120	0.898	1.009	3.338	2.29	25.45	0.686
140	0.854	1.013	3.489	2.37	27.80	0.684
160	0.815	1.017	3.640	2.45	30.09	0.682
180	0.779	1.022	3.780	2.53	32.49	0.681
200	0.746	1.026	3.931	2.60	34.85	0.680
250	0.674	1.038	4.288	2.74	40.61	0.677
300	0.615	1.048	4.605	2.97	48.33	0.674
350	0.566	1.059	4.908	3.14	55.46	0.676
400	0.524	1.068	5.210	3.31	63.09	0.678
500	0.456	1.093	5.745	3.62	79.38	0.687
600	0.404	1.114	6.222	3.91	96.89	0.699
700	0.362	1.135	6.711	4.18	115.4	0.706
800	0.329	1.156	7.176	4.43	134.8	0.713
900	0.301	1.172	7.630	4.67	155.1	0.717
1000	0.277	1.185	8.041	4.90	177.1	0.719
1100	0.257	1.197	8.502	5.12	199.3	0.722
1200	0.239	1.206	9.153	5.35	233.7	0.724

三、水的物理性质

1. 水在不同温度下的物理性质

温度 /℃	饱和蒸气压 /kPa	密度 ρ /(kg/m³)	焓 h /(kJ/kg)	比热容 /[kJ/(kg·℃)]	热导率 $\lambda \times 10^2$ /[W/(m·℃)]	黏度 $\mu \times 10^5$ /Pa·s	体积膨胀系数 $\beta \times 10^4$/℃$^{-1}$	表面张力系数 $\sigma \times 10^5$/(N/m)	普兰特数 Pr
0	0.6082	999.9	0	4.212	55.13	179.21	-0.63	75.6	13.66
10	1.2262	999.7	42.04	4.191	57.45	130.77	+0.70	74.1	9.52
20	2.3346	998.2	83.90	4.183	59.89	100.50	1.82	72.6	7.01
30	4.2474	995.7	125.69	4.174	61.76	80.07	3.21	71.2	5.42

续表

温度 /℃	饱和蒸气压 /kPa	密度 ρ /(kg/m³)	焓 h /(kJ/kg)	比热容 /[kJ/(kg·℃)]	热导率 $\lambda \times 10^2$ /[W/(m·℃)]	黏度 $\mu \times 10^5$ /Pa·s	体积膨胀系数 $\beta \times 10^4$/℃⁻¹	表面张力系数 $\sigma \times 10^5$/(N/m)	普兰特数 Pr
40	7.3766	992.2	167.51	4.174	63.38	65.60	3.87	69.6	4.32
50	12.34	988.1	209.30	4.174	64.78	54.94	4.49	67.7	3.54
60	19.923	983.2	251.12	4.178	65.94	46.88	5.11	66.2	2.98
70	31.164	977.8	292.99	4.187	66.76	40.61	5.70	64.3	2.54
80	47.379	971.8	334.94	4.195	67.45	35.65	6.32	62.6	2.22
90	70.136	965.3	376.98	4.208	68.04	31.65	6.95	60.7	1.96
100	101.33	958.4	419.10	4.220	68.27	28.38	7.52	58.8	1.76
110	143.31	951.0	461.34	4.238	68.50	25.89	8.08	56.9	1.61
120	198.64	943.1	503.67	4.260	68.62	23.73	8.64	54.8	1.47
130	270.25	934.8	546.38	4.266	68.62	21.77	9.17	52.8	1.36
140	361.47	926.1	589.08	4.287	68.50	20.10	9.72	50.7	1.26
150	476.24	917.0	632.20	4.312	68.38	18.63	10.3	48.6	1.18
160	618.28	907.4	675.33	4.346	68.27	17.36	10.7	46.6	1.11
170	792.59	897.3	719.29	4.379	67.92	16.28	11.3	45.3	1.05
180	1003.5	886.9	763.25	4.417	67.45	15.30	11.9	42.3	1.00
190	1255.6	876.0	807.63	4.460	66.99	14.42	12.6	40.0	0.96
200	1554.77	863.0	852.43	4.505	66.29	13.63	13.3	37.7	0.93
210	1917.72	852.8	897.65	4.555	65.48	13.04	14.1	35.4	0.91
220	2320.88	840.3	943.70	4.614	64.55	12.46	14.8	33.1	0.89
230	2798.59	827.3	990.18	4.681	63.73	11.97	15.9	31	0.88
240	3347.91	813.6	1037.49	4.756	62.80	11.47	16.8	28.5	0.87
250	3977.67	799.0	1085.64	4.844	61.76	10.98	18.1	26.2	0.86
260	4693.75	784.0	1135.04	4.949	60.48	10.59	19.7	23.8	0.87
270	5503.99	767.9	1185.28	5.070	59.96	10.20	21.6	21.5	0.88
280	6417.24	750.7	1236.28	5.229	57.45	9.81	23.7	19.1	0.89
290	7443.29	732.3	1289.95	5.485	55.82	9.42	26.2	16.9	0.93
300	8592.94	712.5	1344.80	5.736	53.96	9.12	29.2	14.4	0.97
310	9877.6	691.1	1402.16	6.071	52.34	8.83	32.9	12.1	1.02
320	11300.3	667.1	1462.03	6.573	50.59	8.30	38.2	9.81	1.11
330	12879.6	640.2	1526.19	7.243	48.73	8.14	43.3	7.67	1.22
340	14615.8	610.1	1594.75	8.164	45.71	7.75	53.4	5.67	1.38
350	16538.5	574.4	1671.37	9.504	43.03	7.26	66.8	3.81	1.60
360	18667.1	528.0	1761.39	13.984	39.54	6.67	109	2.02	2.36
370	21040.9	450.5	1892.43	40.319	33.73	5.69	264	0.471	6.80

2. 水在不同温度下的黏度

温度 /℃	黏度 /mPa·s	温度 /℃	黏度 /mPa·s	温度 /℃	黏度 /mPa·s
0	1.7921	34	0.7371	69	0.4117
1	1.7313	35	0.7225	70	0.4061
2	1.6728	36	0.7085	71	0.4006
3	1.6191	37	0.6947	72	0.3952
4	1.5674	38	0.6814	73	0.3900
5	1.5188	39	0.6685	74	0.3849
6	1.4728	40	0.6560	75	0.3799
7	1.4284	41	0.6439	76	0.3750
8	1.3860	42	0.6321	77	0.3702
9	1.3462	43	0.6207	78	0.3655
10	1.3077	44	0.6097	79	0.3610
11	1.2713	45	0.5988	80	0.3565
12	1.2363	46	0.5883	81	0.3521
13	1.2028	47	0.5782	82	0.3478
14	1.1709	48	0.5683	83	0.3436
15	1.1404	49	0.5588	84	0.3395
16	1.1111	50	0.5494	85	0.3355
17	1.0828	51	0.5404	86	0.3315
18	1.0559	52	0.5315	87	0.3276
19	1.0299	53	0.5229	88	0.3239
20	1.0050	54	0.5146	89	0.3202
20.2	1.0000	55	0.5064	90	0.3165
21	0.9810	56	0.4985	91	0.3130
22	0.9579	57	0.4907	92	0.3095
23	0.9358	58	0.4832	93	0.3060
24	0.9142	59	0.4759	94	0.3027
25	0.8937	60	0.4688	95	0.2994
26	0.8737	61	0.4618	96	0.2962
27	0.8545	62	0.4550	97	0.2930
28	0.8360	63	0.4483	98	0.2899
29	0.8180	64	0.4418	99	0.2868
30	0.8007	65	0.4355	100	0.2838
31	0.7840	66	0.4293		
32	0.7679	67	0.4233		
33	0.7523	68	0.4174		

四、水蒸气的物理性质

1. 饱和水蒸气表(以温度为准)

温度/℃	绝对压力		蒸气的密度/(kg/m³)	焓				汽化热	
	kgf/cm²	kPa		水		水蒸气			
				kcal/kg	kJ/kg	kcal/kg	kJ/kg	kcal/kg	kJ/kg
0	0.0062	0.6082	0.00484	0	0	595.0	2491.3	595.0	2491.3
5	0.0089	0.8730	0.00680	5.0	20.94	597.3	2500.9	592.3	2480.0
10	0.0125	1.2262	0.00940	10.0	41.87	599.6	2510.5	589.6	2468.6
15	0.0174	1.7068	0.01283	15.0	62.81	602.0	2520.6	587.0	2457.8
20	0.0238	2.3346	0.01719	20.0	83.74	604.3	2530.1	584.3	2446.3
25	0.0323	3.1684	0.02304	25.0	104.68	606.6	2538.6	581.6	2433.9
30	0.0433	4.2474	0.03036	30.0	125.60	608.9	2549.5	578.9	2423.7
35	0.0573	5.6207	0.03960	35.0	146.55	611.2	2559.1	576.2	2412.6
40	0.0752	7.3766	0.05114	40.0	167.47	613.5	2568.7	573.5	2401.1
45	0.0977	9.5837	0.06543	45.0	188.42	615.7	2577.9	570.7	2389.5
50	0.1258	12.340	0.0830	50.0	209.34	618.0	2587.6	568.0	2378.1
55	0.1605	15.743	0.1043	55.0	230.29	620.2	2596.8	565.2	2366.5
60	0.2031	19.923	0.1301	60.0	251.21	622.5	2606.3	562.5	2355.1
65	0.2550	25.014	0.1611	65.0	272.16	624.7	2615.6	559.7	2343.4
70	0.3177	31.164	0.1979	70.0	293.08	626.8	2624.4	556.8	2331.2
75	0.393	38.551	0.2416	75.0	314.03	629.0	2629.7	554.0	2315.7
80	0.483	47.379	0.2929	80.0	334.94	631.1	2642.4	551.2	2307.3
85	0.590	57.875	0.3531	85.0	355.90	633.2	2651.2	548.2	2295.3
90	0.715	70.136	0.4229	90.0	376.81	635.3	2660.0	545.3	2283.1
95	0.862	84.556	0.5039	95.0	397.77	637.4	2668.8	542.4	2271.0
100	1.033	101.33	0.5970	100.0	418.68	639.4	2677.2	539.4	2258.4
105	1.232	120.85	0.7036	105.1	439.64	641.3	2685.1	536.3	2245.5
110	1.461	143.31	0.8254	110.1	460.97	643.3	2693.5	533.1	2232.0
115	1.724	169.11	0.9635	115.2	481.51	645.2	2702.5	530.0	2219.0
120	2.025	198.64	1.1199	120.3	503.67	647.0	2708.9	526.7	2205.2
125	2.367	232.19	1.296	125.4	523.38	648.8	2716.5	523.5	2193.1
130	2.755	270.25	1.494	130.5	546.38	650.6	2723.9	520.1	2177.6
135	3.192	313.11	1.715	135.6	565.25	652.3	2731.2	516.7	2166.0
140	3.685	361.47	1.962	140.7	589.08	653.9	2327.8	513.2	2148.7
145	4.238	415.72	2.238	145.9	607.12	655.5	2744.6	509.6	2137.5
150	4.855	476.24	2.543	151.0	632.21	557.0	2750.7	506.0	2118.5
160	6.303	618.28	3.252	161.4	675.75	659.9	2762.9	498.5	2087.1
170	8.080	792.59	4.113	171.8	719.29	662.4	2773.3	490.6	2054.0
180	10.23	1003.5	5.145	182.3	763.25	664.6	2782.6	482.3	2019.3

续表

温度 /℃	绝对压力		蒸气的密度 /(kg/m³)	焓				汽化热	
	kgf/cm²	kPa		水		水蒸气		kcal/kg	kJ/kg
				kcal/kg	kJ/kg	kcal/kg	kJ/kg		
190	12.80	1255.6	6.378	192.9	807.63	666.4	2790.1	473.5	1982.5
200	15.85	1554.77	7.840	203.5	852.01	667.7	2795.5	464.2	1943.5
210	19.55	1917.72	9.567	214.3	897.23	668.6	2799.3	454.4	1902.1
220	23.66	2320.88	11.600	225.1	942.45	669.0	2801.0	443.9	1858.5
230	28.53	2798.59	13.98	236.1	988.50	668.8	2800.1	432.7	1811.6
240	34.13	3347.91	16.76	247.1	1034.56	668.0	2796.8	420.8	1762.2
250	40.55	3977.61	20.01	258.3	1081.45	666.4	2790.1	408.1	1708.6
260	47.85	4693.75	23.82	269.6	1128.76	664.2	2780.9	394.5	1652.1
270	56.11	5563.90	28.27	281.1	1176.91	661.2	2760.3	380.1	1591.4
280	63.42	6417.24	33.47	292.7	1225.48	657.3	2752.0	364.6	1526.5
290	75.88	7443.29	39.60	304.4	1274.46	652.6	2732.3	348.1	1457.8
300	87.6	8592.94	46.93	316.6	1325.54	640.8	2708.0	330.2	1382.5
310	100.7	9877.96	55.59	329.3	1378.71	640.1	2680.0	310.8	1301.3
320	115.2	11300.3	65.95	343.0	1436.07	632.5	2648.2	289.5	1212.1
330	131.3	12879.6	78.53	357.5	1446.78	623.5	2610.5	266.6	1113.7
340	149.0	14615.8	93.98	373.3	1562.93	613.5	2568.6	240.2	1005.7
350	168.6	16538.5	113.2	390.8	1632.20	601.1	2516.7	210.3	880.5
360	190.3	18667.1	139.6	413.0	1729.15	583.4	2442.6	170.3	713.4
370	214.5	21040.9	171.0	451.0	1888.25	549.8	2301.9	98.2	411.1
374	225.0	22070.9	322.6	501.1	2098.0	501.1	2098.0	0	0

2. 饱和水蒸气表（以压力为准）

绝对压力		温度 /℃	水蒸气的密度 /(kg/m³)	焓 /(kJ/kg)		汽化热 /(kJ/kg)
Pa	atm			水	水蒸气	
1000	0.00987	6.3	0.00773	26.48	2503.1	2476.8
1500	0.0148	12.5	0.01133	52.26	2515.3	2463.0
2000	0.0197	17.0	0.01486	71.21	2524.2	2452.9
2500	0.0247	20.9	0.01836	87.45	2531.8	2444.3
3000	0.0296	23.5	0.02179	98.38	2536.8	2438.4
3500	0.0345	26.1	0.02523	109.30	2541.8	2432.5
4000	0.0395	28.7	0.02867	120.23	2546.8	3426.6
4500	0.0444	30.8	0.03205	129.00	2550.9	2421.9
5000	0.0493	32.4	0.03537	135.69	2554.0	2418.3
6000	0.0592	35.6	0.04200	149.06	2560.1	2411.0
7000	0.0691	38.8	0.04864	162.44	2566.3	2403.8

续表

绝对压力		温度 /℃	水蒸气的密度 /(kg/m³)	焓 /(kJ/kg)		汽化热 /(kJ/kg)
Pa	atm			水	水蒸气	
8000	0.0790	41.3	0.05514	172.73	2571.0	2398.2
9000	0.0888	43.3	0.06156	181.16	2574.8	2393.6
1×10^4	0.0987	45.3	0.06798	189.59	2578.5	2388.9
1.5×10^4	0.148	53.5	0.09956	224.03	2594.0	2370.0
2×10^4	0.197	60.1	0.13068	251.51	2606.4	2354.9
3×10^4	0.296	66.5	0.19093	288.77	2622.4	2333.7
4×10^4	0.395	75.0	0.24975	315.93	2634.1	2312.2
5×10^4	0.493	81.2	0.30799	339.80	2644.3	2304.5
6×10^4	0.592	85.6	0.36514	358.21	2651.2	2293.9
7×10^4	0.691	89.9	0.42229	376.61	2659.8	2283.2
8×10^4	0.799	93.2	0.47807	390.08	2665.3	2275.3
9×10^4	0.888	96.4	0.53384	403.49	2670.8	2267.4
1×10^5	0.987	99.6	0.58961	416.90	2676.3	2259.5
1.2×10^5	1.184	104.5	0.69868	437.51	2684.3	2246.8
1.4×10^5	1.382	109.2	0.80758	457.67	2692.1	2234.4
1.6×10^5	1.579	113.0	0.82981	473.88	2698.1	2224.2
1.8×10^5	1.776	116.6	1.0209	489.32	2703.7	2214.3
2×10^5	1.974	120.2	1.1273	493.71	2709.2	2204.6
2.5×10^5	2.467	127.2	1.3904	534.39	2719.7	2185.4
3×10^5	2.961	133.3	1.6501	560.38	2728.5	2168.1
3.5×10^5	3.454	138.8	1.9074	583.76	2736.1	2152.3
4×10^5	3.948	143.4	2.1618	603.61	2742.1	2138.5
4.5×10^5	4.44	147.7	2.4152	622.42	2747.8	2125.4
5×10^5	4.93	151.7	2.6673	639.59	2752.8	2113.2
6×10^5	5.92	158.7	3.1686	670.22	2761.4	2091.1
7×10^5	6.91	164.7	3.6657	696.27	2767.8	2071.5
8×10^5	7.90	170.4	4.1614	720.96	2773.7	2052.7
9×10^5	8.88	175.1	4.6525	741.82	2778.1	2036.2
1×10^6	9.87	179.9	5.1432	762.68	2782.5	2019.7
1.1×10^6	10.86	180.2	5.6339	780.34	2785.5	2005.1
1.2×10^6	11.84	187.8	6.1241	797.92	2788.5	1990.6
1.3×10^6	12.83	191.5	6.6141	814.25	2790.9	1976.7
1.4×10^6	13.82	194.8	7.1038	829.06	2792.4	1963.7
1.5×10^6	14.80	198.2	7.5935	843.86	2794.5	1950.7
1.6×10^6	15.79	201.3	8.0814	857.77	2796.0	1938.2

续表

绝对压力		温度 /℃	水蒸气的密度 /(kg/m³)	焓 /(kJ/kg)		汽化热 /(kJ/kg)
Pa	atm			水	水蒸气	
1.7×10^6	16.78	204.1	8.5674	870.58	2797.1	1926.5
1.8×10^6	17.76	206.9	9.0533	883.39	2798.1	1914.8
1.9×10^6	18.75	209.8	9.5392	896.21	2799.2	1903.0
2×10^6	19.74	212.2	10.0338	907.32	2799.7	1892.4
3×10^6	29.61	233.7	15.0075	1005.4	2798.9	1793.5
4×10^6	39.48	250.3	20.0969	1082.9	2789.8	1706.8
5×10^6	49.35	263.8	25.3663	1146.9	2776.2	1629.2
6×10^6	59.21	275.4	30.8494	1203.2	2795.5	1556.3
7×10^6	69.08	258.7	36.5744	1253.2	2740.8	1487.6
8×10^6	79.95	294.8	42.5768	1299.2	2720.5	1403.7
9×10^6	88.82	303.2	48.8945	1343.5	2699.1	1356.6
1×10^7	98.69	310.9	55.5407	1384.0	2677.1	1293.1
1.2×10^7	118.43	324.5	70.3075	1463.4	2631.2	1167.7
1.4×10^7	138.17	336.5	87.3020	1567.9	2583.2	1043.4
1.6×10^7	157.90	347.2	107.8010	1615.8	2531.1	915.4
1.8×10^7	177.64	356.9	134.4813	1699.8	2466.0	766.1
2×10^7	197.38	365.6	176.5961	1817.8	2364.2	544.9

五、部分液体的物理性质

名称	分子式	相对分子质量	密度(20℃)/(kg/m³)	沸点(101.3kPa)/℃	汽化热/(kJ/kg)	比热容(20℃)/[kJ/(kg·℃)]	黏度(20℃)$\mu \times 10^3$/Pa·s	热导率(20℃)/[W/(m·℃)]	体积膨胀系数(20℃)$\beta \times 10^4$/℃$^{-1}$	表面张力系数(20℃)$\sigma \times 10^3$/(N/m)
水	H_2O	18.02	998	100	2258	4.183	1.005	0.599	1.82	72.8
三氯甲烷	$CHCl_3$	119.38	1489	61.2	253.7	0.992	0.58	0.138 (30℃)	12.6	28.5 (10℃)
甲醇	CH_3OH	32.04	791	64.7	1101	2.48	0.6	0.212	12.2	22.6
乙醇	C_2H_5OH	46.07	789	78.3	846	2.39	1.15	0.172	11.6	22.8
乙醇（95%）			804	78.2			1.4			
乙二醇	$C_2H_4(OH)_2$	62.05	1113	197.6	780	2.35	23			47.7
甘油	$C_3H_5(OH)_3$	92.09	1261	290（分解）			1499	0.59	5.3	63
乙醚	$(C_2H_5)_2O$	74.12	714	34.6	360	2.34	0.24	0.14	16.3	18
乙醛	CH_3CHO	44.05	788 (10℃)	20.2	574	1.9	1.3 (18℃)			21.2
糠醛	$C_5H_4O_2$	1168	161.7	452	1.6	1.15(50℃)				43.5
丙酮	CH_3COCH_3	58.08	792	56.2	523	2.35	0.32	0.17		23.7
甲酸	$HCOOH$	46.03	1220	100.7	494	2.17	1.9	0.26		27.8

续表

名称	分子式	相对分子质量	密度（20℃）/(kg/m³)	沸点(101.3kPa)/℃	汽化热/(kJ/kg)	比热容（20℃）/[kJ/(kg·℃)]	黏度（20℃）μ×10³/Pa·s	热导率（20℃)/[W/(m·℃)]	体积膨胀系数（20℃）β×10⁴/℃⁻¹	表面张力系数（20℃）σ×10³/(N/m)
四氯化碳	CCl₄	153.82	1594	76.8	195	0.850	1.0	0.12		26.8
二氯乙烷-1,2	C₂H₄Cl₂	98.96	1253	83.6	324	1.260	0.83	0.14（50℃）		30.8
苯	C₆H₆	78.11	879	80.10	393.9	1.704	0.737	0.148	12.4	28.6
甲苯	C₇H₈	92.13	867	110.63	363	1.70	0.675	0.138	10.9	27.9
醋酸	CH₃COOH	60.03	1049	118.1	406	1.99	1.3	0.17	10.7	23.9

六、部分气体的物理性质

名称	分子式	相对分子质量	密度（0℃）101.3kPa/(kg/m³)	比热容（20℃）/[kJ/(kg·℃)]	黏度（0℃）μ×10⁵/Pa·s	沸点(101.3kPa)/℃	汽化热/(kJ/kg)	临界点 温度/℃	临界点 压力/kPa	热导率/[W/(m·℃)]
氮	N₂	28.02	1.2507	0.745	1.70	-195.78	199.2	-147.13	3392.5	0.0228
氨	NH₃	17.03	0.771	0.67	0.918	-33.4	1373	+132.4	11295	0.0215
氩	Ar	39.94	1.7820	0.322	2.09	-185.87	163	-122.44	4862.4	0.0173
乙炔	C₂H₂	26.04	1.171	1.352	0.935	-83.66（升华）	829	+35.7	6240.0	0.0184
苯	C₆H₆	78.11	—	1.139	0.72	+80.2	394	+288.5	4832.0	0.0088
丁烷（正）	C₄H₁₀	58.12	2.673	1.73	0.810	-0.5	386	+152	3798.8	0.0135
空气	—	(28.95)	1.293	1.009	1.73	-195	197	-140.7	3768.4	0.0244
氢	H₂	2.016	0.08985	10.13	0.842	-252.754	454.2	-239.9	1296.6	0.163
氦	He	4.00	0.1785	3.18	1.88	-268.85	19.5	-267.96	228.94	0.144
二氧化氮	NO₂	46.01	—	0.615	—	+21.2	712	+158.2	10130	0.0400
二氧化硫	SO₂	64.07	2.927	0.502	1.17	-10.8	394	+157.5	7879.1	0.0077
二氧化碳	CO₂	44.01	0.976	0.653	1.37	-78.2（升华）	574	+31.1	7384.8	0.0137
氧	O₂	32	1.42895	0.653	2.03	-132.98	213	-118.82	5036.6	0.0240
甲烷	CH₄	16.04	0.717	1.70	1.03	-161.58	511	-82.15	4619.3	0.0300
一氧化碳	CO	28.01	1.250	0.754	1.66	-191.48	211	-140.2	3497.9	0.0226
戊烷（正）	C₅H₁₂	72.15	—	1.57	0.874	+36.08	151	+197.1	8842.9	0.0128
丙烷	C₃H₈	44.1	2.020	1.65	0.795（18℃）	-42.1	427	+95.6	4355.9	0.0148
丙烯	C₃H₆	42.08	1.914	1.436	0.835（20℃）	-47.7	440	+91.4	4599.0	—
硫化氢	H₂S	34.08	1.539	0.804	1.166	-60.2	548	+100.4	19136	0.0131

续表

名称	分子式	相对分子质量	密度（0℃）101.3kPa /(kg/m³)	比热容（20℃）/[kJ/(kg·℃)]	黏度（0℃）$\mu \times 10^5$/Pa·s	沸点（101.3kPa）/℃	汽化热/(kJ/kg)	临界点 温度/℃	临界点 压力/kPa	热导率/[W/(m·℃)]
氯	Cl_2	70.91	3.217	0.355	1.29 (16℃)	−33.8	305	+144.0	7708.9	0.0072
氯甲烷	CH_3Cl	50.49	2.308	0.582	0.989	−24.1	406	+148	6685.8	0.0085
乙烷	C_2H_6	30.07	1.357	1.44	0.850	−88.50	486	+32.1	4948.5	0.0180
乙烯	C_2H_4	28.05	1.261	1.222	0.985	+103.7	481	+9.7	5135.9	0.0164

七、常用固体材料的物理性质

名称	密度/(kg/m³)	热导率 W/(m·℃)	热导率 kcal/(m·h·℃)	比热容 kJ/(kg·℃)	比热容 kcal/(kg·℃)
（1）金属					
钢	7850	45.3	39.0	0.46	0.11
不锈钢	7900	17	15	0.50	0.12
铸铁	7220	62.8	54.0	0.50	0.12
铜	8800	383.8	330.0	0.41	0.097
青铜	8000	64.0	55.0	0.38	0.091
黄铜	8600	85.5	73.5	0.38	0.09
铝	2670	203.5	175.0	0.92	0.22
镍	9000	58.2	50.0	0.46	0.11
铅	11400	34.9	30.0	0.13	0.031
（2）塑料					
酚醛	1250～1300	0.13～0.26	0.11～0.22	1.3～1.7	0.3～0.4
尿醛	1400～1500	0.30	0.26	1.3～1.7	0.3～0.4
聚氯乙烯	1380～1400	0.16	0.14	1.8	0.44
聚苯乙烯	1050～1070	0.08	0.07	1.3	0.32
低压聚乙烯	940	0.29	0.25	2.6	0.61
高压聚乙烯	920	0.26	0.22	2.2	0.53
有机玻璃	1180～1190	0.14～0.20	0.12～0.17		
（3）建筑材料、绝热材料、耐酸材料及其他					
干砂	1500～1700	0.45～0.48	0.38～0.50	0.8	0.19
黏土	1600～1800	0.47～0.53	0.4～0.46	0.75(−20～20℃)	0.18(−20～20℃)
锅炉炉渣	700～1100	0.19～0.30	0.16～0.26		
黏土砖	1600～1900	0.47～0.67	0.4～0.58	0.92	0.22
耐火砖	1840	1.05(800～1100℃)	0.9(800～1100℃)	0.88～1.0	0.21～0.24
绝缘砖（多孔）	600～1400	0.16～0.37	0.14～0.32		
混凝土	2000～2400	1.3～1.55	1.1～1.33	0.84	0.20

续表

名称	密度 /(kg/m³)	热导率 W/(m·℃)	热导率 kcal/(m·h·℃)	比热容 kJ/(kg·℃)	比热容 kcal/(kg·℃)
松木	500～600	0.07～0.10	0.06～0.09	2.7(0～100℃)	0.65(0～100℃)
软木	100～300	0.041～0.064	0.035～0.055	0.96	0.23
石棉板	770	0.11	0.10	0.816	0.195
石棉水泥板	1600～1900	0.35	0.3		
玻璃	2500	0.74	0.64	0.67	0.16
耐酸陶瓷制品	2200～2300	0.93～1.0	0.8～0.9	0.75～0.80	0.18～0.19
耐酸砖和板	2100～2400				
耐酸搪瓷	2300～2700	0.99～1.04	0.85～0.9	0.84～1.26	0.2～0.3
橡胶	1200	0.16	0.14	1.38	0.33
冰	900	2.3	2.0	2.11	0.505

八、IS 型单级单吸离心泵性能表（摘录）

泵型号	转速 n /(r/min)	流量 m³/h	流量 L/s	扬程 H/m	效率 η /%	功率/kW 轴功率	功率/kW 电机功率	必需气蚀余量（NPSH）/m	质量（泵/底座）/kg
IS50-32-125	2900	7.5	2.08	22	47	0.96	2.2	2.0	32/46
		12.5	3.47	20	60	1.13		2.0	
		15	4.17	18.5	60	1.26		2.5	
	1450	3.75	1.04	5.4	43	0.13	0.55	2.0	32/38
		6.3	1.74	5	54	0.16		2.0	
		7.5	2.08	4.6	4.6	0.17		2.5	
IS50-32-160	2900	7.5	2.08	34.3	44	1.59	3	2.0	50/46
		12.5	3.47	32	54	2.02		2.0	
		15	4.17	29.6	56	2.16		2.5	
	1450	3.75	1.04	8.5	35	0.25	0.55	2.0	50/38
		6.3	1.74	8	48	0.29		2.0	
		7.5	2.08	7.5	49	0.31		2.5	
IS50-32-200	2900	7.5	2.08	52.5	38	2.82	5.5	2.0	52/66
		12.5	3.47	50	48	3.54		2.0	
		15	4.17	48	51	3.95		2.5	
	1450	3.75	1.04	13.1	33	0.41	0.75	2.0	52/38
		6.3	1.74	12.5	42	0.51		2.0	
		7.5	2.08	12	44	0.56		2.5	
IS50-32-250	2900	7.5	2.08	82	23.5	5.87	11	2.0	88/110
		12.5	3.47	80	38	7.16		2.0	
		15	4.17	78.5	41	7.83		2.5	
	1450	3.75	1.04	20.5	23	0.91	1.5	2.0	88/64
		6.3	1.74	20	32	1.07		2.0	
		7.5	2.08	19.5	35	1.14		3.0	

续表

泵型号	转速 n /(r/min)	流量		扬程 H/m	效率 η /%	功率 /kW		必需气蚀余量 (NPSH)$_r$/m	质量（泵/底座）/kg
		m³/h	L/s			轴功率	电机功率		
IS50-50-125	2900	15	4.17	21.8	58	1.54	3	2.0	50/41
		25	6.94	20	69	1.97		2.0	
		30	8.33	18.5	68	2.22		3.0	
	1450	7.5	2.08	5.35	53	0.21	0.55	2.0	50/38
		12.5	3.47	5	64	0.27		2.0	
		15	4.17	4.7	65	0.30		2.5	
IS50-50-160	2900	15	4.17	35	54	2.65	5.5	2.0	51/66
		25	6.94	32	65	3.35		2.0	
		30	8.33	30	66	3.71		2.5	
	1450	7.5	2.08	8.8	50	0.36	0.75	2.0	51/38
		12.5	3.47	8.0	60	0.45		2.0	
		15	4.17	7.2	60	0.49		2.5	

九、4-72-11 型离心通风机规格（摘录）

机号	转速 /(r/min)	全压系数	全压		流量系数	流量 /(m³/h)	效率 /%	所需功率 /kW
			mmH₂O	Pa①				
6C	2240	0.411	248	2432.1	0.220	15800	91	14.1
	2000	0.411	198	1941.8	0.220	14100	91	10.0
	1800	0.411	160	1569.1	0.220	12700	91	7.3
	1250	0.411	77	755.1	0.220	8800	91	2.53
	1000	0.411	49	480.5	0.220	7030	91	1.39
	800	0.411	30	294.2	0.220	5610	91	0.73
8C	1800	0.411	285	2795	0.220	29900	91	30.8
	1250	0.411	137	1343.6	0.220	20800	91	10.3
	1000	0.411	88	863.0	0.220	16600	91	5.52
	630	0.411	35	343.2	0.220	10480	91	1.51
10C	1250	0.434	227	2226.2	0.2218	41300	94.3	32.7
	1000	0.434	145	1422.0	0.2218	32700	94.3	16.5
	800	0.434	93	912.1	0.2218	26130	94.3	8.5
	500	0.434	36	353.1	0.2218	16390	94.3	2.3
6D	1450	0.411	104	1020	0.220	10200	91	4
	960	0.411	45	441.3	0.220	6720	91	1.32
8D	1450	0.44	200	1961.4	0.184	20130	89.5	14.2
	730	0.44	50	490.4	0.184	10150	89.5	2.06
16B	900	0.434	300	2942.1	0.2218	121000	94.3	127
20B	710	0.434	290	2844.0	0.2218	186300	94.3	190

① 以 Pa 为单位表示的全风压是由 1mmH₂O=9.807Pa 换算而得。

参考文献

［1］罗合春.生物制药设备:修订版.北京:人民卫生出版社,2013.
［2］余龙江.生物制药工厂工艺设计.北京:化学工业出版社,2008.
［3］梁世中.生物工程设备.北京:中国轻工业出版社,2007.
［4］钱应璞.冷冻干燥制药工程与技术.北京:化学工业出版社,2007.
［5］罗合春.生物制药工程原理与设备.北京:化学工业出版社,2007.
［6］高平.生物工程设备.北京:化学工业出版社,2006.
［7］邓才彬.制药设备与工艺.北京:高等教育出版社,2006.
［8］刘落宪.中药制药工程原理与设备.北京:中国中医药出版社,2005.
［9］谢淑俊.药物制剂设备.北京:化学工业出版社,2005.
［10］许敦复,郑效东.冷冻干燥技术与冻干机.北京:化学工业出版社,2005.
［11］王玉亭.现代生物制药技术.2版.北京:化学工业出版社,2015.
［12］蔡凤.制药设备及技术.北京:化学工业出版社,2011.